U0144766

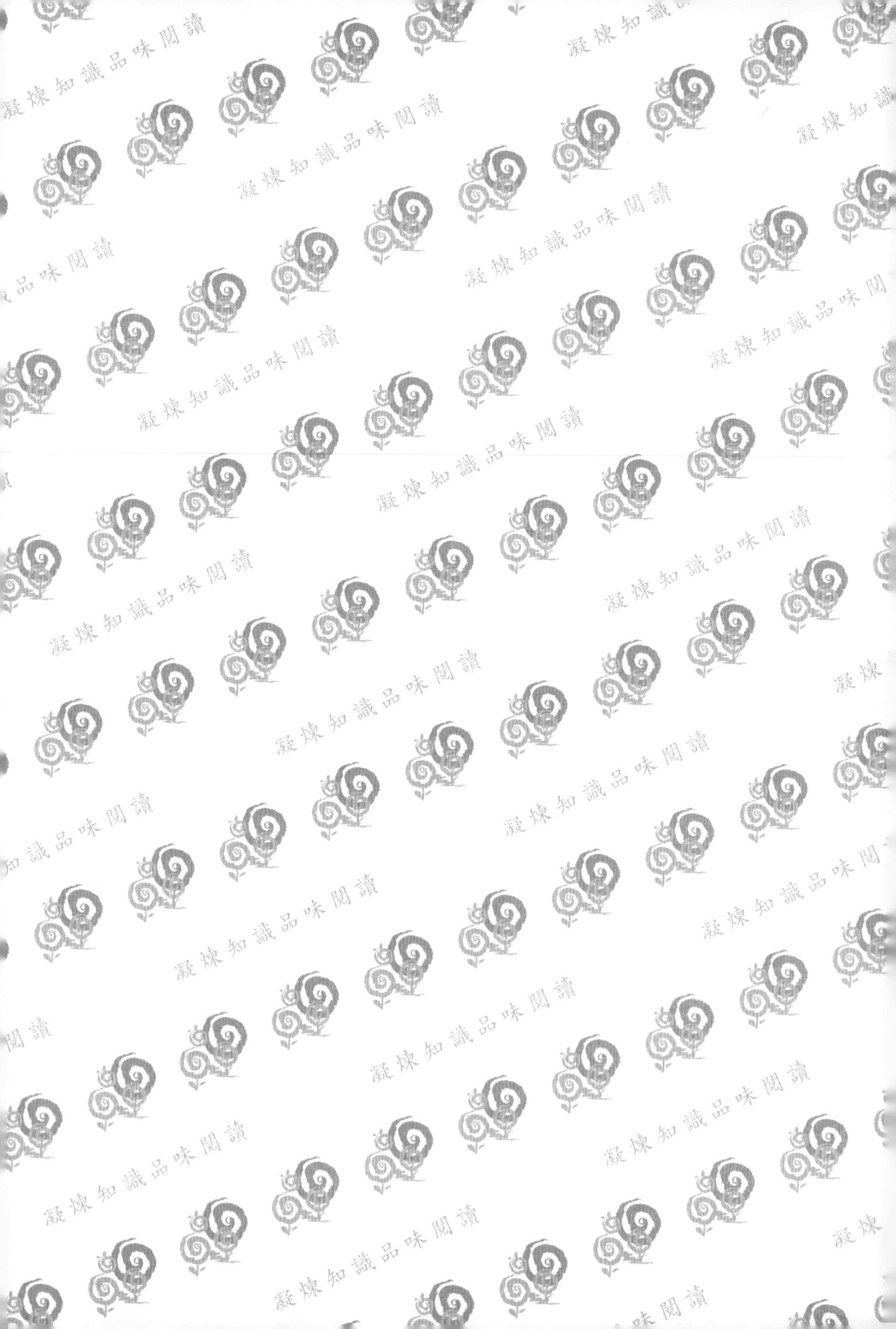

凝煉知識品味閱讀

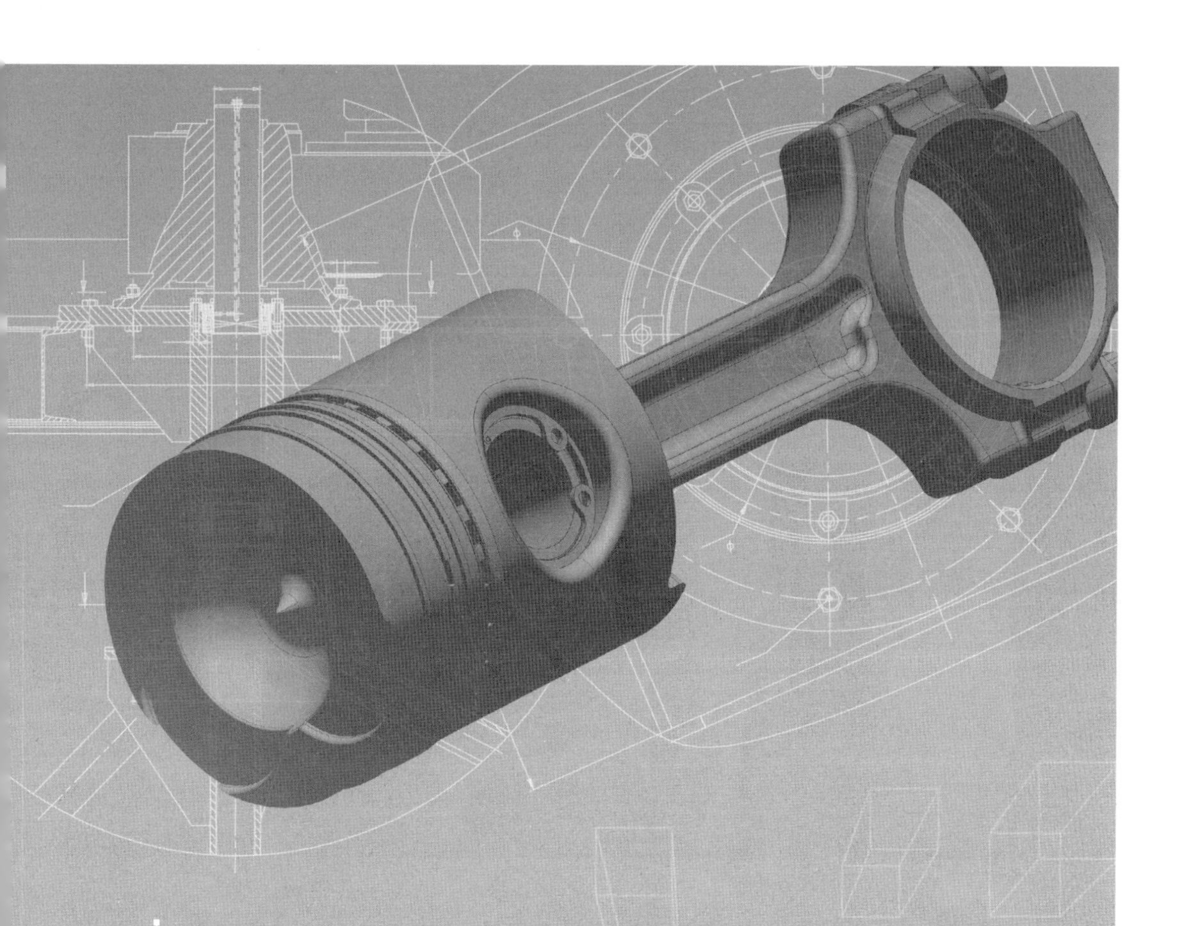

無礙學習 AutoCAD

周文成 著

五南圖書出版公司 印行

作者序

AutoCAD是由美國Autodesk公司應用CAD技術而開發的電腦繪圖設計軟體，爲國際上廣爲流行的繪圖工具，其副檔名爲DWG的檔案格式已成爲二維繪圖的常用標準格式。多年來不斷以其創新的技術每年都推出新的版本，以符合工業界的需求，因此AutoCAD幾乎儼然成爲製圖工具的代名詞，對工程師而言，它也像是國際共通的語言一般，其重要性由此可見。在國內的就業市場中可以發現，除了建築師相關的職務需要很熟悉AutoCAD之外，諸如機械設計、工業設計、地理資訊系統等各個不同專業的領域，也都會經常使用AutoCAD來協同工作，可見其強大的精確製圖功能是被各界所認可的，所以許多相關職缺也都會註明需要會使用AutoCAD，其已成爲進入職場必備的技能之一。

熟悉AutoCAD的使用者都知道，利用指令操作可以更快的解決繪圖問題，讓專注力能更集中在圖面設計上。因此爲了縮短讀者的學習期，本書採指令輸入爲主，而軟體各版本間操作界面的更新對使用本書於學習上幾無影響，這也是筆者多年來的想法——「完成一本跨版本AutoCAD的快速學習書籍」；縱觀市面上雖已有眾多學習書籍，但在執教多年的經驗下，發現這些書籍縱然全部讀完，相信仍有多數讀者面對圖面時仍有不知如何開始的問題，期許本書可以幫忙讀者提升識圖、判圖與解圖之能力。本書編輯雖已力求精確，但仍恐有疏漏錯誤，尚祈讀者見諒。

周文成

目 錄

第 4 章　圖形編輯　79

第 5 章　文字與圖塊　97

第 1 章

概述

AutoCAD 是美國 Autodesk 公司於 20 世紀 80 年代在電腦上，應用電腦輔助設計（Computer Aided Design, CAD）技術所開發的電腦套裝繪圖程式，由於 AutoCAD 的平面繪圖功能與三維繪圖能力相當強大，因此 AutoCAD 已經廣泛應用於機械、建築、電子、航太和水利等工程領域中。

在一般人印象中，CAD 就是指 AutoCAD ，這是 Autodesk 公司的聰明作法，也是搶得先機的技巧。其實 CAD 的原意是 Computer Aided Design（電腦輔助設計），CAD 系列軟體眾多，例如 Revit 、Inventor 、3DS Max 、Creo 、UG 、CATIA 、SolidWorks 、…… 舉凡使用電腦輔助繪圖的軟體均是。而 AutoCAD 其所扮演的角色爲精準的工程製圖軟體；如機械製圖、建築製圖、電子製圖、地理系統製圖 …… 等等。

界面組成：主要有標題列、工具列、繪圖區、指令列、模型繪圖工具設定等（圖 1-1 係以 AutoCAD2016 畫面爲例）。

圖 1-1

標題列：記錄了 AutoCAD 的標題和目前檔案的名稱。

工具列：它是軟體所有指令的集合。包括標準工具列、圖層工具列、物件工具列（顏色控制、線型控制、線粗控制、列印樣式控制）、繪圖工具列、修改工具列、樣式工具列（文字樣式管理器、標註樣式管理員）。

繪圖區：爲主要工作區。

模型繪圖工具設定：可以進行繪圖鎖點等配置。

指令列：是供使用者透過鍵盤輸入指令的地方，位於視窗下方，F2 爲指令列操作的全部顯示。

1-1 圖檔的操作

1. **新增圖面：**

   (1) 快速工具列 ⇨  。

   (2) 點擊圖面標籤頁 ⇨  ，新增圖面。

2. **開啓舊檔：**

   (1) 快速工具列 ⇨ 。

   (2) 使用快速鍵 Ctrl+O 。

3. **儲存：**

   (1) 快速工具列 ⇨ 。

   (2) 使用快速鍵 Ctrl+S

4. **關閉：**

   (1) 按一下標題列上視窗最右邊的 關閉按鈕。

   (2) Alt+F4

   (3) 按一下圖面標籤頁上的 按鈕。

本書在使用上可以根據圖 1-2 的建議流程來進行跳躍式閱讀與練習，如果讀者已具備基本 AutoCAD 的操作技巧，則建議可以由第八章開始練習，若遇指令不熟悉時，則可隨時回到先前章節進行複習。

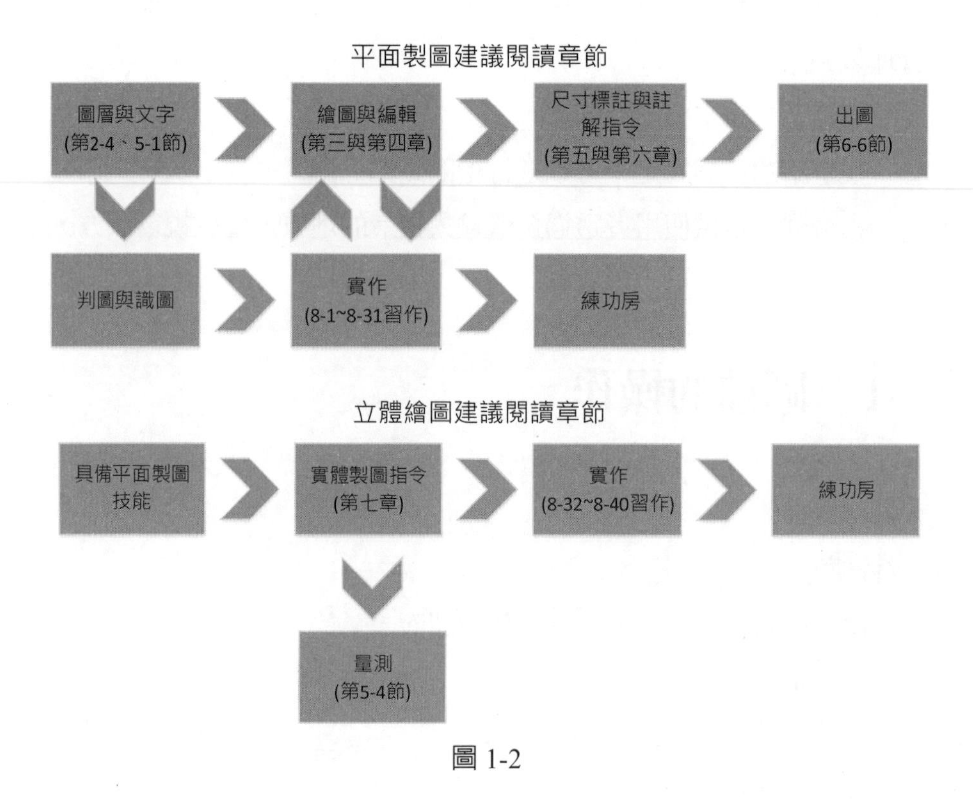

圖 1-2

1-2 圖框的建立

1. 依 1：1 的比例設定 A3 圖紙（橫式）、繪製邊界線（420 x 297）及其圖框（四邊均向內偏移 10）。由於 AutoCAD 所提供的繪圖區很大，因此，在繪圖之前我們多半都會先根據圖紙大小繪製邊框，如公司機關有特定圖框也可套入使用。繪製邊框一般使用矩形（REC）指令居多，只要輸入起點位置與其對角座標值即可，在此以繪製橫式 A3 尺寸邊框爲例，輸入 REC，輸入 0,0，再輸入 420,297，按 ESC 結束指令。

2. 依表 1-1 要求定義圖層及相關性質。

表 1-1

圖層名稱	顏色	線型	線粗
0	白色	CONTINUOUS	0.5
Hatch	洋紅色	CONTINUOUS	0.15
Center	綠色	CENTER 2	0.15
Hidden	黃色	HIDDEN 2	0.3
Dim	白色	CONTINUOUS	0.15
Text	白色	CONTINUOUS	0.15

3. 在第 0 圖層繪製如圖 1-3 所示的標題列，無需標註尺寸，在 TEXT 圖層，輸入文字，文字高爲 3.3。

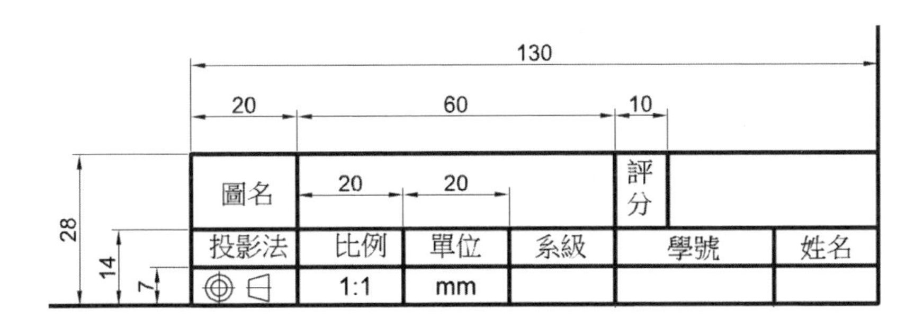

圖 1-3

根據國際標準化組織的 ISO 216 定義了世界上大多數國家所使用紙張尺寸的國際標準。圖紙型式可以分爲 A 、B 與 C 款。其尺寸爲下表所列。

表 1-2 ISO 圖紙尺寸定義

A 系列		B 系列		C 系列	
A0	841×1189	B0	1000×1414	C0	917×1297
A1	594×841	B1	707×1000	C1	648×917
A2	420×594	B2	500×707	C2	458×648
A3	297×420	B3	353×500	C3	324×458
A4	210×297	B4	250×353	C4	229×324
A5	148×210	B5	176×250	C5	162×229
A6	105×148	B6	125×176	C6	114×162
A7	74×105	B7	88×125	C7	81×114
A8	52×74	B8	62×88	C8	57×81
A9	37×52	B9	44×62		
A10	26×37	B10	31×44		

第 2 章

繪圖環境與操作

1 基本操作
2 檔案管理
3 繪圖環境的設定
4 圖層管理
5 視圖與視埠
6 重畫和重生
7 物件性質

2-1 基本操作

在 AutoCAD 中，所有圖形的繪製與編輯都是依靠滑鼠和鍵盤指令相結合而進行的，因此在繪圖之前，必須了解 AutoCAD 中指令的執行方式和滑鼠的控制方法。

2-1-1 繪圖指令的執行

在 AutoCAD 中，指令的執行方式非常靈活，常用的指令執行方式主要有 3 種：

1. 透過功能表列或滑鼠右鍵快顯功能表執行相對應的指令。
2. 透過工具列按鈕或功能區按鈕執行相對應的指令。
3. 在指令列或浮動視窗中直接輸入指令。

在這 3 種方法中，透過功能表和工具列相對較爲直觀，便於初學者使用，但是這兩種繪圖方式速度相對較慢；而直接輸入指令的方式可以執行所有的繪圖與編輯功能，是最好的選擇。

在 AutoCAD 中，所有的操作均可以透過指令來執行，而且大多數指令都有一個簡化指令，直接輸入指令或簡化指令會使繪圖工作更加方便和快捷。

在使用 AutoCAD 指令時，有以下幾個問題需要注意：

1. 在指令執行過程中，要注意游標處或指令列內的提示，應當根據提示輸入相對應的選項或參數。

2. 繪圖時，在繪圖區內按一下滑鼠右鍵，會根據不同的繪圖指令提供不同的快顯功能表。對於不同的指令，快顯功能表內顯示的內容也不相同。

3. 除了在繪圖區按一下滑鼠右鍵可以跳出快顯功能表外，在狀態列、指令列、工具列、模型和布局標籤等處按一下滑鼠右鍵，也會根據所在位置出現不同的快顯功能表，使用者可以根據需要選擇相對應的內容，或進行相對應的設定。

4. 如果要重複執行某個指令，直接按 ENTER 鍵或空白鍵即可。

5. 如果要終止指令的執行，一般可以按 ESC 鍵。對於某些指令，按一次 ESC 鍵只能取消指令中的某一個選項，此時，需要多按幾次，才能全部取消該指令的執行。

2-1-2 滑鼠的操作

滑鼠是 AutoCAD 在繪圖時必不可少的工具，滑鼠的不同按鍵和不同的操作方式發揮著不同的作用。滑鼠的左鍵是點選鍵，它可以用於指定位置、指定編輯物件，選擇選單、標籤頁、對話框按鈕等；滑鼠的右鍵是屬性鍵，它的操作取決於前一步的操作，它可以結束正在執行的指令、重複執行指令、顯示快顯功能表、顯示屬性視窗等；滑鼠的滾輪可以對圖形進行縮放和平移顯示，滾輪向前滾動則對圖形進行放大顯示、滾輪向後滾動則對圖形進行縮小顯示、按下滾輪並拖動滑鼠則對圖形進行平移顯示、按兩下滾輪則將圖形縮放到目前範圍進行顯示。對圖形進行編輯操作時，選取物件的操作分爲點選、窗選與框選等。

點選是指按一下滑鼠左鍵，每次按一下只能選擇一個繪圖物件。點選的速度較慢，但可以精確地選擇指定的物件。

大量選取物件時，AutoCAD 可以根據滑鼠點擊的位置點來形成一個矩形範圍，從中來篩選範圍內的繪圖物件。根據選擇的方向不同，會出現不同的選擇效果。

1. 窗選：當從左上點擊再向右下拖拉進行選取時，選擇區域呈現藍色，且範圍框爲實線樣式，只有當物件全部位於選擇區域內時，才會被選中，如圖 2-1 所示，圖中只有兩個物件被選中，右圓沒有被選中。

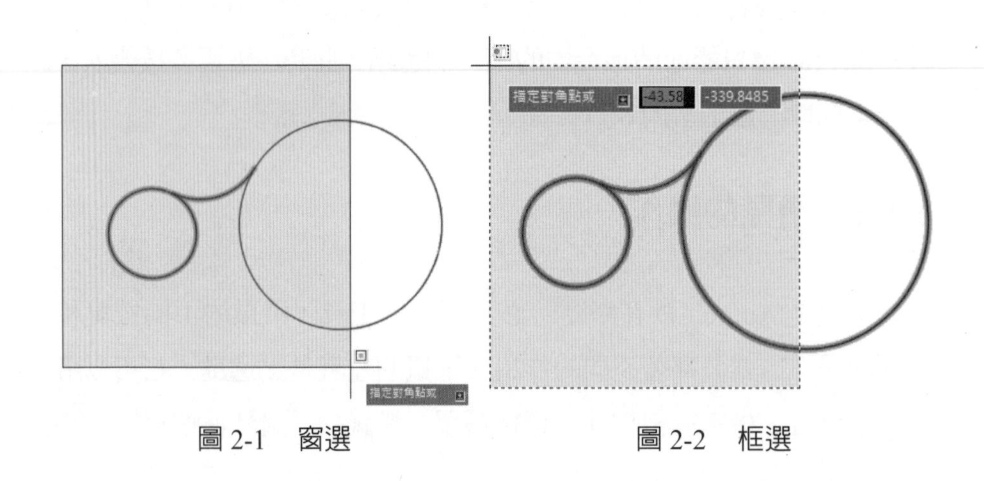

圖 2-1　窗選　　　　圖 2-2　框選

2. 框選：而當從右下往左上進行選取時，選擇區域呈現綠色，且範圍框爲虛線樣式，除了物件全部位於選擇區域內之外，物件與選擇框線相交時，物件也會被選中，如圖 2-2 所示，圖中的所有圖形均被選中。

使用者在繪圖時，可以根據自己的要求，採用相應的選擇方式。

2-2　檔案管理

在 AutoCAD 中，檔案的管理主要包括新建圖形檔、打開圖形檔、儲存圖形檔、輸入與輸出圖形檔和關閉圖形檔等。

2-2-1　新建 AutoCAD 圖形檔

新建 AutoCAD 圖形檔是指新建一個繪圖空間，以繪製新的圖形。在 AutoCAD 中新建圖形檔有如下幾種方法：

- 使用功能表：選擇新建 ⇨ 圖面。
- 使用快速訪問工具列：按一下新建 按鈕。
- 使用指令：New。
- 使用快速鍵：Ctrl+N。

指令執行後，AutoCAD 將會跳出選取樣板對話框，如圖 2-3 所示。樣板檔是繪圖的範本，通常在樣板檔中包含一些繪圖環境的設定。一般情況下，程式預設選擇 acadiso.dwt 範本，使用者也可以根據自己的需要，選用其他範本，按一下開啓按鈕，完成新圖形檔的建立。AutoCAD 自動爲其命名爲 DrawingN.dwg，其中，N 爲系統依照目前新建檔案個數的自動編號，AutoCAD 圖形檔的尾碼格式爲 *.dwg。

圖 2-3　選取樣板對話框

2-2-2　開啓 AutoCAD 圖形檔

在 AutoCAD 中，要開啓已有的圖形檔有如下幾種方法：

- 使用功能表：選擇開啓 ⇨ 圖面。
- 使用快速訪問工具列：按一下開啓 按鈕。
- 使用指令：Open。
- 使用快速鍵：Ctrl+O。

執行指令後，出現選取檔案對話框，如圖 2-4 所示。

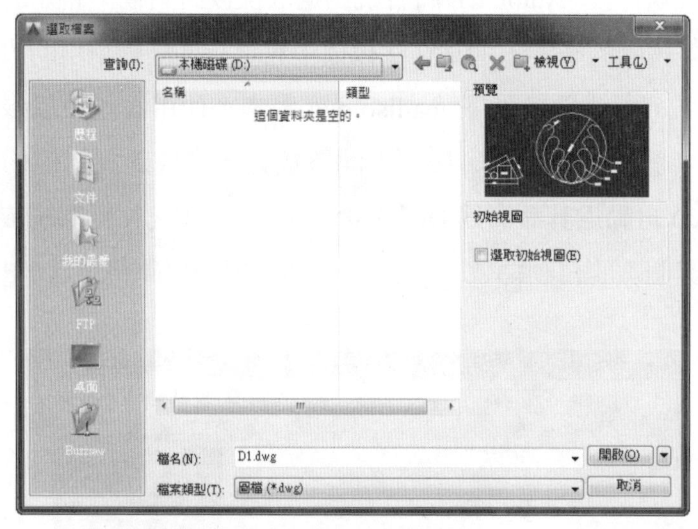

圖 2-4　選取檔案對話框

選擇相對應的目錄，點選檔案，在右側的預覽視窗可以預覽圖形，按一下開啓按鈕或點擊左鍵兩下該檔即可開啓該圖面。AutoCAD 也提供了局部開啓功能，當處理大型圖形檔時，爲了避免打開速度過慢，可以在開啓圖形時儘可能地少載入圖形，而僅僅打開指定的圖層。如圖 2-5 所示，選中指定文件後，按一下開啓按鈕旁邊的三角形

箭頭 ，然後選擇局部開啓指令，將出現局部開啓對話框，如圖 2-6 所示。在此對話框中，選擇要載入的圖層後，按一下開啓按鈕，則僅打開指定的圖層，大大提高了運行速度。

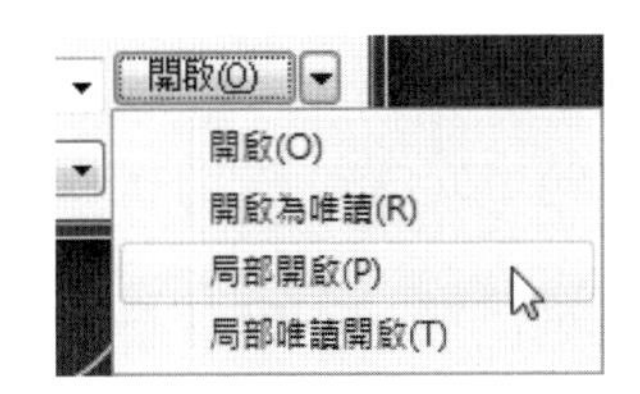

圖 2-5　選擇局部開啓指令

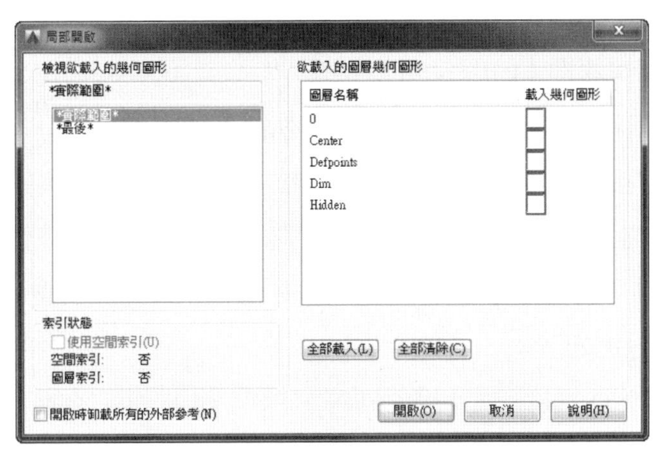

圖 2-6　局部開啓對話框

AutoCAD 還提供了開啓爲唯讀的功能；執行開啓指令，選擇需要開啓的圖檔，按一下開啓按鈕旁邊的三角形箭頭 ，然後選擇開啓爲唯讀指令，則檔案會以唯讀方式打開。此時，圖形僅可瀏覽，即使被修改，也將無法保存。

2-2-3 儲存 AutoCAD 圖形檔

圖形繪製完成後，需要對圖形進行保存，在 AutoCAD 中，對圖形檔進行儲存有以下幾種方法：

- 使用功能表：選擇儲存指令。
- 使用功能表：選擇另存指令。
- 使用快速訪問工具列：按一下儲存 按鈕或 另存按鈕。
- 使用指令：Save 、Qsave 。
- 使用指令：Saveas 。
- 使用快速鍵：Ctrl+S 。
- 使用快速鍵：Ctrl+Shift+S 。

如果新建的圖形未經儲存過，則執行上述所有指令時，均會出現圖面另存對話框，如圖 2-7 所示。在檔案類型下拉式選單中可以選擇要儲存的檔案類型，然後按一下儲存按鈕，即可完成圖形檔案的保存。如果圖形已經儲存並命名過，在執行上述指令時，便會出現差異，主要差別分述如下：

1. 指令 Qsave 、快速鍵 Ctrl+S 、儲存 按鈕、功能表儲存這四種方式等效，是對已命名的圖形檔即時存檔，並繼續處於目前的圖形檔案狀態下。

2. 指令 Saveas 、快速鍵 Ctrl+Shift+S 、功能表另存這 3 種方式等效，是將已命名的圖形檔另外儲存在一個新的位置中，並把新的圖形檔作為目前的圖形檔。

3. 指令 Save 是將已命名的圖形檔另外儲存在一個新的檔案，但不改變目前所在的圖形檔。

圖 2-7

2-2-4 輸入與輸出 AutoCAD 圖形檔

AutoCAD 除了可以開啓、儲存 *.dwg 格式的圖形檔外，還提供了圖形的輸入與輸出介面，可以將其他應用程式中處理好的資料傳送給 AutoCAD 以顯示圖形，也可以將在 AutoCAD 中繪製好的圖形傳送給其他應用程式使用。

1. 輸入圖形檔

使用「輸入圖形檔」功能，可以將用其他應用程式建立的非 *.dwg 的資料檔案輸入到目前圖形中，輸入過程可以將資料轉換爲相對應的 *.dwg 檔資料。「輸入圖形檔」指令的執行方式有如下幾種：

- 在工具列功能區：按一下插入標籤頁中的 按鈕。
- 使用指令：Import。

指令執行後，將會出現匯入檔案對話框，如圖 2-8 所示。在檔案類型下拉式選單中，選擇要輸入的檔案格式，然後選擇檔案，按一下開啓按鈕，則該檔就會被輸入到目前圖形中。

可以輸入到 AutoCAD 中的檔案格式主要有以下幾種：

- 圖形中繼檔 (*.wmf)：Microsoft Windows 圖形中繼檔。
- ACIS(*.sat)：ACIS 實體檔。
- 3D Studio(*.3ds)：3D Studio 文件。
- MicroStation DGN(*.dgn)：MicroStation DGN 文件。
- Pro/ENGINEER (*.prt、*.asm)
- Solidworks(*.prt、*.sldprt、*.asm、*.sldasm)
- STEP(*.stp、*.step)

圖 2-8　匯入檔案對話框

2. 輸出圖形檔

用匯出功能，可以將繪製的圖形以其他檔案格式儲存，指令執行方式如下：

• 使用功能表：選擇匯出，可以根據選單指定輸出格式。

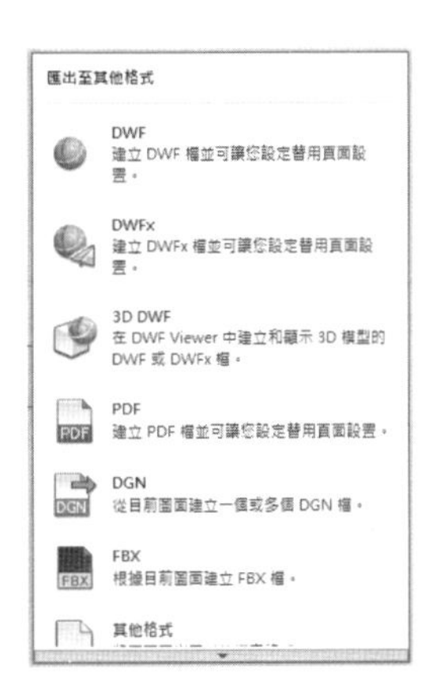

• 在功能區：按一下輸出標籤頁中的 匯出 按鈕，提供快速的 3 種輸出格式（DWFx、DWF、PDF）

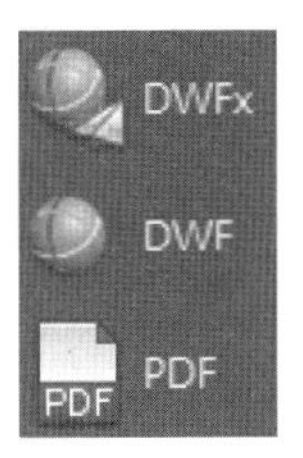

• 使用指令：Export。

指令執行後，出現匯出資料對話框，如圖 2-9 所示。在檔案類型下拉式選單中選擇要輸出的檔案格式，指定儲存路徑和檔名後，點擊一下儲存按鈕，完成圖形的輸出。AutoCAD 會記錄上一次使用的檔案輸出格式的選擇。

圖 2-9　匯出資料對話框

AutoCAD 中可以輸出的檔案格式有以下幾種：

- 三維 DWF（*.dwf）/ 三維 DWFx（*.dwfx）：Autodesk 三維 DWF/DWFX 文件。
- 中繼檔（*.wmf）：Microsoft Windows 中繼檔。
- ACIS（*.sat）：ACIS 實體檔。
- 石板印刷檔（*.stl）：實體物件光固化快速成型檔。
- 壓縮的 PS 檔（*.eps）：PostScript 文件。
- DXX 萃取檔（*.dxx）：屬性提取 DXF 檔。
- 點陣圖（*.bmp）：點陣圖檔。
- 圖塊（*.dwg）：AutoCAD 圖塊檔。
- V7 DGN（*.dgn）/V8 DGN（*.dgn）：MicroStation DGN 文件。
- IGES 檔

3D DWF (*.dwf)
3D DWFx (*.dwfx)
FBX (*.fbx)
中繼檔 (*.wmf)
ACIS (*.sat)
石板印刷檔 (*.stl)
壓縮的 PS 檔 (*.eps)
DXX 萃取檔 (*.dxx)
點陣圖 (*.bmp)
圖塊 (*.dwg)
V8 DGN (*.dgn)
V7 DGN (*.dgn)
IGES (*.iges)
IGES (*.igs)

2-2-5 關閉圖形檔

關閉圖形檔的指令執行方式如下：

- 使用功能表：選擇關閉 ⇨ 目前的圖面。
- 使用功能表：選擇關閉 ⇨ 所有的圖面。
- 按一下標題列中的 按鈕。
- 使用指令：Close。
- 使用指令：Closeall。

其中，選擇關閉目前的圖面、點按標題列中的 按鈕、使用 Close 指令是相同的，只會關閉目前顯示的圖形檔；而當選擇關閉所有的圖面、使用 Closeall 指令，都將關閉 AutoCAD 中打開的所有圖形檔。

2-3 繪圖環境的設定

在開始繪圖前，需要對 AutoCAD 中的一些必要參數進行設定，例如圖形單位、繪圖界限、線型格式、文字樣式、選項參數等。同時，爲了規範系列圖紙的樣式，統一繪圖標準、提升繪圖效率，可以將設定好繪圖環境的圖紙保存爲樣板圖，在相同要求的繪圖工作中，可以直接打開樣板圖使用。

2-3-1 圖形單位設定

圖形單位是繪圖中所採用的單位，所建立的所有物件都是根據圖形單位進行測量的，繪圖前必須確定一個圖形單位所代表的實際尺寸，然後根據此標準建立實際大小的圖形。圖形單位設定包括長度單位、角度單位、精確度、方向等方面的設定。

設定圖形單位指令的執行方式有以下幾種：

- 使用指令：Units。
- 使用簡化指令：Un。

指令執行後，出現圖面單位對話框，如圖 2-10 所示。

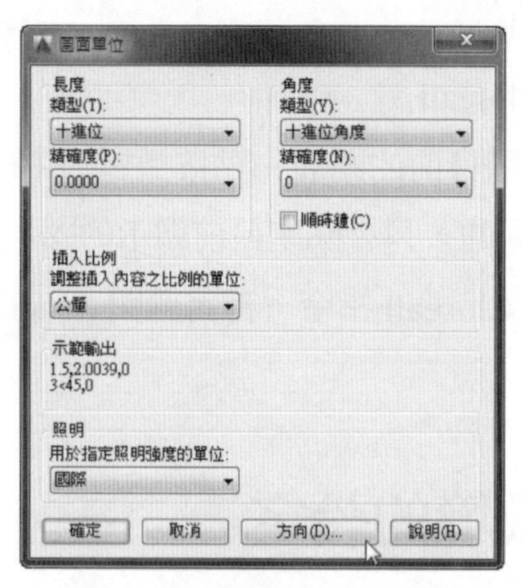

圖 2-10　圖面單位對話框

在圖面單位對話框中，包含長度單位與精確度、角度單位與精確度、座標方向等參數。

1. 長度單位的設定

AutoCAD 提供了 5 種長度單位類型供使用者選擇，即十進位、工程、分數、建築和科學。其中，工程和建築格式提供英尺和英寸顯示，並假定每個圖形單位表示一英寸。圖形單位是設定了一種資料的計量格式，AutoCAD 的繪圖單位本身是無單位的，使用者在繪圖時可以將單位視爲繪製圖形的實際單位，例如毫米、米等。

在長度選項區域的精確度下拉式選單方塊中，可以選擇長度單位的精確度，根據需要選擇小數點後保留的位數，例如 0.00 代表精確至小數點後兩位。

插入比例是用來控制插入到目前圖形中的圖塊和圖形的測量單位。如果圖塊或圖形建立時使用的單位與該選項指定的單位不同，則在插入這些圖塊或圖形時，將對其依比例縮放。如果插入圖塊時不依指定單位縮放，應選擇無單位。

示範輸出是用來顯示用目前單位和角度設定的例子。

照明用來選擇目前圖形中的光源強度測量單位。爲建立和使用光度控制光源，必須從選項選單中指定強度單位。如果插入比例設定爲無單位，則將顯示警告訊息，通知使用者渲染輸出可能會不正確。

2. 角度單位的設定

AutoCAD 提供了 5 種類型的角度單位供使用者選擇，即十進位角度、土地測量單位、分度、度 / 分 / 秒、弳度。

- 十進位角度：以十進位數字表示。
- 土地測量單位：以方位表示角度：N 表示正北，S 表示正南，度 / 分 / 秒表示從正北或正南開始的偏角的大小，E 表示正東，W 表示正西。例如 N 45d0'0" E，此型式只使用度 / 分 / 秒格式來表示角度大小，且角度值始終小於 90 度。如果角度正好是正北、正南、正東或正西，則只顯示表示方向的單個字母。

- 分度：附帶一個小寫字母 g 尾碼，例如 20.35g。
- 度 / 分 / 秒：用 d 表示度，用 ' 表示分，用 " 表示秒，例如 123d45'56.7"。
- 弳度：附帶一個小寫 r 尾碼，例如 3.14r。

在角度選項區的精確度下拉式選單中，可以選擇角度單位的精確度，通常選擇 0。而順時針核取方塊用來指定角度的測量正方向，預設情況下採用逆時針方向爲正方向。

3. 方向的設定

方向的設定是定義角度 0，並指定測量角度的方向。在圖面單位對話框內按一下 方向(D)... 按鈕，將會跳出方向控制對話框，如圖 2-11 所示。

圖 2-11　方向控制對話框

在對話框中定義起始角（即 0° 角）的方位，通常將「東」作爲 0° 角的方位，也可以根據自己的需要，在方向控制對話框中以其他方向或任意角度作爲 0° 角的方位，按一下確定按鈕，完成方向的設定。

2-3-2 設定圖形界限

AutoCAD 的繪圖區域是無限大的空間，即模型空間。在實際工作中，爲了確保各工作環節之間的協同，需要對圖形界限進行設定。

• 使用指令：Limits。

指令執行步驟如下：

(1)輸入指令。

(2)指令列提示指定左下角點或 [開（ON）/ 關（OFF）]<0.0000, 0.0000>：指定界限的左下角點。

(3)指令列提示指定右上角點 <420.0000, 297.0000>：指定界限的右上角點。

圖形界限透過設定左下角點和右上角點座標而確定，左下角點座標內定是（0, 0），一般不改變，只需根據需求輸入右上角點座標，AutoCAD 內定爲 A3 圖幅 420mm×297mm ，即右上角點座標爲（420.0000, 297.0000）。指令列尖括弧內爲系統預設參數，如果採用此參數，直接按 Enter 鍵或空白鍵即可，如果需要更改，則輸入新值後按 Enter 鍵或空白鍵。

2-3-3 選項設定

爲了適應不同使用者的使用習慣，AutoCAD 提供了功能全面的設定選項，可以對 AutoCAD 使用過程中的各類參數進行設定，例如檔案、顯示、開啓與儲存、3D 塑型等，所有設定選項均在選項對話框中。

開啓選項對話框的方法有以下幾種：

- 在繪圖區域按一下滑鼠右鍵：從快顯功能表中選取選項指令。
- 使用指令：Options。
- 使用簡化指令：Op。

執行指令後，將出現選項對話框，如圖 2-12 所示。選項對話框包含檔案、顯示、開啓與儲存、出圖與發布、系統、使用者偏好、製圖、3D 塑型、選取和紀要等 10 個標籤頁。

圖 2-12　選項對話框

1. **檔案標籤頁**

檔案標籤頁如圖 2-13 所示，標籤頁中列出了 AutoCAD 搜尋路徑、檔案、驅動程式檔、功能表檔和其他檔的資料夾。

2. **顯示標籤頁**

顯示標籤頁主要用來對繪圖環境中有關顯示的各種選項進行設

圖 2-13　檔案標籤頁

定，如圖 2-14 所示，標籤頁中主要包括視窗元素、配置元素、顯示解析度、顯示效能、十字游標大小、濃淡控制等方面的內容。

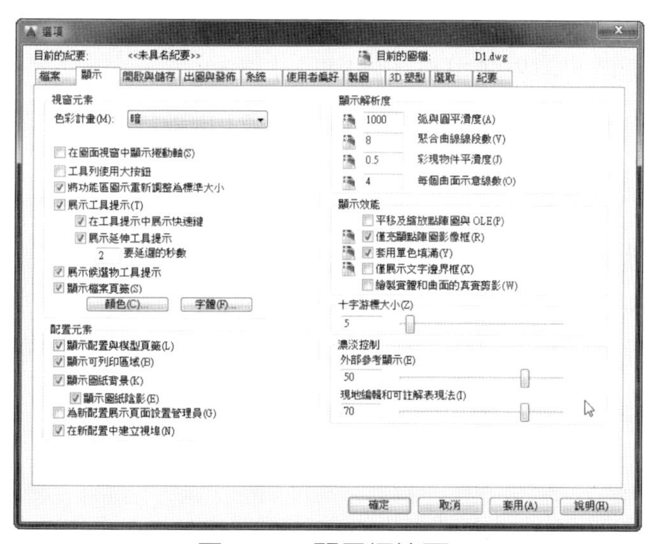

圖 2-14　顯示標籤頁

視窗元素：包括色彩計畫、圖面視窗中的捲動軸、工具列、螢幕功能表的顯示等方面的配置，也可以透過顏色按鈕對背景顏色進行修改，透過字體按鈕對指令列的字體進行修改。

配置元素：用來對視窗配置進行設定，包括配置與模型頁籤的顯示、顯示可列印範圍、顯示圖紙背景、在新配置中建立視埠等。

顯示解析度：用來控制物件的顯示品質，包括弧和圓的平滑度、聚合曲線線段數、彩現物件平滑度、每個曲面示意線數等。一般來說，不同數值對圖形的顯示和軟體性能有不同的影響，顯示效果越好，曲面越平滑，對性能的影響就越大。

顯示效能：用來控制影響性能的顯示設定，包括平移及縮放點陣圖與 OLE 、僅亮顯點陣圖影像框、套用單色填滿、僅展示文字邊界框、繪製實體和曲面的眞實剪影等。

十字游標大小：用來控制十字游標的尺寸。有效値的範圍從全螢幕的 1% 到 100%。在設定爲 100% 時，看不到十字游標的末端。當尺寸減爲 99% 或更小時，十字游標才有有限的尺寸，當游標的末端位於繪圖區域的邊界時可見，內定尺寸爲 5%。

濃淡控制：用來控制 DWG 外部參考和參照編輯的濃度值，包括外部參考顯示、現地編輯和可註解表現法兩部分。

3. 開啓與儲存標籤頁

是用來設定開啓和儲存檔案的相關選項，如圖 2-15 所示。標籤頁主要包括檔案儲存類型、檔案安全防護、最近使用的檔案數、應用程式功能表、外部參考、ObjectARX 應用程式等。

圖 2-15　開啟與儲存標籤頁

4. 出圖與發布標籤頁

出圖與發布標籤頁是用來對列印和發布相關的選項進行設定，如圖 2-16 所示。標籤頁主要包括新圖面的預設出圖設定、列印至檔案、背景處理選項、出圖與發布記錄檔、自動發布、一般出圖選項、指定出圖偏移相對於、出圖戳記設定、出圖型式表設定等選項。

5. 系統標籤頁

用來控制 AutoCAD 的系統設定，如圖 2-17 所示，主要包括圖形效能、目前的指向設備、配置重生選項、資料庫連結選項、一般選項等。

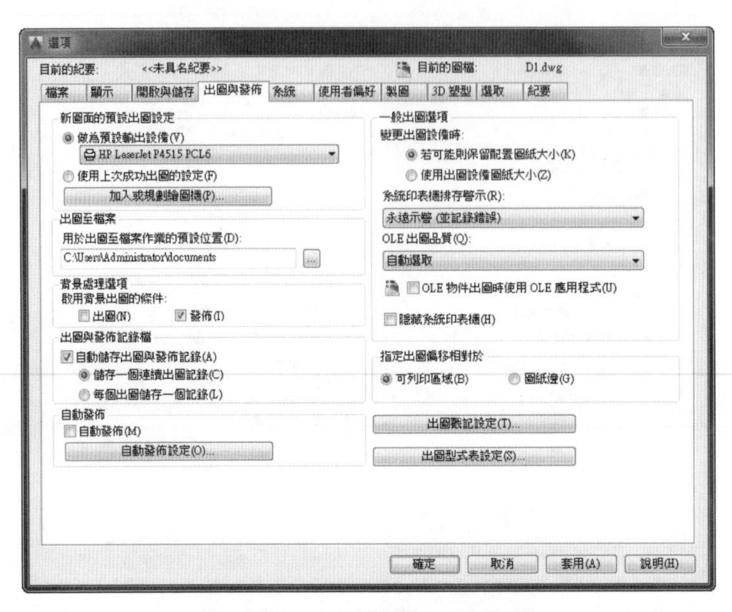

圖 2-16　出圖與發布標籤頁

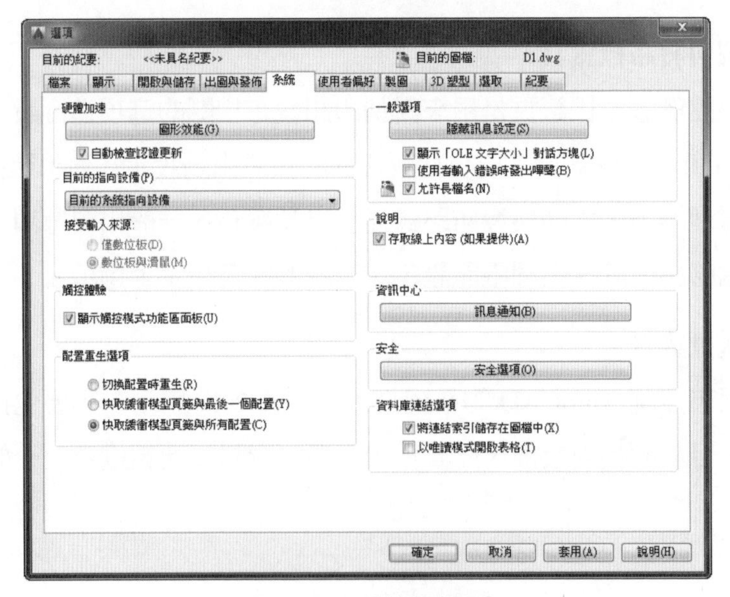

圖 2-17　系統標籤頁

6. 使用者偏好標籤頁

是用來對工作方式的相關選項進行設定，如圖 2-18 所示，主要包括 Windows 標準模式、插入比例、座標資料輸入優先權、關聯式標註、超連結、退回 / 重做、圖塊編輯器設定、線粗設定、預設比例清單等選項。

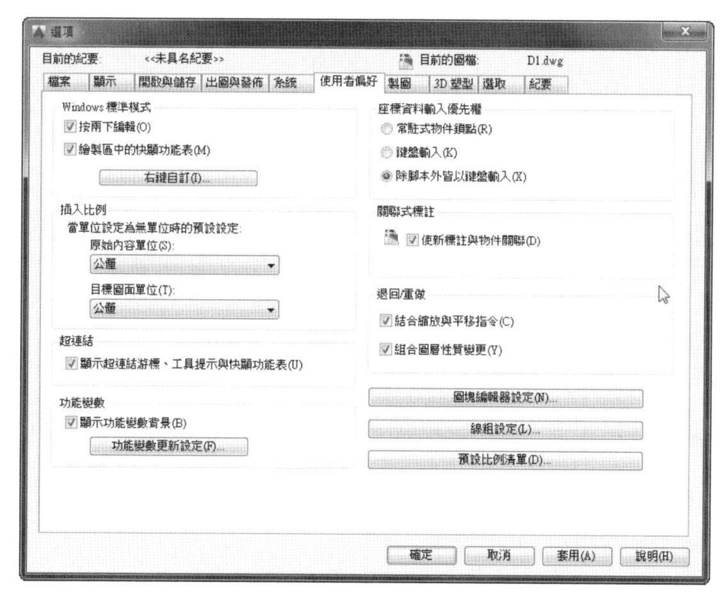

圖 2-18　使用者偏好標籤頁

7. 製圖標籤頁

是用來對自動鎖點、自動追蹤、鎖點框大小等功能進行設定，如圖 2-19 所示，標籤頁主要包括自動鎖點設定、自動鎖點標識大小、物件鎖點選項、自動追蹤設定、取得對齊點、鎖點框大小、製圖工具提示設定、光源圖像設定、相機圖像設定等。

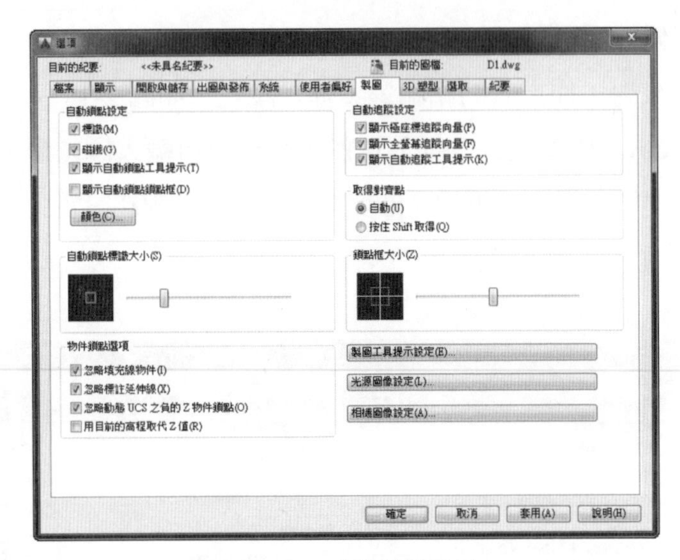

圖 2-19　製圖標籤頁

8. 3D 塑型標籤頁

是用來對三維建模中的相關選項進行設定，如圖 2-20 所示，標籤頁主要包括 3D 十字游標、顯示 ViewCube 或 UCS 圖示、動態輸入、3D 物件、3D 導覽等設定。

9. 選取標籤頁

用來對繪圖過程中與選取物件相關的選項進行設定，如圖 2-21 所示，標籤頁主要包括點選框大小、選取模式、預覽選取、擎點大小、擎點顏色等。

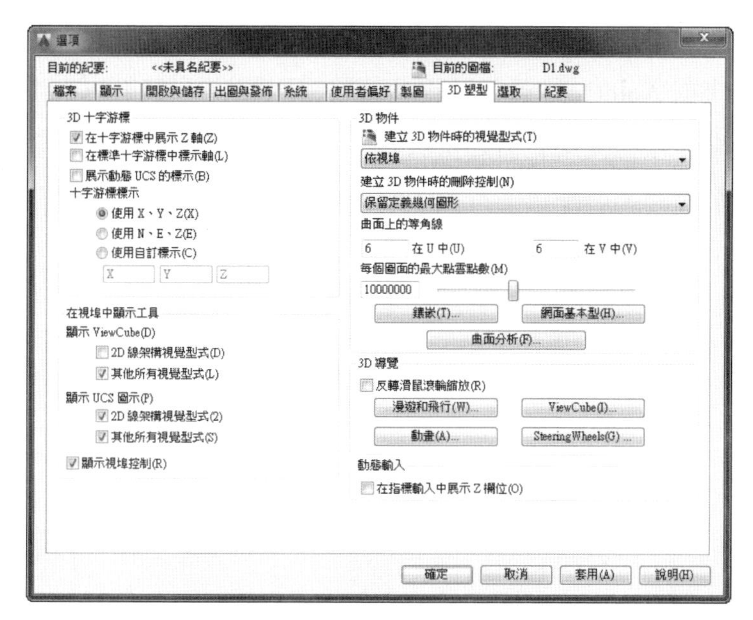

圖 2-20　3D 塑型標籤頁

圖 2-21　選取標籤頁

10. 紀要標籤頁

用來對 AutoCAD 軟體及相關軟體的配置進行設定，如圖 2-22 所示，紀要是根據使用者需要自訂的，在左側列出了可用的紀要，根據使用者的需要對各配置進行相應的操作。

圖 2-22　紀要標籤頁

2-3-4　保存為樣板圖

在完成繪圖環境的相關設定後，就可以開始正式繪圖。爲了避免每次繪圖前重複設定繪圖環境，同時，也爲了確保相關繪圖人員能夠採用同樣的繪圖環境，能夠按照規範統一設定圖形，提高繪圖效率，使同一工作中的圖形能夠具有統一的格式、標註型式、文字型式、圖層等，可以將設定好的繪圖環境保存爲樣板圖。

保存樣板圖可以使用另存爲指令，即 Saveas 指令，在圖面另存對話框的檔案類型中選擇 AutoCAD 圖面樣板（*.dwt），選擇儲存路徑，並設定檔案名，之後按一下確定按鈕，會出現樣板選項對話框，如圖 2-23 所示，在此可以對這個樣板圖做一些說明，按一下確定按鈕完成樣板圖的儲存。

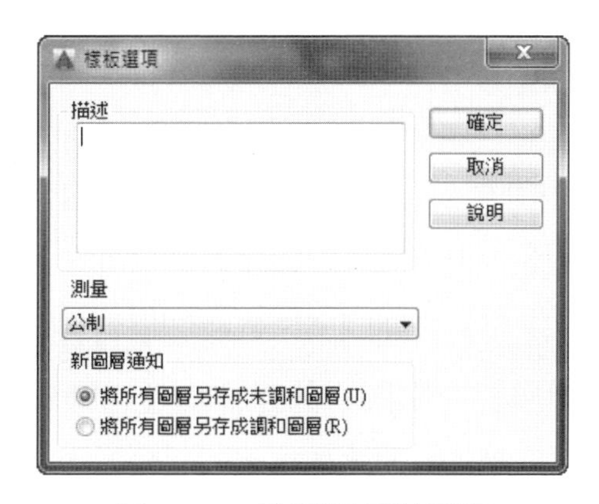

圖 2-23　樣板選項對話框

2-4　圖層管理

AutoCAD 採用圖層化管理，每一個圖形都處於一個圖層上，圖層的應用有助於管理圖形物件，繪圖時處理好圖形與圖層之間的關係，能夠大幅提升繪圖效率。在 AutoCAD 中，每一個圖層就相當於一張透明的圖紙，每個圖形檔是由若干張透明的圖紙疊加在一起形成的。每個圖形檔中至少要有一個圖層，每個圖層都可以單獨管理，可以設定相對應的顏色、線型、線粗、列印樣式、開關狀態等參數。

AutoCAD 在工具列中提供了圖層區，如圖 2-24 所示，該區中整合了圖層管理的大部分功能的按鈕。

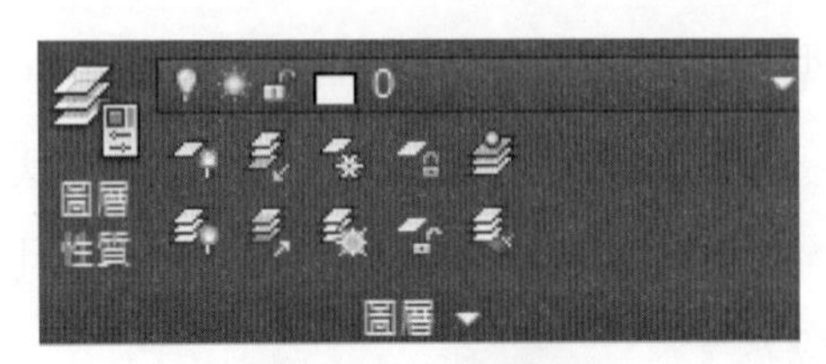

圖 2-24　圖層區

2-4-1　建立圖層

新建一個圖形檔時，AutoCAD 自動建立一個名為 0 的圖層，該圖層不能被刪除，也不能重命名。除了 0 圖層外，如需要其他圖層，則需要使用者自己建立。新建圖層、修改圖層特性、設定目前圖層、選擇圖層和管理圖層等有關圖層的操作均透過圖層性質管理員來完成，取用圖層性質管理員的方法如下：

• 在工具列圖層區：點選  按鈕。

• 使用指令：Layer。

• 使用簡化指令：La。

執行指令後，將出現圖層性質管理員，如圖 2-25 所示。

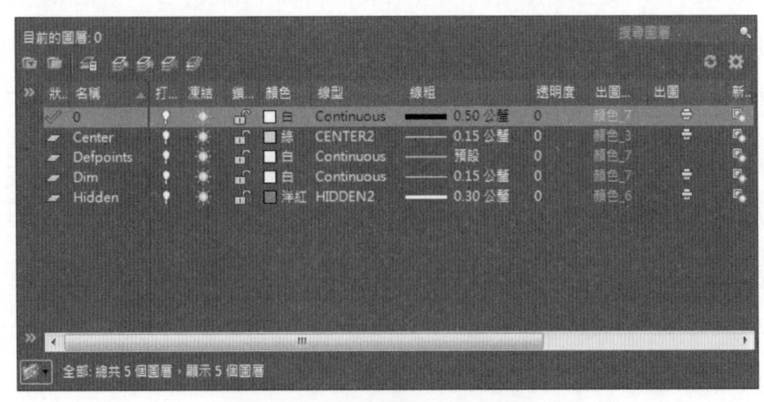

圖 2-25　圖層性質管理員

在圖層性質管理員中，按一下新圖層 按鈕，新建的圖層以臨時名字圖層 1 顯示在選單中，並採用預設的特性，如圖 2-26 所示。根據使用者的需要，可以對新建的圖層命名，更改顏色、線型、線粗等特性。需要建立多個圖層時，則重複上述操作。

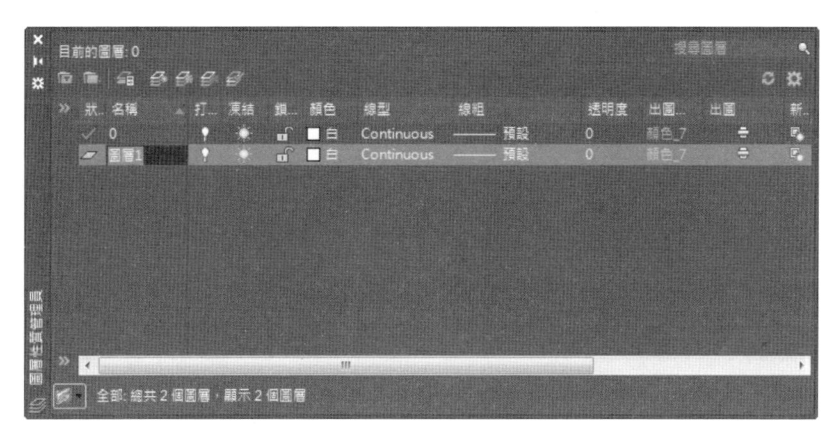

圖 2-26　新圖層

2-4-2　圖層性質

在圖層性質管理員中，有關圖層性質有多個按鈕，分別用來控制新圖層、所有視埠中已凍結的新圖層視埠、刪除圖層、設爲目前的相關操作。

1. 按鈕：新圖層。即建立一個新的圖層。
2. 按鈕：所有視埠中已凍結的新圖層視埠。即建立一個新圖層，然後在所有現有布局視埠中將其凍結。
3. 按鈕：刪除圖層。即把選中的圖層刪除，注意，只能刪除未被參照的空圖層，而且 0 層不能被刪除，否則系統將跳出未刪除的提示，如圖 2-27 所示。

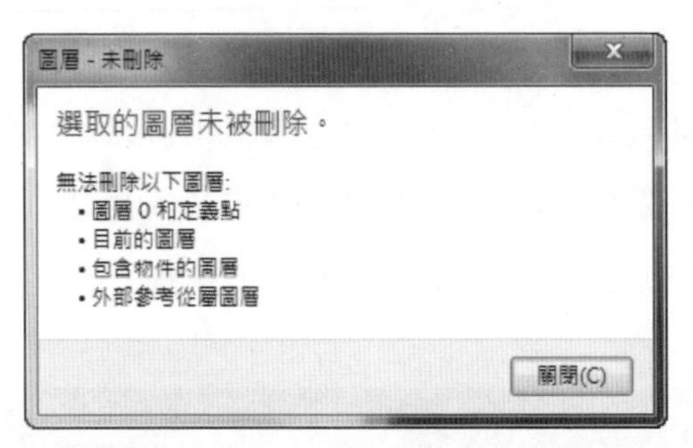

圖 2-27　圖層 — 未刪除對話框

4. 按鈕：設定爲目前圖層。即把選中的圖層設爲目前圖層，AutoCAD 中只能在目前圖層中繪製圖形。
5. 按鈕：重新整理。即透過更新圖形中的所有圖元來刷新圖層使用資訊。
6. 按鈕：設定。開啓圖層設定對話框，如圖 2-28 所示，從中可以對新圖層通知、隔離圖層、圖層篩選套用至圖層工具列等方面進行設定。

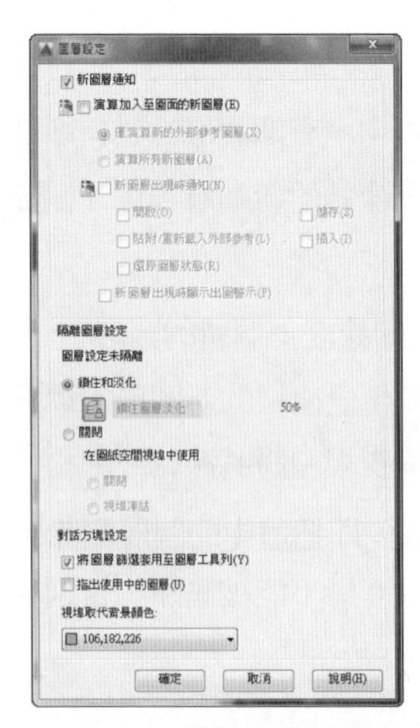

圖 2-28　圖層設定對話框

對於已經建立好的圖層，還可以透過點擊圖層選單中的相對應圖示，對相對應圖層的狀態、名稱、開／關、凍結／解凍、鎖定／解鎖、預設顏色、預設線型、預設線粗、列印型式、列印／不列印、新視窗凍結等屬性進行修改，修改時，直接在待修改圖層的對應屬性處點擊圖示即可。各屬性的說明如下。

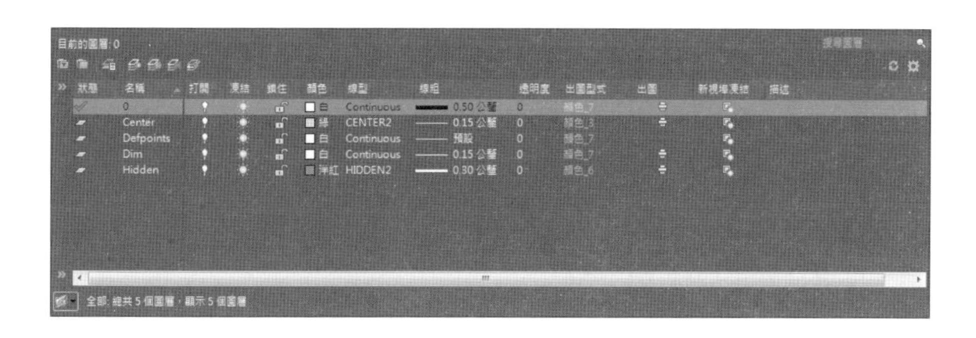

狀態：用於指示圖層的類型和狀態。當其為 ✔ 圖示時，表示該圖層為目前圖層。

名稱：圖層的名稱，點擊圖層的目前名稱，即可對圖層重命名。

打開：控制圖層的開啓和關閉狀態。當其圖示為 💡 時，代表圖層處於打開狀態，當其圖示為 💡 時，代表圖層處於關閉狀態。當圖層打開時，此圖層可見，而且可列印，當圖層關閉時，此圖層不可見，圖層上的圖形不再顯示，也無法列印，但仍然可在該圖層上繪製新的圖形物件，不過，新繪製的物件也是不可見的。注意：被關閉圖層中的物件是可以編輯修改的，例如執行刪除、鏡射等指令，選擇物件時輸入 all 或 Ctrl+A ，那麼，被關閉圖層中的物件也會被選中，並被刪除或鏡射。

凍結：控制圖層的凍結與解凍狀態。當其圖示為 ❄ 時，代表圖層處於凍結狀態，當其圖示為 ☼ 時，代表圖層處於解凍狀態。凍結圖層後，該圖層將不可見，而且不能在該層上繪製新的圖形，也無法選擇該圖層上的圖形，凍結圖層上的任何圖形都不能被編輯和修改。

鎖住：控制圖層的鎖定與解鎖狀態。當其圖示為 時，代表圖層處於鎖定狀態，當其圖示為 時，代表圖層處於解鎖狀態。當圖層被鎖定後，圖層上的圖形依然可見，但不能對這些圖形進行修改，儘管可以在此圖層上繼續新增物件，可是，新增的圖形物件也是不可以被修改的。

顏色：用來更改與選定圖層關聯的顏色，按一下相對應的顏色名，可以打開選取顏色對話框。

線型：用來更改與選定圖層關聯的線型，按一下相對應的線型名稱，可以打開選取線型對話框。

線粗：用來更改與選定圖層關聯的線粗，按一下相對應的線粗，可以打開線粗對話框。

出圖型式：用來更改與選定圖層關聯的列印樣式。

出圖：用來控制選定圖層的圖形物件是否列印。當其圖示為 時，圖層上的內容會被正常列印，當其圖示為 時，圖層上的內容將不被列印。值得注意的是，無論處於列印狀態還是不列印狀態，都不會列印已關閉或凍結的圖層。

新視埠凍結：用來控制在新配置視埠中凍結選定圖層。

上述這些參數的設定，除了可以在圖層性質管理員中進行，還可以透過指令和功能區快捷按鈕進行。

2-4-3　圖層特性篩檢程式

當一張圖紙中圖層比較多時，利用圖層篩檢程式設定過濾條件，可以只在圖層管理器中顯示滿足條件的圖層，縮短查找和修改圖層設定的時間。

在圖層性質管理員中，左側面板即爲圖層性質篩選程式，其中有3個按鈕：

按鈕：新性質篩選。可以從出現的圖層篩選性質對話框中，根據圖層的一個或多個特性建立圖層篩選程式。

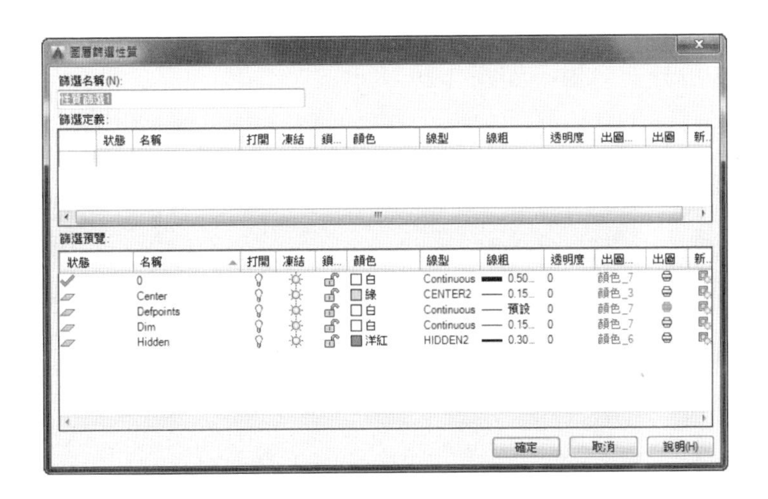

按鈕：新群組篩選。即建立一個群組篩選程式，選擇已有的圖層加入到該群組篩選程式中，群組篩選程式並沒有過濾條件，只是將使用者所需要的圖層歸爲一群組，當圖層數較多時，選擇群組篩選程式，則該組內的圖層全部列於圖層列表中。

按鈕：圖層狀態管理員。透過圖層狀態管理員，可以儲存圖層的狀態和特性，一旦儲存了圖層的狀態和特性，可以隨時調用或恢復，還可以將圖層的狀態與特性輸出到檔案中，然後在另一圖形中使用這些設定。

2-5 視圖與視埠

按照一定的比例、觀察位置和角度來顯示圖形，稱爲視圖。根據設計的需要，改變視圖的最常用方法是對圖形進行縮放和平移，以便從局部詳細地或從整體觀測圖形。視埠是顯示模型的不同視圖的區域，使用檢視標籤頁的模型視埠規劃，可以將繪圖區分割成一個或多個相鄰的矩形視圖，稱爲模型空間視埠。常用的視埠控制功能主要包括視埠的拆分與合併，如圖 2-29 所示。

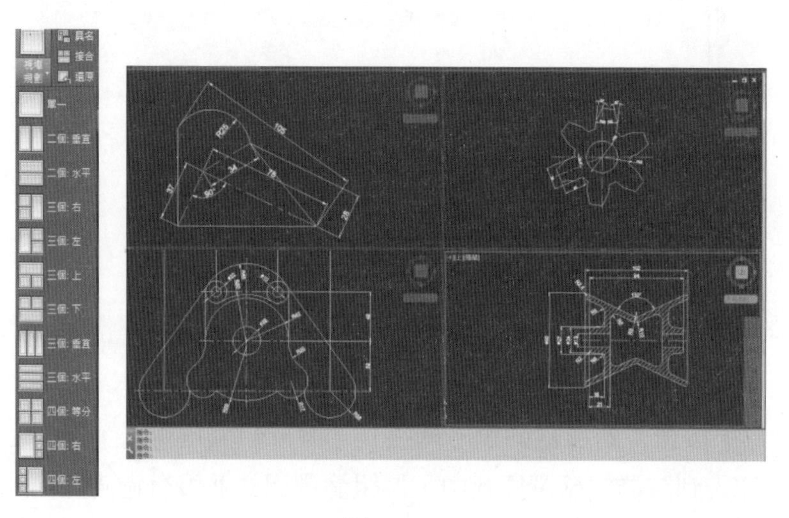

圖 2-29

在大型或複雜的圖形中，透過顯示不同的視圖，可以縮短在單一視圖中縮放或平移的時間，而且在一個視圖中出現的錯誤也能在其他視圖中表現出來。需要注意的是，改變視圖或視埠，例如縮放和平移，只能改變圖形物件在目前視埠中的視覺尺寸和位置，而物件的實際尺寸和座標位置並不改變。

常用的視圖控制功能主要包括平移、縮放等，這些功能的按鈕在檢視標籤頁的視埠工具區中的導覽列中，如圖 2-30 所示。

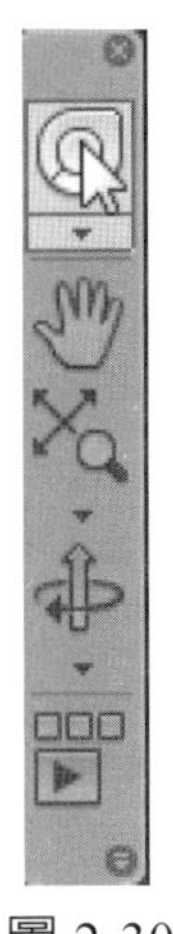

圖 2-30

2-5-1 平移視圖

平移視圖可以重新定位圖形，此操作不會改變圖形物件的位置或比例，只對視圖進行改變。執行平移視圖的方法如下：

- 在功能區：選擇視埠工具區中的導覽列，按一下 按鈕。
- 使用指令：Pan。
- 使用簡化指令：P。
- 利用滑鼠操作：按下滑鼠中鍵並移動滑鼠。

2-5-2 縮放視圖

縮放視圖可以對圖形顯示比例進行放大或縮小，此操作並不會改變圖形物件的尺寸和位置，只對視圖進行改變。縮放視圖指令的執行方法如下：

- 功能區：在視埠工具區中的導覽列按一下 按鈕。
- 使用指令：Zoom。
- 使用簡化指令：Z。
- 使用滑鼠操作：向前滾動滾輪 — 放大，向後滾動滾輪 — 縮小。

前兩種方式執行縮放指令後，另有副選項可以運用。

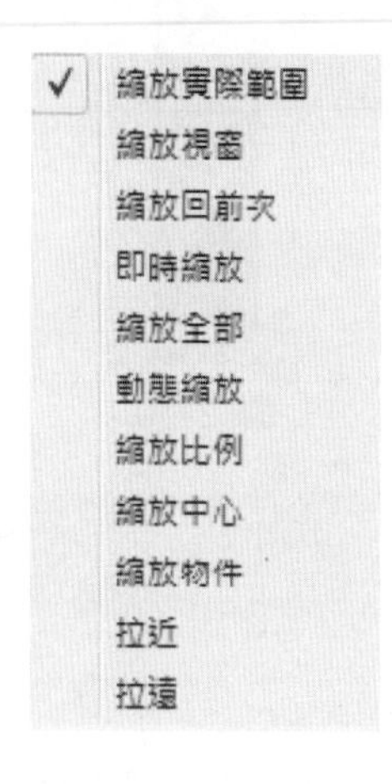

縮放實際範圍：將整個圖形顯示在螢幕上，使圖形充滿螢幕。

縮放視窗：利用設定的兩角點定義一個縮放的範圍。

縮放回前次：顯示上一個縮放視圖，最多可恢復此前的10個視窗。

即時縮放：利用定點設備，在邏輯範圍內交互縮放。

縮放全部：按照圖形界限或以圖形的範圍尺寸來顯示圖形。

動態縮放：縮放顯示在視圖框中的部分圖形，視圖框表示視埠，可以改變它的大小，或在圖形中移動，移動視圖框或調整它的大小，將其中的圖像平移或縮放，以充滿整個視埠。

縮放比例：按照指定的比例對圖形進行縮放。

縮放中心：顯示由圓心和縮放比例所定義的視窗。

縮放物件：放大或縮小所選擇的物件，使之充滿螢幕。

拉近：使整個圖形放大 1 倍。

拉遠：使整個圖形縮小 1/2。

2-5-3　視埠

新建視埠的指令執行方式如下：

• 點擊檢視標籤頁的模型視埠規劃，按一下具名按鈕。

• 使用指令：Vports 或 Viewports。

指令執行後，系統將出現視埠對話框，如圖 2-31 所示。

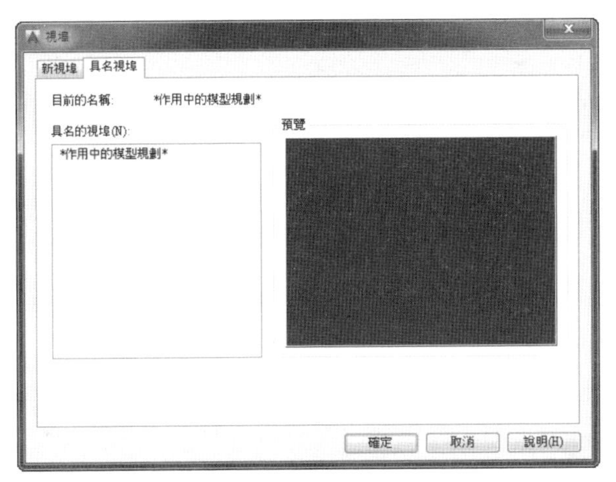

圖 2-31　視埠對話框

在新視埠標籤頁中，提供有多種視埠，最多可以將螢幕分爲 4 個視埠，同時，選定視埠模式後，按一下確定按鈕，完成視埠的設定，如圖 2-32 所示。

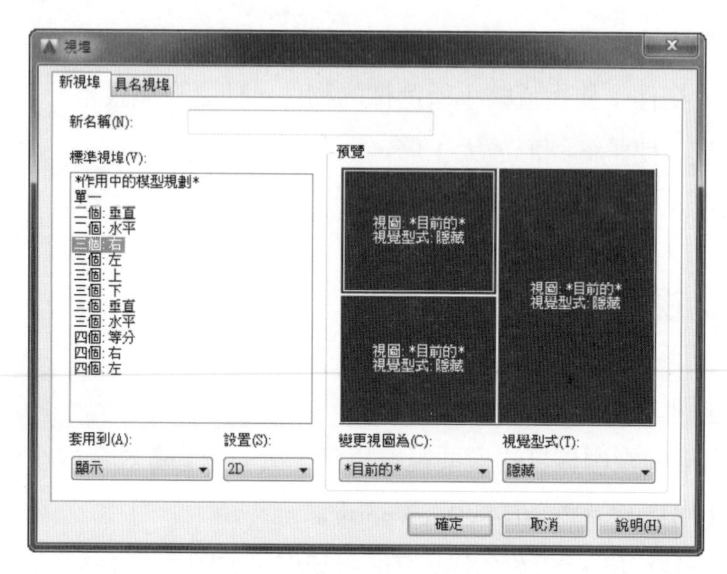

圖 2-32

2-6　重畫和重生

在繪圖和編輯過程中，螢幕上常常留下物件的點選標記，這些臨時標記並不是圖形中的物件，有時會使目前圖形畫面顯得混亂，這時，就可以使用 AutoCAD 的重畫與重生功能來清除這些臨時標記。

2-6-1　重畫

使用重畫指令系統，將在顯示記憶體中更新螢幕，消除編輯指令留下的臨時標記，進而更新使用者使用的目前視埠。指令執行方式如下：

- 使用指令：Redraw。

• 使用簡化指令：R。

當存在多個視埠時，可以使用全部重畫功能更新所有視埠，指令執行方式如下。

• 使用指令：Redrawall。

• 使用簡化指令：RA。

2-6-2 重生

重生與重畫在本質上是不同的。利用重生指令可重生螢幕，此時，系統從硬碟中調用目前圖形的資料，比重畫指令執行速度慢，更新螢幕花費的時間較長。在 AutoCAD 中，某些操作只有在使用重生指令後才生效，如改變點的格式等。如果一直使用某個指令修改編輯圖形，但該圖形似乎看不出發生什麼變化，此時可使用重生指令來更新螢幕顯示。

重生指令的執行方式如下：

• 使用指令：Regen。

• 使用簡化指令：Re。

重生指令僅能更新目前視埠，如果對所有視埠進行更新，則需要執行全部重生指令，其執行方式如下：

• 使用指令：Regenall。

• 使用簡化指令：REA。

2-7 物件性質

AutoCAD 中，每一個圖形物件都有自己的性質，有些性質屬於基本特性，即所有物件都存在的性質，例如圖層、顏色、線型、線粗等；有些性質屬於專有特性，即僅有特定的物件才存在的特性，例如圓的半徑、點的座標、直線的長度等。

設定物件的性質是繪圖的基本工作之一，常用的物件基本性質的設定功能在功能區常用標籤頁的性質區中，如圖 2-33 所示。

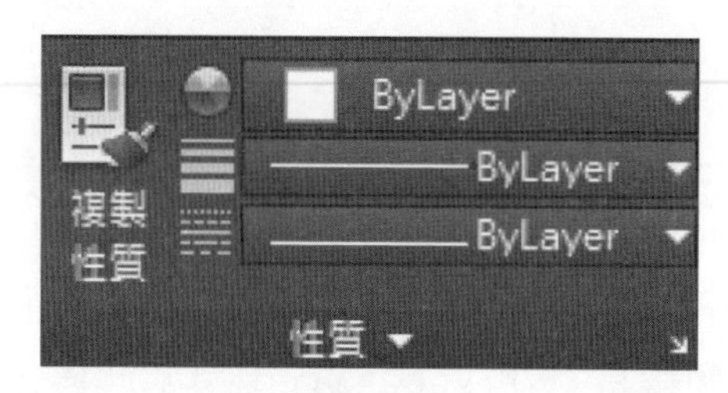

圖 2-33

性質區中包含幾項功能，可以用於控制物件的顏色、線粗、線型和列印樣式，其預設值均為 ByLayer ，表示特性將依圖層設定進行，不單獨設定。物件的特性值為ByLayer時，當改變圖層特性的設定時，物件的特性也隨之改變。

2-7-1　設定顏色

設定顏色後，建立的物件全部採用此顏色，如果要改變顏色，則需要重新設定，或單獨修改某個物件的顏色。設定顏色的方法如下。

- 在功能區：在常用標籤頁的性質區中按一下顏色下拉選單 

。
- 使用指令：Color。
- 使用簡化指令：Col。

在顏色下拉選單中列出了常用的基本顏色，可以直接選擇相應的顏色，如圖 2-34 所示。下拉選單中的 ByBlock 表示其顏色隨圖塊而定。如果下拉選單中的顏色無法滿足使用者的需要，則可以點擊下拉選單中更多顏色……，系統將出現選取顏色對話框，如圖 2-35 所示。

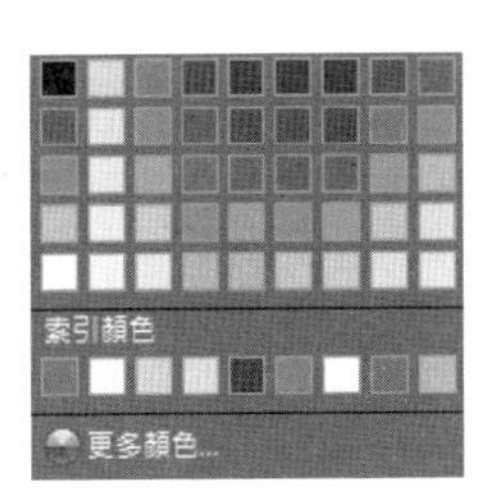

圖 2-34

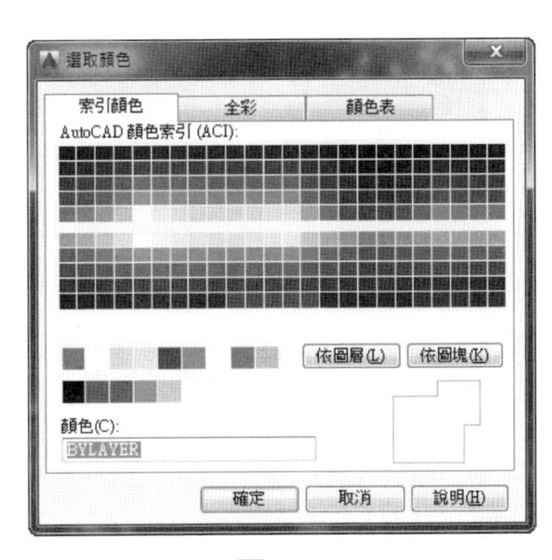

圖 2-35

2-7-2 設定線粗

線粗是指線條在列印輸出時的寬度，這種寬度可以顯示在螢幕上，並輸出到圖紙中。

設定線粗之後，建立的物件將全部採用此線粗，如果要改變線粗，則需要重新設定，或單獨修改某個物件的線粗。設定線粗的方法如下：

- 在功能區：在常用標籤頁的性質區中按一下線粗下拉選單 ByLayer 。
- 使用指令：Lineweight 或 Lweight 。
- 使用簡化指令：LW 。

可以直接在線粗下拉選單中選擇線粗，如圖 2-36 所示，也可以使用線粗設定，叫出線粗設定對話框，如圖 2-37 所示。

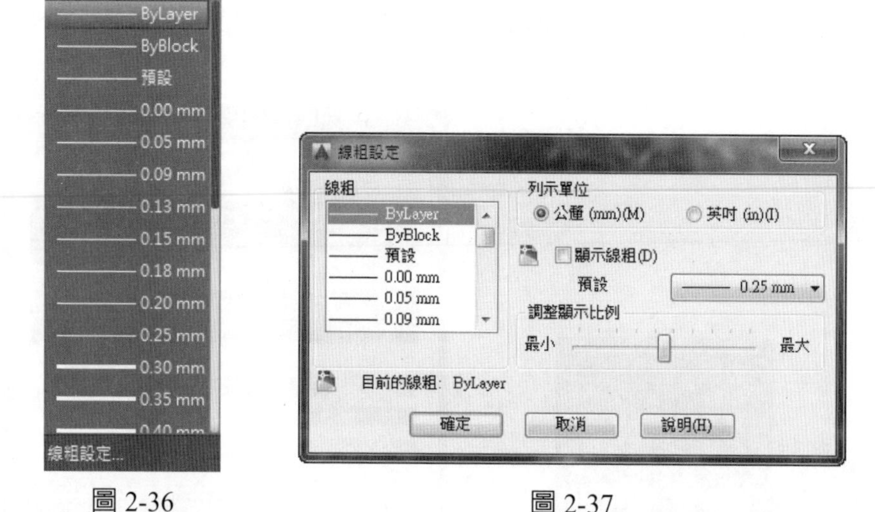

圖 2-36　　　　圖 2-37

在線粗設定對話框中，可以設定物件的線粗，並可以選擇是否在螢幕上顯示線粗，如果在核取方塊內選擇顯示線粗，則螢幕上將依照設定的線粗進行顯示。

2-7-3　設定線型

設定線型後，建立的物件將全部採用此線型，如果要改變線型，則需要重新設定，或單獨修改某個物件的線型。設定線型的方法如下：

- 在功能區：在常用標籤頁的性質區中按一下線型下拉選單 ByLayer 。
- 使用指令：Linetype 或 Ltype。

• 使用簡化指令：LT。

在線型下拉選單中顯示出了已經載入的所有線型，如圖 2-38 所示，可以直接點選使用。如果下拉選單中的線型無法滿足使用者的需要，則可以在下拉選單中按一下其他……，系統將出現線型管理員對話框，如圖 2-39 所示。點擊載入按鈕，將出現載入或重新載入線型對話框，如圖 2-40 所示，可以從中選擇其他所需的線型。

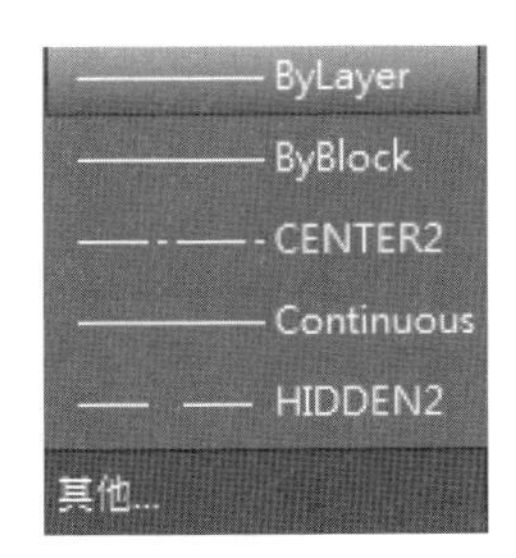

圖 2-38

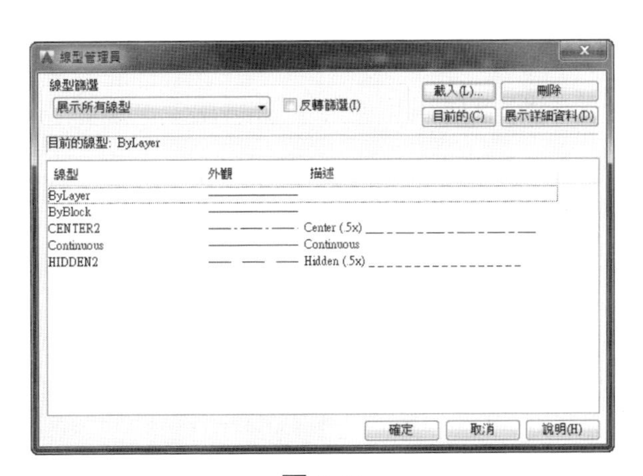

圖 2-39

圖 2-40

2-7-4 顯示與修改物件的性質

對於已經建立的物件，在 AutoCAD 中可以顯示其性質，並對其進行修改，主要可以使用檢視標籤頁的選項板區中的性質 ▣ 來進行修改。

選中已有的圖形物件後，在功能區常用標籤頁中的性質面板內的顏色、線型和線粗下拉選單中將顯示物件現有的性質，同時，可以在相對應的下拉選單中選擇選項，物件將被賦予新的屬性。

也可以使用指令：Properties ，簡化指令：Pr 或使用快速鍵：Ctrl+1，來呼叫出性質對話框。

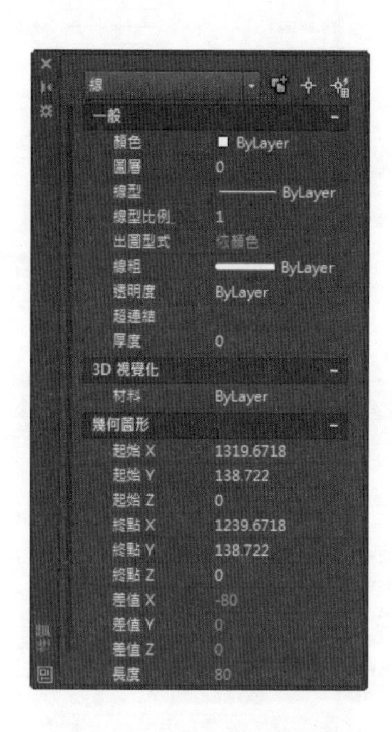

另外，當選中物件後，利用按壓滑鼠右鍵，於快顯選單中選擇性質功能表，一樣可以進行設定。同樣地，使用快速性質也可以顯示與

修改物件特性，使用它可以在圖形中顯示和更改任何物件的目前特性，圖 2-41。

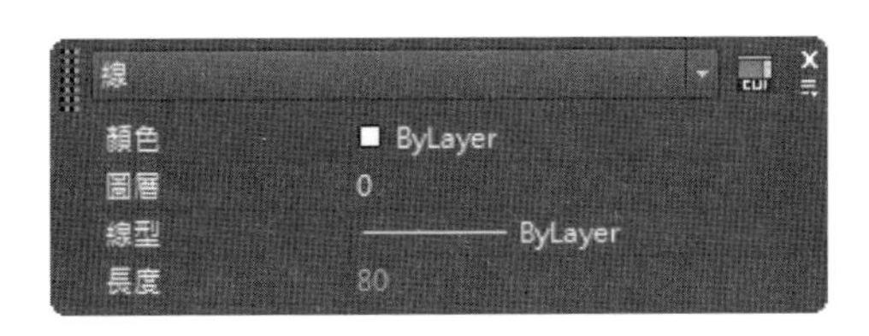

圖 2-41

使用複製性質工具，可以將一個物件的某些或所有特性複製到其他物件；可以複製的特性類型包括顏色、圖層、線型、線型比例、線粗、列印樣式和厚度等，複製性質的執行方式如下：

- 在功能區：選擇常用標籤頁的性質區中按一下 複製性質按鈕。
- 使用指令：Matchprop。
- 使用簡化指令：MA。

執行指令後，根據指令列的提示，依次選擇來源物件和目標物件，系統預設是將來源物件的所有屬性均複製到目標物件中。如果要控制傳遞某些性質，則當指令列提示選擇目標物件或〔設定（S）〕：時，輸入 S，將跳出性質設定對話框，如圖 2-42 所示，在對話框中清除不需要複製的性質即可。

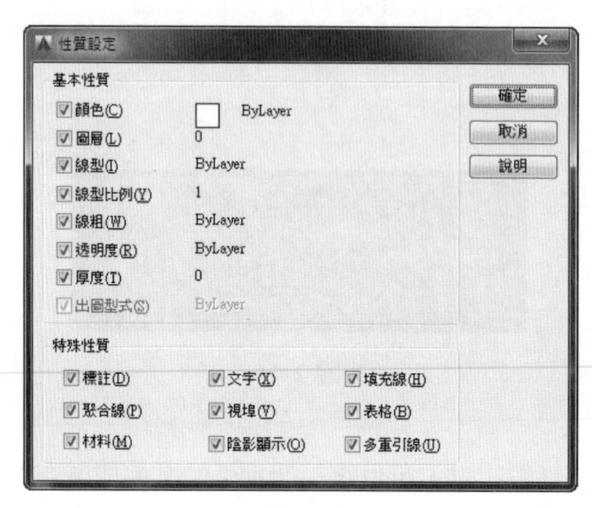
性質設定
基本性質
顏色(C)
ByLayer
圖層(L)
0
線型(I)
ByLayer
線型比例(Y)
1
線粗(W)
ByLayer
透明度(R)
ByLayer
厚度(T)
0
出圖型式(S)
ByLayer
確定
取消
說明
特殊性質
標註(D)
文字(X)
填充線(H)
聚合線(P)
視埠(V)
表格(B)
材料(M)
陰影顯示(O)
多重引線(U)

圖 2-42

第 3 章

二維繪圖指令

1 座標系
2 選取圖形的方法
3 模型工具繪圖設定
4 繪圖基本指令

3-1 座標系

在 CAD 中使用的是世界座標，X 爲水平，Y 爲垂直，Z 爲垂直於 X 和 Y 的軸向，這些都是固定不變的，又可分爲絕對座標和相對座標。

1.絕對座標（針對於座標原點）

絕對直角坐標：點到 X 與 Y 的方向（有正、負之分）的距離，輸入方法：X，Y 的值

絕對極座標：點到座標原點之間的距離是極半徑，該連線與 X 軸正向之間的夾角度數爲極角度數，逆時針爲正值，順時針爲負值，輸入方法：極半徑 < 極角度數

2.相對座標（相對於前一點，把前一點視爲原點）

是指該點與上一輸入點之間的座標差（有正、負之分），使用相對的符號「@」以資區別，其數值輸入方法同絕對座標。

3-2 選取圖形的方法

1. 直接滑鼠左鍵點擊。
2. 窗選：左上角向右下角拖動（圖素必須完全涵蓋才被選取）。
3. 框選：右下角向左上角拖動（只需要碰觸到物體的一部分便被選取）。

在系統中內建的單位是 mm ，如要對單位進行修改，可以 UN 指令進行修改（圖 3-1）。

圖 3-1

註：滑鼠的操作

左鍵主要用於選擇物體並且可以鎖定圖形控制點的位置。

中鍵（滾輪）操作上，當滾動滾輪時可以放大或縮小圖形，連續點擊兩下可全屏顯示所有圖形，而按住中鍵不放移動滑鼠可平移圖面。

右鍵主要用於執行確定指令，也可重複前一次的操作指令（重複前次操作快速鍵，還有空格和 ENTER 鍵）

3-3　模型工具繪圖設定

1. 模型：在模型空間與圖紙空間之間進行切換。
2. 圖面網格僅用於輔助定位，打開時螢幕上將布滿柵格小點。

3. 鎖點用於確定滑鼠指標每次在 X、Y 方向移動的距離。

註：右擊鎖點或圖面網格按鈕，按一下格線設定或鎖點設定，會出現製圖設定對話框（圖 3-2），可以設定網格間距與鎖點類型；繪圖時鎖點 F9 和圖面網格 F7：可以配合使用。

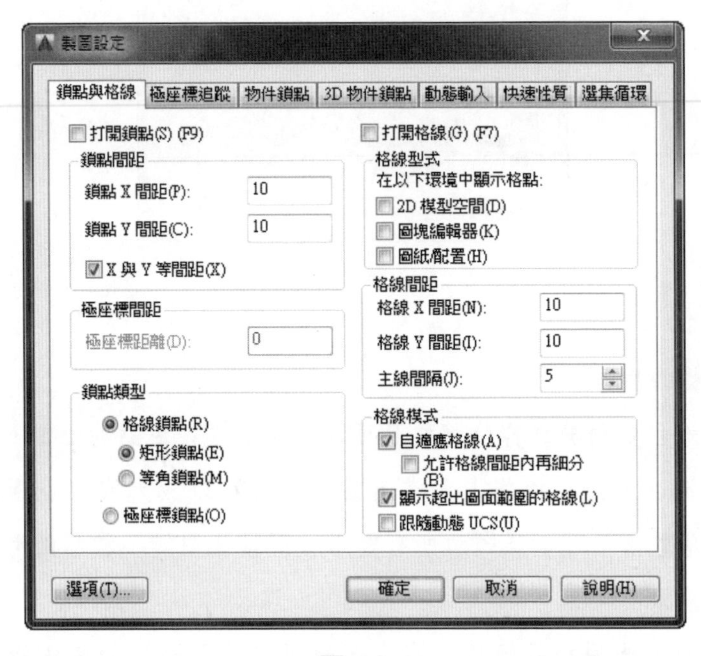

圖 3-2

4. 限制正交游標 F8：用於控制繪製直線的種類，打開此指令可以繪製垂直和水平線。

5. 極座標追蹤 F10：可以捕捉並顯示直線的角度和長度，有利於做一些有角度的直線。按一下追蹤設定，在極座標追蹤標籤頁中增量角度可以自行根據需要設定，勾選其他角度可新建第二個追蹤角度（圖 3-3）。

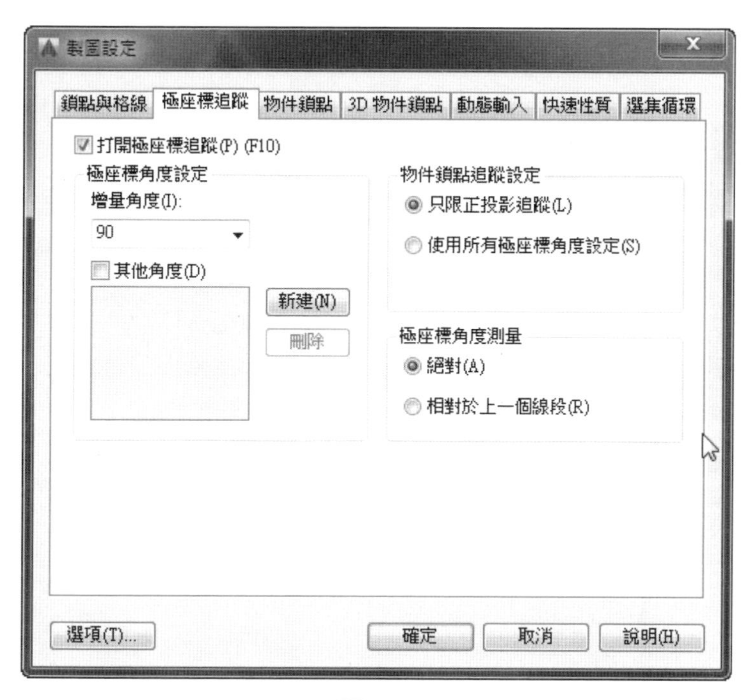

圖 3-3

6. 物件鎖點 F3：在繪製圖形時可隨時抓取已繪圖形上的關鍵點。點擊後選取物件鎖點設定，在物件鎖點標籤頁中勾選物件鎖點的類型。實務上建議左半邊的模式全部選取，因爲這幾種最常用（圖3-4）。

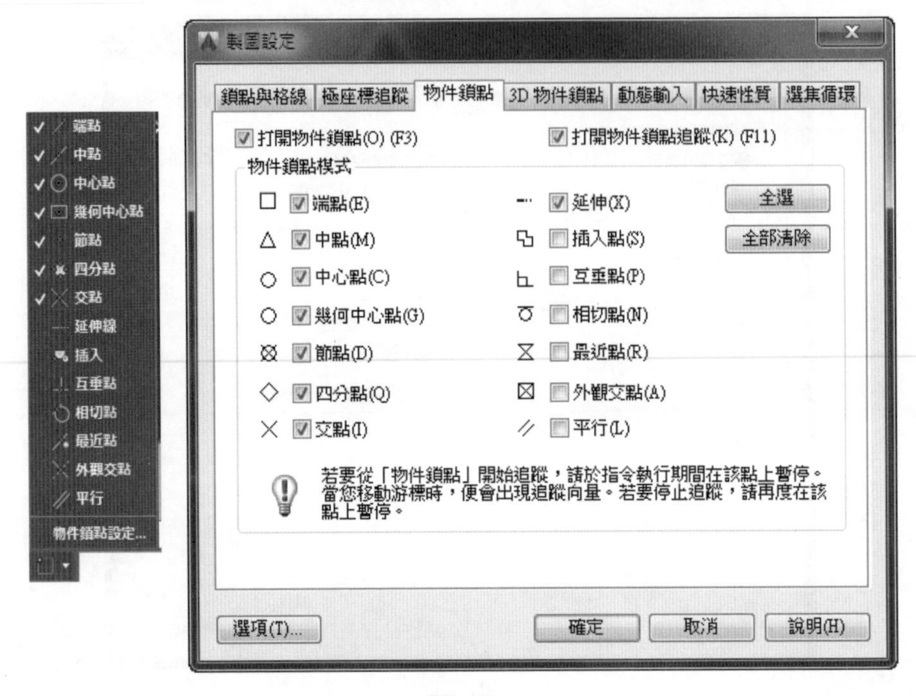

圖 3-4

AutoCAD 物件鎖點常用的快速鍵指令：

- M2P 兩個點之間的中點
- END 端點
- MID 中點
- INT 交點
- EXT 延伸
- APP 外觀交點
- CEN 中心點
- NOD 節點
- QUA 四分點

• INS 插入點

• PER 互垂

• TAN 切點

• NEA 最近點

• PAR 平行

另外，除了採輸入指令外，還可以在繪圖時按住 CTRL 鍵不放，再按滑鼠右鍵，於選單中選取所要的鎖點模式（圖 3-5）。

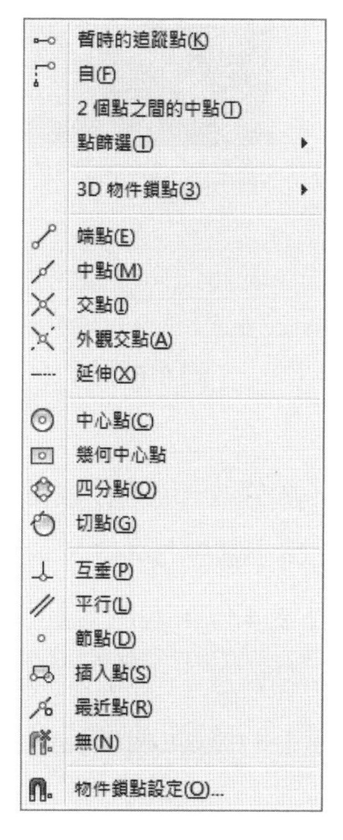

圖 3-5

7. 物件鎖點追蹤 F11：配合繪圖需求使用，當需要參考其他已繪物件的特定點時，可以出現追蹤線。

此外開始繪圖前可以先進行尺寸標註型式設定，輸入 D 按 ENTER 後會出現標註型式管理員對話框（圖 3-6）。

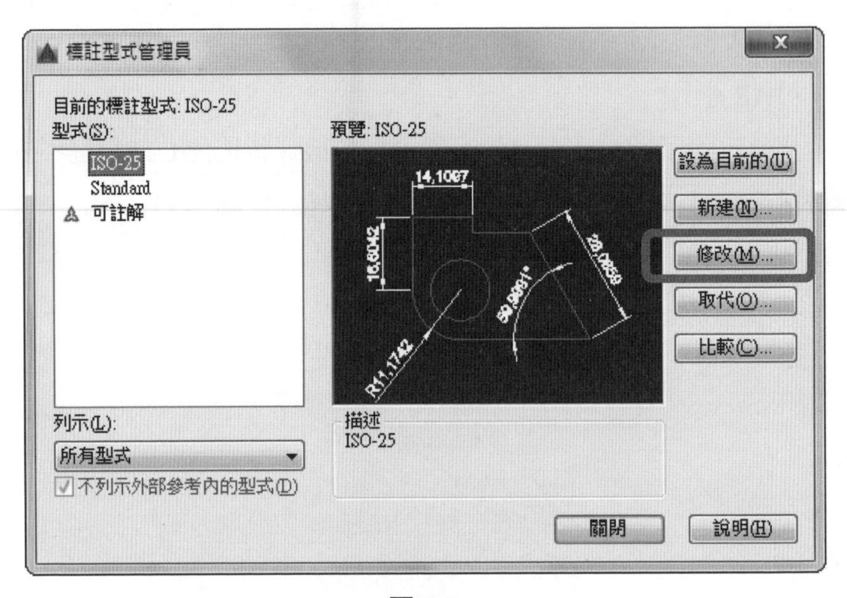

圖 3-6

點選右邊修改按鈕，於修改標註型式對話框中點選主要單位標籤頁，設定線性標註精確度為小數點後4位，小數點分隔符號為小數點，角度標註精確度為小數點後 4 位，勾選零抑制結尾（圖 3-7）。

此外在圖面量測顯示精確度上，角度的精確度必須另外設定，輸入 UN，於對話框中（圖 3-8）設定角度精確度亦為小數點後 4 位。

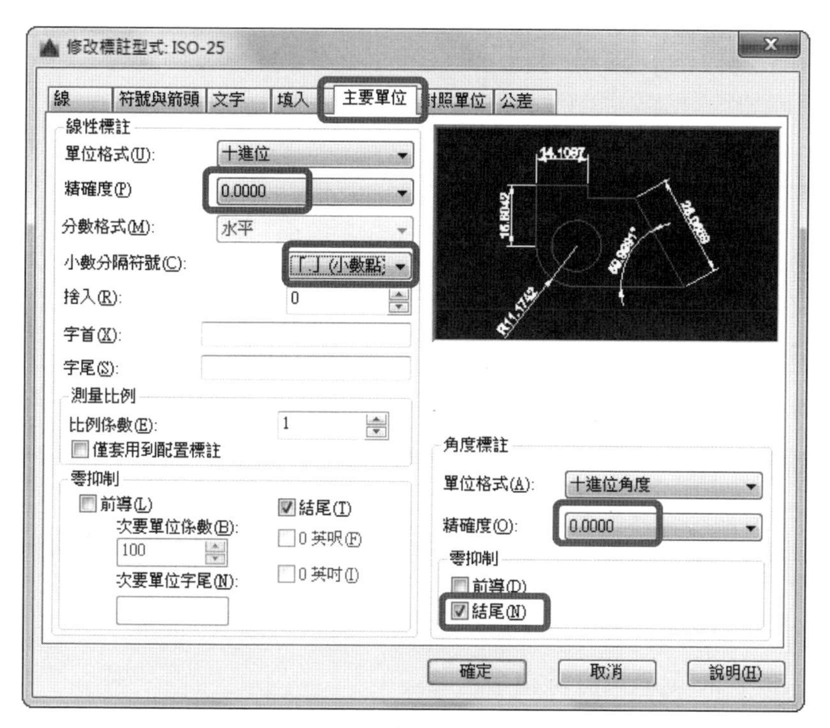

圖 3-7

圖面單位

長度
類型(T):
十進位
精確度(P):
0.0000

角度
類型(Y):
十進位角度
精確度(N):
0.0000
順時鐘(C)

插入比例
調整插入內容之比例的單位:
公厘

示範輸出
1.5,2.0039,0
3<45,0

照明
用於指定照明強度的單位:
國際

確定　取消　方向(D)...　說明(H)

圖 3-8

3-4 繪圖基本指令

3-4-1 直線指令

繪製方式：

1. 直接在繪圖工具列上點擊直線按鈕 ╱。
2. 直接在指令中輸入快速鍵 L（在指令列內輸入指令快速鍵後按 ENTER 或空格或滑鼠右鍵確定）。

直線的輸入方法：

1. 從指令列內輸入直線指令的快捷鍵 L。
2. 用滑鼠左鍵在螢幕中點擊直線一端點，拖動滑鼠，確定直線方向。
3. 輸入直線長度，確認依照同樣的方法繼續畫線直至圖形完畢。
4. 按 ENTER 鍵結束直線指令。

取消指令方法爲按 ESC 鍵。按 U 鍵可以取消前一點的繪製。三點或三點以上如想讓第一點和最後一點閉合，並結束直線的繪製時，可在指令列中輸入 C 指令。

小試身手：

除了部分機械加工圖面之外，繪圖中絕對座標的使用機會非常少，在運用上 AutoCAD 所提供之系統原點位置爲絕對座標之原點（0,0），在使用上如果是以它爲依據，則一般輸入 XY 座標前均會冠以 # 符號來表示，否則會以相對前一點的座標值來當原點計算，以下圖爲例。使用相對座標相對簡單許多，所有座標點的輸入都是根據前一點來相加減而得，使用時只要在輸入的座標值前輸入 @ 符號，即代表採用相對座標法。在實際使用時，如果採用動態輸入搭配相對座標，將會更加方便快速。

畫法一、絕對座標法：

1. 輸入 L 指令，輸入 100,100。此爲圖形的左下角座標，因爲是採用系統座標系來計算，所以第一個點無需加 #。
2. 繼續輸入第 2 個點，輸入 #150,100，再分別輸入 #150,150、#100,100、#100,150、#150,150、#125,175、#100,150、#150,100。
3. 按 ESC，完成如圖 3-9 之圖形繪製。

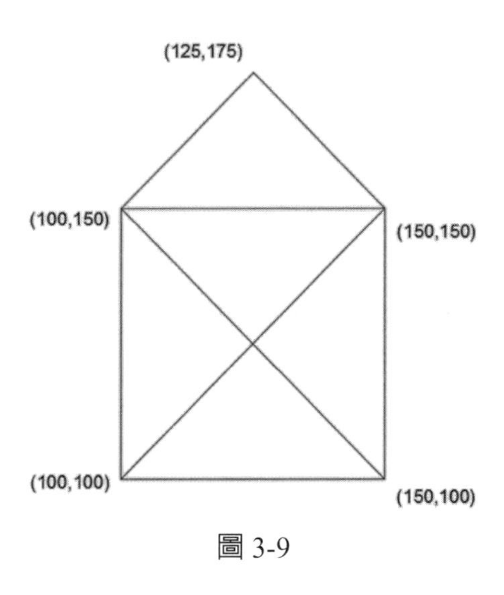

圖 3-9

畫法二、相對座標法：

1. 輸入 L 指令，輸入 100,100 做爲第一點。
2. 繼續輸入第二個點，輸入 @50,0，再分別輸入 @0,50、@-50,-50、@0,50、@50,0、@-25,25、@-25,-25、@50,-50。
3. 按 ESC，完成圖形繪製。

畫法三、相對座標法：

1. 輸入 L 指令，輸入 100,100 做爲第一點。
2. 將滑鼠水平朝右（極座標追蹤開啓（F10）），輸入長度 50，再將滑鼠垂直向上輸入 50，將滑鼠點選第一點的端點（鎖點），再將滑鼠朝上輸入 50，將滑鼠水平朝右，輸入 50，再輸入 @-25,25。

3. 將滑鼠朝左下，抓取圖 3-10 之 A 點（鎖點），將滑鼠水平朝右下，抓取 B 點（鎖點）。
4. 按 ESC，完成圖形繪製。

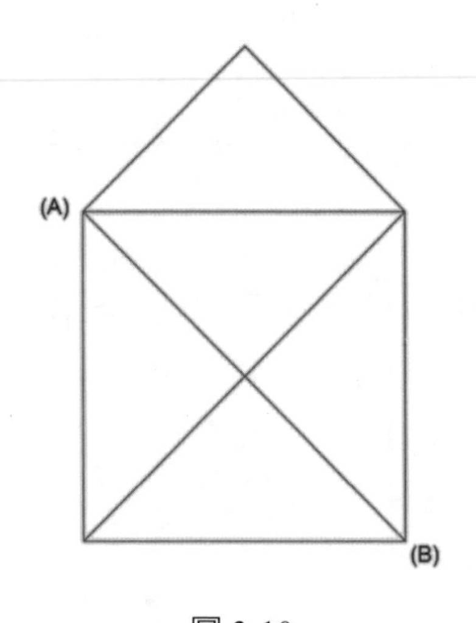

圖 3-10

當遇圖形有角度需求時，可以搭配極座標輸入法輸入，即 L<A ，L 代表線長，A 代表角度，角度的起算以逆時針爲正，X 軸爲 0 度起算點，< 符號表示角度符號，例如：50<-35，表示一直線長度爲 50，角度爲順時針方向 35 度（圖 3-11）。

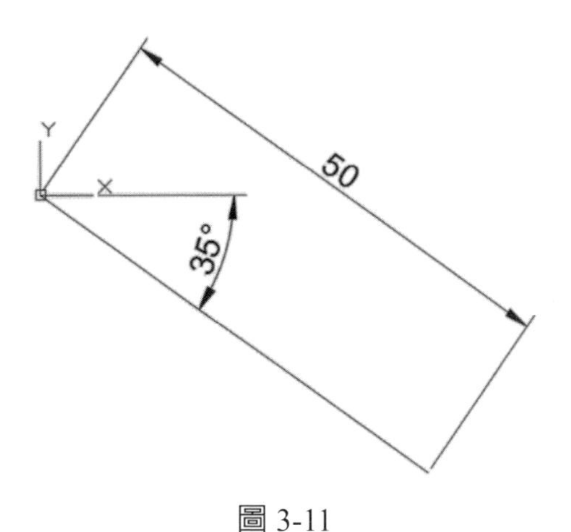

圖 3-11

在繪圖時如果有特定角度需求時，可以設定極座標角度，如此一來系統也會根據該角度的倍數度來出現追蹤線，一般常設爲 15 度或 30 度居多，方便直接輸入長度（圖 3-12）。

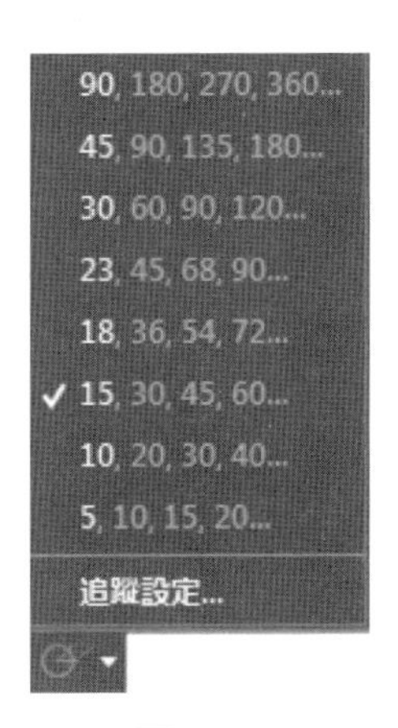

圖 3-12

3-4-2 建構線指令

一般作爲輔助線使用，該線的長度爲無限長。

繪製方式：

1. 直接在繪圖工具列上點擊建構線按鈕 。
2. 直接在指令中輸入快速鍵 XL。

XLINE 指定一點或 [水平(H) 垂直(V) 角度(A) 二等分(B) 偏移(O)]:

在建構線指令列中：H 爲水平建構線，V 爲垂直建構線，A 爲角度（可設定建構線角度，也可參考其他斜線進行角度複製），B 二等分（等分角度，兩直線夾角平分線），O 偏移（可以設定偏移距離）。

3-4-3 射線指令

向一個方向延伸的線。此指令爲輔助作圖使用。

繪製方式：

1. 在繪圖功能表下按一下 射線指令。
2. 直接在指令中輸入快速鍵 Ray。

3-4-4 點指令

一般在繪圖中用於輔助繪圖之用。

繪製方式：

1. 直接在繪圖工具列上點擊多個點 按鈕。
2. 直接在指令中輸入快速鍵 PO。

設定點的樣式方法：於工具列 ⇨ 公用程式 ⇨ 點型式

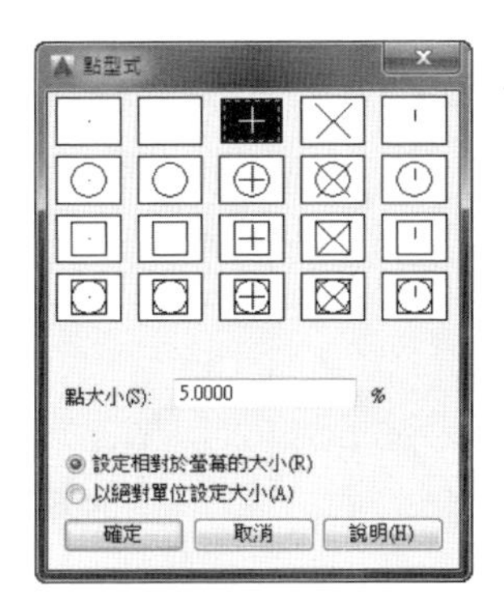

圖 3-13

在圖 3-13 對話框中可以選擇點的型式，設定點大小。

設定相對於螢幕的大小：當滾動滾輪時，點大小隨螢幕解析度大小而改變。

以絕對單位設定大小：點的大小不會改變。

3-4-5　矩形指令

繪製方式：

1. 在指令列內輸入指令的快速鍵為 REC ，確定，用滑鼠左鍵在繪圖區中指定第一角點，並拖動滑鼠，在指令列內輸入X 、Y後確定。

X 為矩形在水平方向上的距離

Y 指矩形在垂直方向上的距離

第二點位置是根據第一角點位置來判斷 X 、Y 的正負值，可以象限為概念來說明（中心為第一角點位置）。

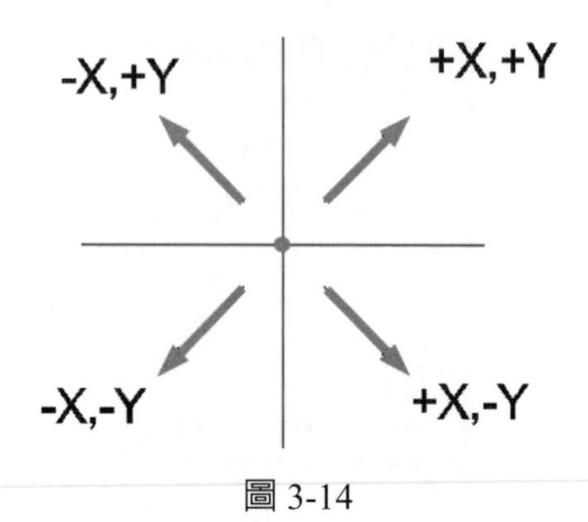

圖 3-14

2. 也可以指定第一點後，按下 D 鍵，使用尺寸方法來建立矩形，按完 D 後確定，輸入矩形的長度和寬度後，還可以指定擺放象限。

其他選項選單如下：

RECTANG 指定第一個角點或 [倒角(C) 高程(E) 圓角(F) 厚度(T) 寬度(W)]:

點擊 C，可以指定矩形的第一個倒角距離和指定矩形的第二個倒角距離。

點擊 E，提升物體的高度。

點擊F，可以指定矩形的圓角半徑，便可出現一個具有圓角的矩形。

點擊 T，即自身的厚度，相當於長方體的高度。

點擊 W，指定矩形的線粗粗細，便可出現一個有粗細的矩形。

3-4-6　正多邊形指令

可建立具有 3 到 1024 條等邊長的閉合聚合線。

繪製方式：

1. 直接在繪圖工具列上點擊正多邊形按鈕 ⬠ 。
2. 直接在指令中輸入快速鍵 POL。

繪製內接正多邊形方法：

輸入快速鍵 POL ，接著輸入邊數，指定正多邊形的中心，輸入內接於圓或外切於圓，再輸入半徑。內接於圓表示繪製的多邊形將內接於一假想的圓。

繪製外切正多邊形方法：

輸入快速鍵為 POL，輸入邊數，指定正多邊形的中心，輸入 C，確定，輸入半徑值。外切於圓表示繪製的多邊形將外切於一假想的圓。

已知邊長繪製正多邊形的方法：

輸入快速鍵為 POL ，在指令列中輸入邊數，輸入 E ，指定正多邊線段的起點，指定正多邊線段的終點。

3-4-7　圓指令

繪製方式：

1. 在繪圖工具列上點擊圓按鈕 。
2. 輸入快速鍵 C。

選單副選項有：

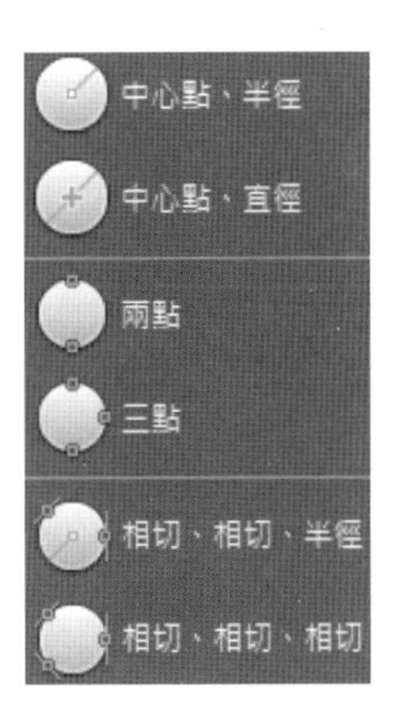

圖 3-15

指令列副指令有：

CIRCLE 指定圓的中心點或 [三點(3P) 兩點(2P) 相切、相切、半徑(T)]:

繪製圓的幾種型式：

(1) 透過指定圓心和半徑或直徑繪製圓的步驟：

輸入快速鍵 C，指定圓心，內定輸入半徑值。

(2) 若要建立與兩個物件相切的圓的步驟：

輸入快速鍵 C ，點擊 T ，選擇相切的第一個物件，選擇要相切的第二個物件，接著再指定圓的半徑。

(3) 三點（3P）：

透過分別點選第一點、第二點、第三點可確定一圓。

(4) 二點（2P）：

透過指定兩個點完成一圓。

(5) 在工具列中所提供的畫圓方法：

與上述操作相同，其中相切、相切、相切指令，是用於與 3 個物件相切來完成畫圓。

小試身手：

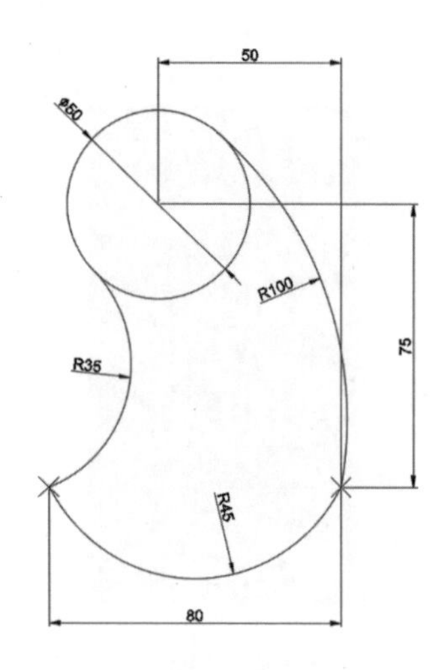

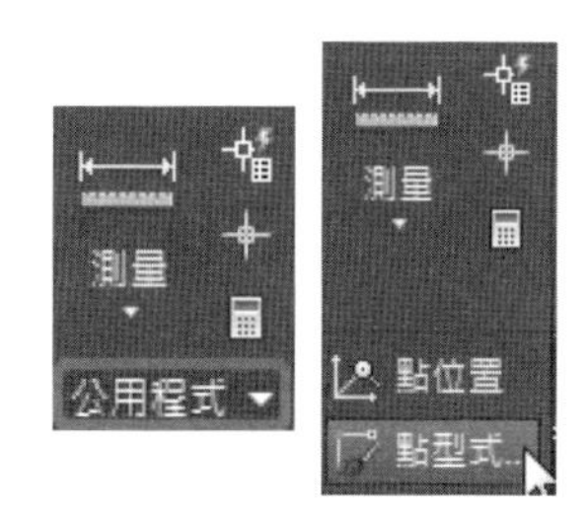

圖 3-16

1. 輸入 C 指令畫一半徑為 25 的圓。
2. 輸入 PO 指令，再輸入 TK 指令進行追蹤，抓取圓心點做為追蹤的起點，將滑鼠向右水平移動，出現追蹤線後輸入 50，再將滑鼠垂直往下，出現追蹤線後輸入 75，結束追蹤再按下 ENTER 鍵。

   註：可以於公用程式下拉選單中的點型式設定點的顯示。
3. 以步驟 1 的中心點畫一半徑為 75 的圓（為何是 75，請詳見 4-15 的介紹），再以點為圓心畫一半徑為 100 的圓，再以此兩圓的交點為圓心畫一半徑為 100 的圓，即可完成與半徑 25 的圓相切同時通過該點的圓。
4. 將兩繪圖輔助圓刪除。
5. 再次輸入 PO 指令，再輸入 TK 指令進行追蹤，抓取步驟 2 的點做為追蹤的起點，將滑鼠向左移動，出現追蹤線後輸入 80，結束追蹤再按下 ENTER 鍵。
6. 以半徑 25 圓的圓心畫一半徑為 60 的圓，再以前一步驟的點為中心點畫一半徑為 35 的圓，接著再以兩圓的交點為圓心畫一半徑為 35 的圓，即可完成與半徑 25 的圓相切同時通過該點的圓。
7. 將兩繪圖輔助圓刪除。
8. 使用 起點終點半徑畫弧指令（逆時針畫起），半徑值輸入前要先拖拉滑鼠出現圓弧後，再輸入 45，完成弧線。

9. 使用 TR 指令，連按兩次 ENTER ，將不必要的圖形刪除，即可完成本練習。

3-4-8　圓弧指令

繪製方式：

1. 直接在繪圖工具列上點擊圓弧按鈕 。
2. 直接輸入快速鍵 A。

繪製弧的幾種形式：繪圖功能表中提供了 11 種方式。

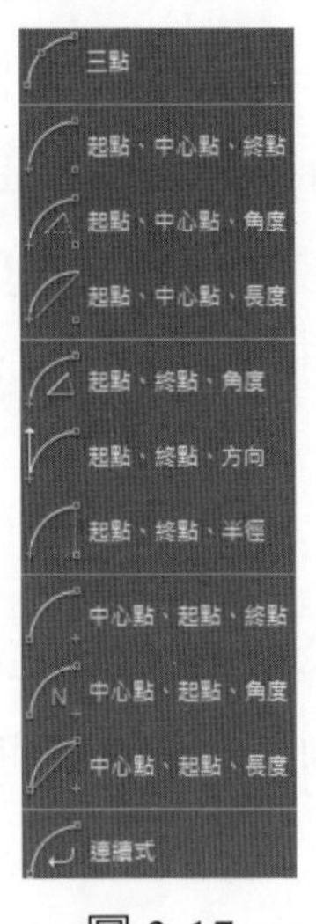

圖 3-17

(1) 透過指定 3 個點繪製圓弧：

指定弧的起點位置，確定第二點位置，最後點選第三點的位置。

(2) 透過指定起點、中心點、端點繪製圓弧方法：

已知起點、中心點、終點，可以透過首先指定起點或中心點來繪製圓弧，中心點是指圓弧所在圓的圓心。

(3) 透過指定起點、中心點、角度繪製圓弧方法：

如果存在可以捕捉到的起點和中心點，並且已知包含角度，可以使用起點、中心點、角度或中心點、起點、角度指令。

(4) 透過指定起點、中心點、長度繪製圓弧方法：

如果可以捕捉到起點和中心點，並且已知弦長，則可使用起點、中心點、長度或中心點、起點、長度選項（弧的弦長決定包含角度）。

3-4-9　橢圓指令

繪製方式：

1. 直接在繪圖工具列上點擊橢圓按鈕 。
2. 直接輸入快速鍵 EL。

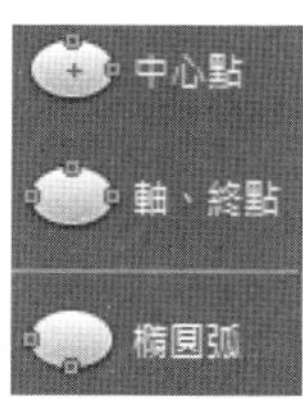

圖 3-18

繪製橢圓兩種方法：

1. 中心點：透過指定橢圓中心或一個軸的端點（主軸），以及另一個軸的半軸繪製橢圓。
2. 軸、終點：透過指定一個軸的兩個端點（主軸）和另一個軸的半軸的長度繪製橢圓。

3-4-10　橢圓弧指令

繪製方式：

1. 直接在繪圖工具列上點擊橢圓弧按鈕 。
2. 在繪圖功能表下按一下橢圓弧指令。

橢圓弧繪製方法可依照提示列指示採中心點或軸端點方式繪製，角度方向順時針是圖形去除的部分，逆時針方向是圖形保留的部分。

3-4-11　多線指令

多條平行線稱為多線，建立的線是整體，可以保存多樣樣式，或者使用預設的兩個元素樣式。還可以設定每個元素的顏色、線型。

繪製多線的步驟：

1. 輸入 ML 指令。
2. 輸入 ST 指令指定樣式，內定樣式為 Standard ，雙平行線。請輸入樣式名稱或輸入 ? 列出全部樣式。
3. 要對正多線，請輸入 J，可以選擇靠上、歸零或靠下對正。

   靠上：該選項表示當從左向右繪製多線時，多線上位於最頂端的線將隨著游標進行移動。

   歸零：該選項表示繪製多線時，多線的中心線將隨著游標移動。

   靠下：該選項表示當從左向右繪製多線時，多線最底端的線將隨著游標進行移動。
4. 要修改多線的比例，請輸入 S 並輸入新的比例（此處即為雙平行線間的距離）。

3-4-12　聚合線

聚合線可以建立直線段、弧線段或兩者的組合線段，提供爲單個物件建立相互連接的一連串的獨立物件。

繪製方式

1. 直接在繪圖工具列上點擊聚合線按鈕 。
2. 直接輸入快速鍵 PL 。

建立步驟：

1. 從指令列內輸入指令的快速鍵 PL 確定。
2. 用滑鼠左鍵確定多段線的起點。

PLINE 指定下一點或 [弧(A) 半寬(H) 長度(L) 退回(U) 寬度(W)]:

3. 根據指令列的提示修改線粗（W）確定→起點寬度，端點寬度。

   A 圓弧：可以畫出弧線

   L 長度：可畫出直線來
4. 拖動滑鼠給定線段的方向，直接拖出線段長度確定。

聚合線與直線的區別：

1. 聚合線有粗細，直線無粗細。
2. 聚合線是一個整體圖形，而每條線都是一個單體。
3. 聚合線可以建立直線段、弧線段或兩者的組合線段。直線不能繪製弧線。

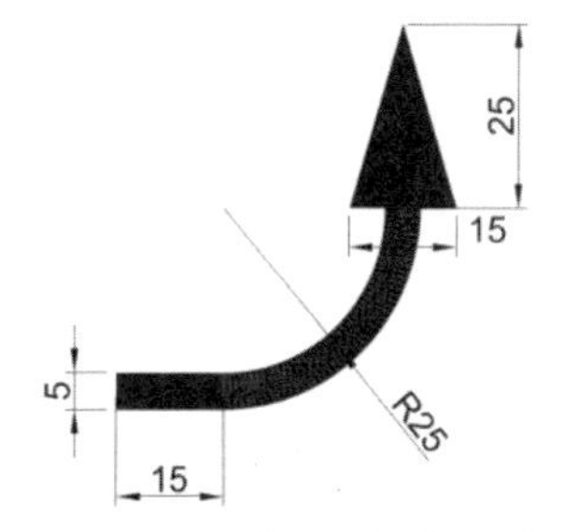

圖 3-19　聚合線的線寬控制

3-4-13　修訂雲形線指令

繪製方式：

直接在繪圖工具列上點擊繪製選單中的修訂雲形選單。

圖 3-20

建立修訂雲形的步驟：

1. 在「繪製」選單中，按一下「矩形修訂雲形」。
2. 根據提示，指定新的最大和最小弧長，或者指定修訂雲形的起點。
3. 內定的弧長最小值和最大值設定爲 0.5 個單位。弧長的最大值不能超過最小值的 3 倍。
4. 沿著雲形路徑移動十字游標。要更改圓弧的大小，可以沿著路徑按一下控制點。
5. 可以隨時按 ENTER 鍵停止繪製修訂雲形。
6. 要閉合修訂雲形，請返回到它的起點。

3-4-14　雲形線擬合指令

　　用於產生不規則曲線圖形在零件設計上常見於斷裂剖面邊界之繪製。

繪製方法：

1. 直接在繪製選單中點選雲形線擬合按鈕 。
2. 直接在指令中輸入快速鍵 SPL 。

建立雲形線擬合的步驟：

1. 在「繪製」選單中，按一下「雲形線擬合」，或者輸入快速鍵 SPL 。
2. 根據提示，按一下第一點、第二點、第三點 ……，當要結束指令按空白鍵或 ENTER 鍵或者輸入 C 閉合。
3. 設定擬合公差（L）：實際曲線與所指定點偏離的距離。擬合公差是指雲形線與輸入點之間允許偏移距離的最大值。在繪製雲形線擬合時，繪出的雲形線不一定會通過各個輸入點，但對於擬合點很多的雲形曲線來說，使用擬合公差可以得到一條較爲光滑的雲形線曲線。

第 4 章

圖形編輯

1 刪除指令
2 複製指令
3 鏡射指令
4 偏移指令
5 陣列指令
6 移動指令
7 旋轉指令
8 縮放指令
9 拉伸指令
10 修剪指令
11 延伸指令
12 切斷指令
13 切斷於點指令
14 倒角指令
15 圓角指令
16 分解指令
17 接合指令

4-1　刪除指令

1. 從修改工具列中選擇刪除，選擇物體確定，即可刪除物體。

2. 選中物體之後，按鍵盤上的 Delete 鍵也可將物體刪除。

3. 在指令列中直接輸入快速鍵 E，選擇想要刪除的物體確定即可。

繪圖過程中，難免會有重複的幾何圖形疊在一起，尤其是進行組合圖時，若要刪除重複的物件，可以輸入 OVERKILL 指令，選取圖形後，系統就會出現刪除重複的物件對話框（圖 4-1）。

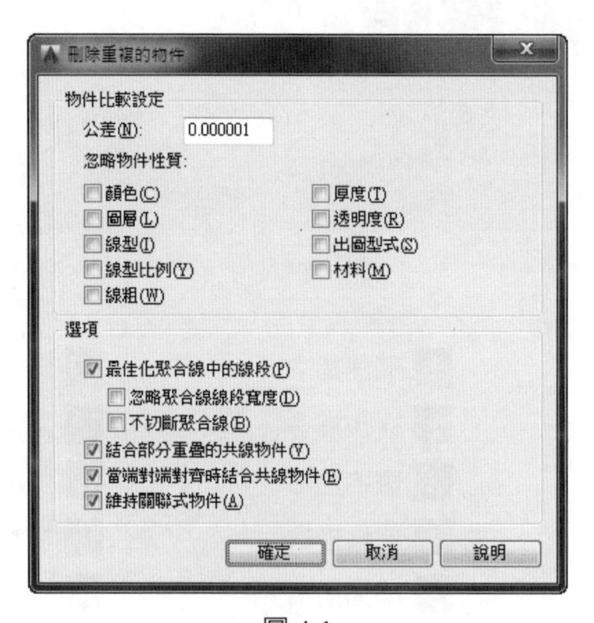

圖 4-1

該對話框主要設定說明如下：

1. **物件比較設定**

公差：控制 OVERKILL 進行圖形比較的精確度。

忽略物件性質：設定在比較期間要忽略的物件性質。

可設定的有顏色、圖層、線型、線型比例、線粗、厚度、透明度、出圖型式與材料。

2. **選項**

設定 OVERKILL 處理線、弧和聚合線的方式。

(1) 最佳化聚合線中的線段：選取時，選取聚合線中個別的線和弧線段會進行檢查。重複的頂點和線段會移除。還有，OVERKILL 會比較個別的聚合線線段與完全獨立的線和弧線段。如果聚合線與線或弧物件重複，則其中之一會刪除。如果未選取這個選項，聚合線會被視爲重要物件，兩個次選項將無法選取。

a. 忽略聚合線的線段寬度：最佳化聚合線的線段時，忽略線段寬度。

b. 不切斷聚合線：聚合線物件未變更。

(2) 結合部分重疊的共線物件：重疊物件會結合爲單一物件。

(3) 當端對端對齊時結合共線物件：有共用端點的物件會結合成單一物件。

(4) 維持關聯式物件：關聯式的物件將不會刪除或修改。

4-2 複製指令

1. 從指令列中輸入快速鍵爲 CO（CO 或 CP）或在修改工具列中選擇複製 。

2. 選擇要複製的物件。

3. 指定基準點和指定位移的第二點。

多次複製物件的步驟：

1. 輸入 CO。
2. 選擇要複製的物件。
3. 指定基準點和指定位移的第二點，如果複製的圖形具有行或列陣列的規律性，於第二點輸入前可以於副選單中點擊陣列（A）來啓用。繼續指定下一個位移點，繼續複製，或確定結束指令。

4-3　鏡射指令

1. 直接輸入快速鍵 MI 或在修改工具列中選擇鏡射按鈕。
2. 選擇要鏡射的物件。
3. 指定鏡射線的第一點和第二點。
4. 設定是否刪除來源物件（內定爲否）可直接按 ENTER，如要刪除請選是（Y），將其刪除。

4-4　偏移指令

在實際應用中，常利用此指令建立平行線或等距離分布圖形。圖塊不能進行偏移指令，偏移指令在使用時是以滑鼠移動的方向來決定偏移的方向。

操作方法：

1. 輸入快速鍵 O 或點擊修改工具列上的偏移按鈕。
2. 指定偏移距離，直接輸入值。

3. 選擇要偏移的物件。
4. 指定要放置偏移物件的一側上的任一點。
5. 選擇另一個要偏移的物件，或按 ENTER 結束操作。

使偏移物件通過一個點的步驟：

1. 輸入快速鍵 O 或點擊修改工具列上的偏移按鈕 。
2. 輸入 T（通過）。
3. 選擇要偏移的物件。
4. 指定通過點。
5. 選擇另一個要偏移的物件或按 ENTER 結束操作。

4-5 陣列指令

矩形陣列的步驟：

1. 輸入快速鍵 AR 或按一下修改工具列上的陣列按鈕。

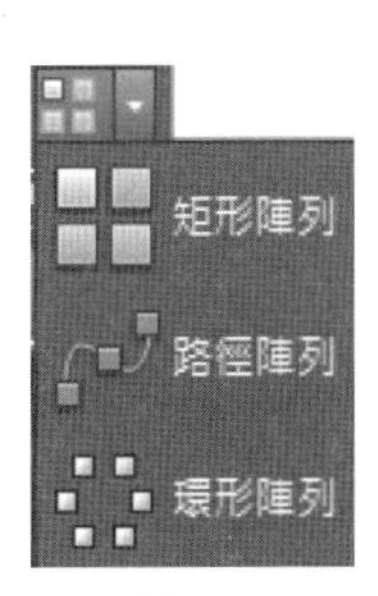

圖 4-2

(1) 矩形陣列：選擇要陣列的物件後按 ENTER，再於對話欄中設定行、列、間距、數量等選項。

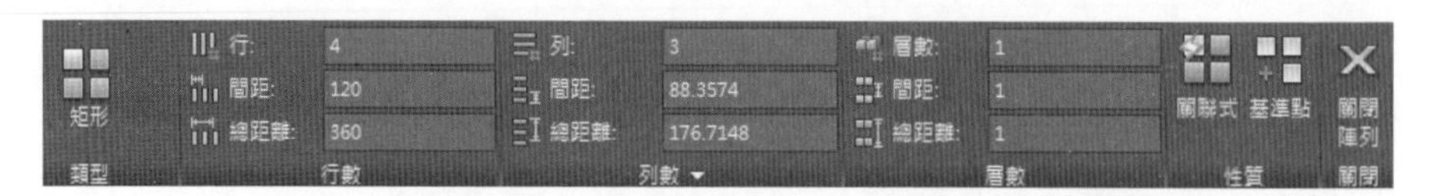

圖 4-3

(2) 路徑陣列：先後選擇要陣列的物件及路徑曲線後，再於對話欄中設定行、列、間距、數量等選項。

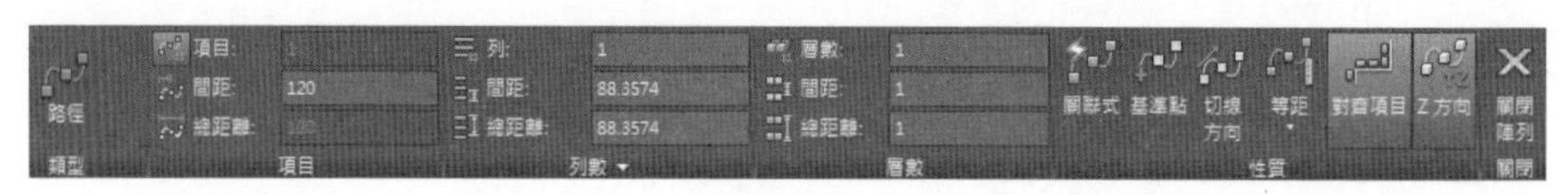

圖 4-4

(3) 環形陣列：選擇要陣列的物件及陣列中心後，再於對話欄中設定陣列夾角、間距、數量等選項。

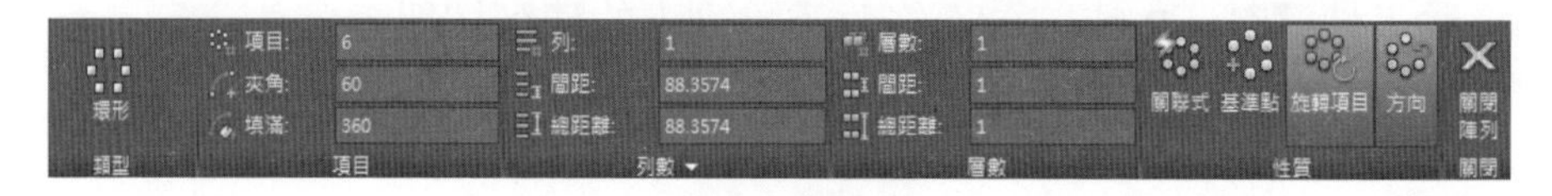

圖 4-5

2. 在習用上一般還是會以經典陣列（ARRAYCLASSIC）工具，該指令雖是早期的陣列工具，但如果不是要使用路徑陣列，大部分的使用者還是習慣以本指令操作爲主。

(1) 建立矩形陣列的步驟

a. 輸入 ARRAYCLASSIC。

b. 選取要陣列的物件。

c. 於圖 4-6 的對話框中點選矩形陣列。

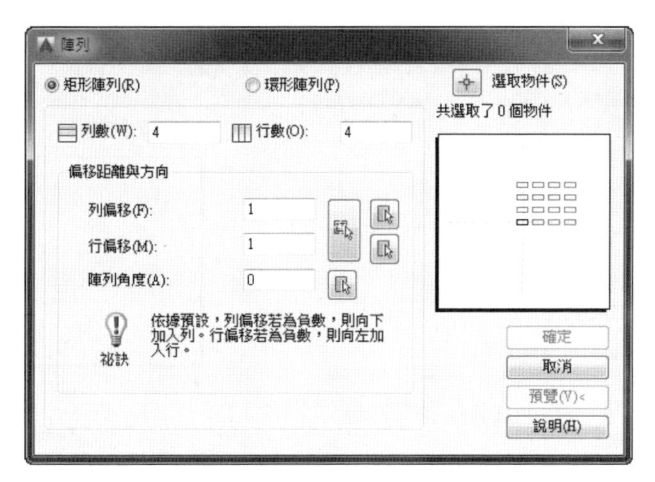

圖 4-6

d. 指定陣列之列個數與行個數。

e. 在列偏移和行偏移中輸入物件間之陣列間距，可加負號控制陣列方向。

①按一下「點選兩種偏移」按紐，可以使用它選定陣列中的相對角點用以決定行和列的水平和垂直間距 。

②按一下「點選列偏移」或「點選行偏移」按紐，可以透過使用鎖點功能指定水平和垂直間距。

③要修改陣列的旋轉角度，請在「陣列角度」欄中輸入角度。

④選擇確定。

(2) 建立環形陣列的步驟

a. 輸入 ARRAYCLASSIC。

b. 選取要進行陣列的物件。

c. 出現如圖 4-7 的陣列對話框。

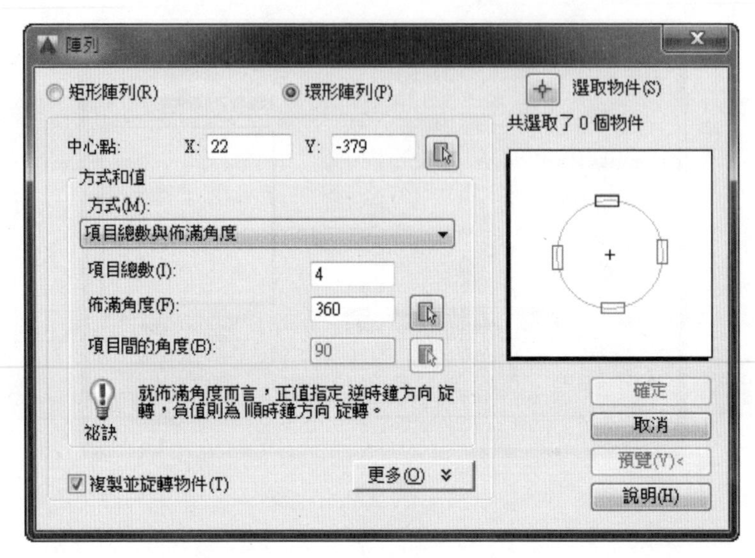

圖 4-7

①選擇「環形陣列」。

②指定中心點。

③指定環形陣列的方式。

④根據對應的陣列方式輸入陣列數量、角度或項目間的角度。

⑤必要時可以先預覽。

⑥確定。

4-6 移動指令

移動物件的步驟：

1. 快速鍵爲 M 或點擊修改工具列上的移動按鈕 。
2. 選擇要移動的物件。
3. 指定移動基準點。

4. 指定第二點，即位移點，選定的物件移動到由第一點和第二點之間的方向和距離確定的新位置。

4-7 旋轉指令

旋轉指令的步驟：

1. 快速鍵爲 RO 或按一下修改工具列上的旋轉按鈕 。
2. 選擇要旋轉的物件。
3. 指定旋轉基準點。
4. 輸入旋轉角度，確定。

註：必要時可以設定複製（C）或以參考（R）角度方式來進行旋轉。

4-8 縮放指令

縮放的步驟：

1. 快速鍵爲 SC 或點擊修改工具列上的縮放按鈕 。
2. 選擇要縮放的物件。
3. 指定縮放基準點。
4. 輸入縮放的比例，確定。

註：必要時可以設定以複製（C）或參考（R）方式來進行縮放，基準點一般可以選擇線段的端點、圓心或角的頂點等。

4-9 拉伸指令

用來把物件的單個邊進行縮放，拉伸只能框住物件的一半進行拉伸，如果全選則只是對物體進行移動。

拉伸的步驟：

1. 輸入快速鍵 S。
2. 框住物件的一半，進行拉伸指令。
3. 或自指令列內直接輸入拉伸距離。

AutoCAD 也提供另一種快速操作手法，可以利用空白鍵來操作移動、旋轉、比例縮放與鏡射指令。舉例來說，我們先畫一個矩形物件，然後再點選該矩形，此時四個角落會出現藍色的控制擎點，此時再將滑鼠移到任一控制擎點處，當顯示爲紅色後點擊該點，此時移動滑鼠可以發現系統將會以拉伸該點作爲動作的首選，倘若此刻按下空白鍵（space 鍵），系統將會切換爲移動指令，若再按下空白鍵，會切換成旋轉指令，若再按下空白鍵，會切換爲比例縮放，若再次按下空白鍵，會切換爲鏡射指令。

控制點編輯操作法

點選控制點
(內定拉伸指令)

第一次空白鍵
移動MOVE

第二次空白鍵
旋轉ROTATE

第三次空白鍵
比例SCALE

第四次空白鍵
鏡射MIRROR

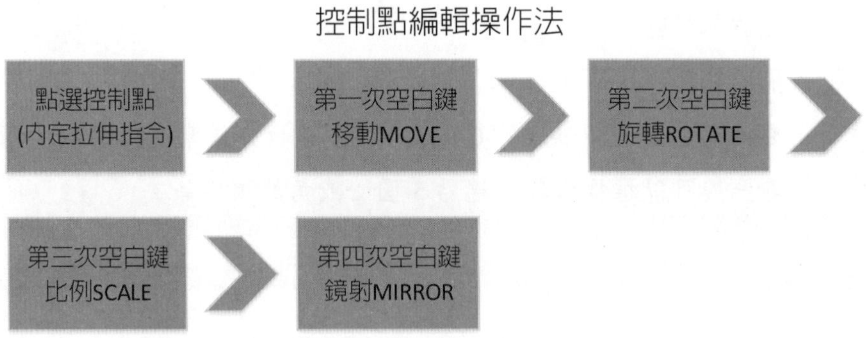

4-10　修剪指令

修剪指令的步驟：

1. 輸入快速鍵爲 TR 或點擊修改工具列中的修剪按鈕 -/-- 。
2. 先選擇作爲剪切邊的物件，要選擇圖形中的所有物件作爲可能的剪切邊，按 ENTER 確定即可。
3. 選擇要被修剪掉的物件。

在 AutoCAD 中，當要修剪的物件使用同一條剪切邊時，可使用 F 籬選，一次性修剪多個物件。在圖 4-8 中，要修剪多餘的線段，先輸入 TR ，選擇水平線作爲剪切邊，選擇修剪物件時，輸入 F ，再以滑鼠左鍵拖曳移動刪除不必要的線段，即可一次性修剪所有多餘的邊。

4-11　延伸指令

延伸指令的步驟：

1. 輸入快速鍵 EX 或按一下修改工具列中的延伸按鈕 -/-- 。
2. 選擇作爲邊界的物件，選擇圖形中的所有物件若要作爲可能的邊界物件，按下 ENTER 鍵即可。

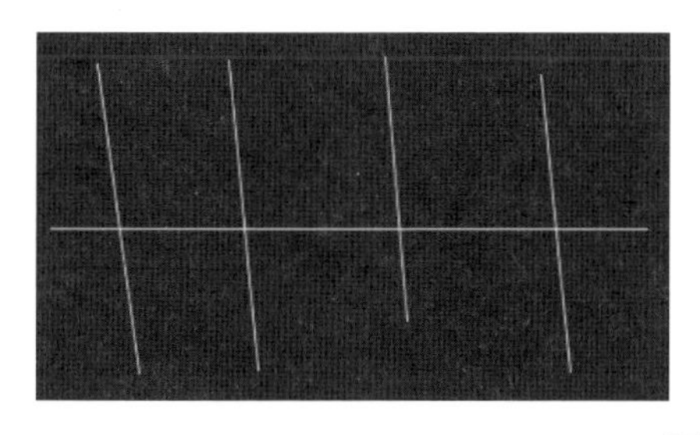
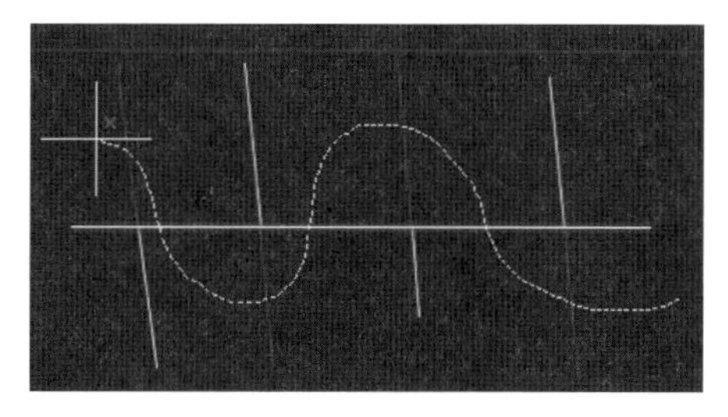

圖 4-8

3. 選擇要延伸的物件。

例如延伸圖 4-9(a) 的弧 A ，使其與輔助線 B（邊界）相交，效果如圖 4-9(b) 所示。

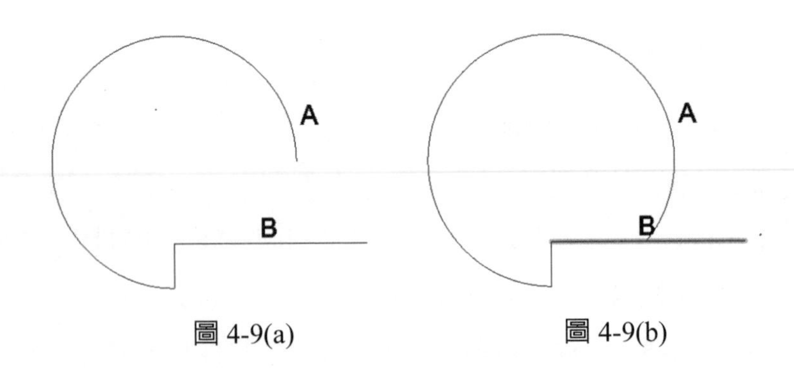

圖 4-9(a)　　圖 4-9(b)

4-12　切斷指令

切斷指令的步驟：

1. 快速鍵為 BR 或按一下修改工具列選單中的切斷按鈕 。
2. 用滑鼠選取物件，所選取的點即為第一個斷點位置，再點擊第二個斷點，或者先選擇要打斷的物件後，輸入 F 確定後，可以先指定第一個切斷點位置及指定第二個切斷點位置，該兩點可以指定為同一點，即可以達到在單一點處切斷物件之效果。

   使用切斷指令時，按一下點 A 和 B 與按一下點 B 和 A 產生的效果是不同的。

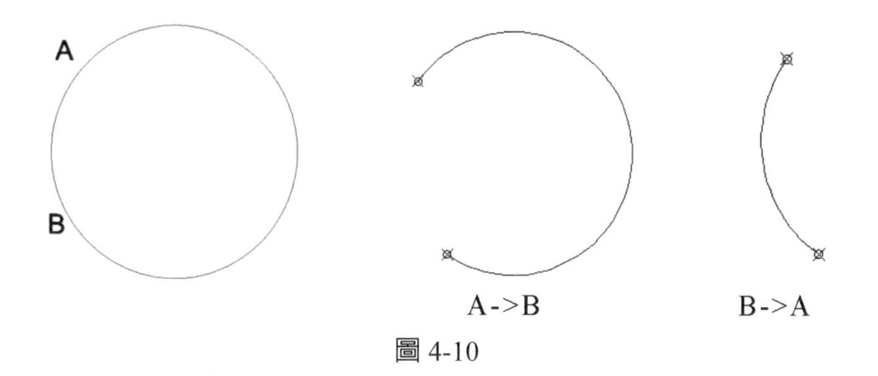

圖 4-10

4-13　切斷於點指令

切斷於點指令的步驟：

1. 按一下修改工具列選單中的切斷於點按鈕 。
2. 選取要切斷的物件，點取第一截斷點後系統自動將第二截斷點也設在同一位置處，所以可以把一個相連的物體切斷於截斷點處，圖形目前似乎看不出效果，但將滑鼠在物件上游移時，亮顯的提示即可以看出變化來。

4-14　倒角指令

倒角指令的步驟：

1. 快速鍵為 CHA 或點擊修改工具列中倒角按鈕。

圖 4-11

2. 輸入 D（距離），輸入第一個倒角距離和第二個倒角距離。
3. 分別選擇倒角的兩直線。

CHAMFER 選取第一條線或 [退回(U) 聚合線(P) 距離(D) 角度(A) 修剪(T) 方式(E) 多重(M)]:

副指令選項說明如下：

(1) 聚合線（P）：可以以目前設定的倒角大小對聚合線的各頂點（交角）進行倒角。

(2) 距離（D）：設定倒角距離尺寸。

(3) 角度（A）：可以根據第一個倒角距離和角度來設定倒角尺寸。

(4) 修剪（T）：設定倒角後是否保留原拐角邊。

(5) 多重（M）：可以對多個物件進行倒角。

當兩個倒角距離均為 0 時，此指令將延伸兩條直線使之相交，不產生倒角，此外，如果兩條直線平行、發散等，則不能進行倒角。

4-15 圓角指令

設定圓角的步驟：

1. 快速鍵 F 或點擊修改工具列中的圓角按紐 。

圖 4-12

2. 輸入半徑 R，輸入圓角半徑。
3. 選擇要進行圓角的物件。

FILLET 選取第一個物件或 [退回(U) 聚合線(P) 半徑(R) 修剪(T) 多重(M)]:

副指令選項說明如下：

(1) 聚合線（P）：可以以目前設定的圓角大小對聚合線的各頂點（交角）進行倒圓。

(2) 半徑（R）：設定圓角尺寸。

(3) 修剪（T）：設定倒角後是否保留原角邊。

(4) 多重（M）：可以對多個物件進行倒圓。

當圓角半徑爲 0 時，此指令將延伸或裁剪兩物件使之相交，對於內凹圓弧之繪製也多半以該指令來完成，可以減化使用畫圓（C）⇨（T）相切、相切、半徑後還需進行修剪（TR）等步驟。

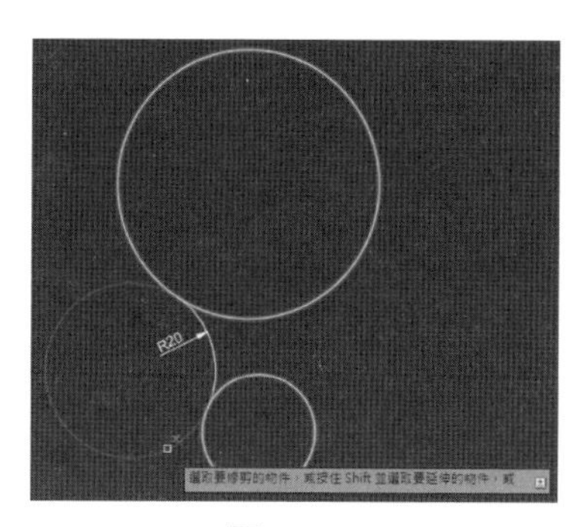

圖 4-13

以圖 4-14 爲例，①、②、③、④、⑤、⑦均可以使用圓角指令來完成圓角，但⑥與⑧只能先使用畫圓指令中的相切、相切、半徑來畫圓，之後再進行修整。

另外，若在圖面（如圖 4-15）上遇到要畫過一點 P（也有可能是某線段或某圓弧之端點）與一圓 RA 相切之圓弧 RB 時，可以採以下兩種方法進行：

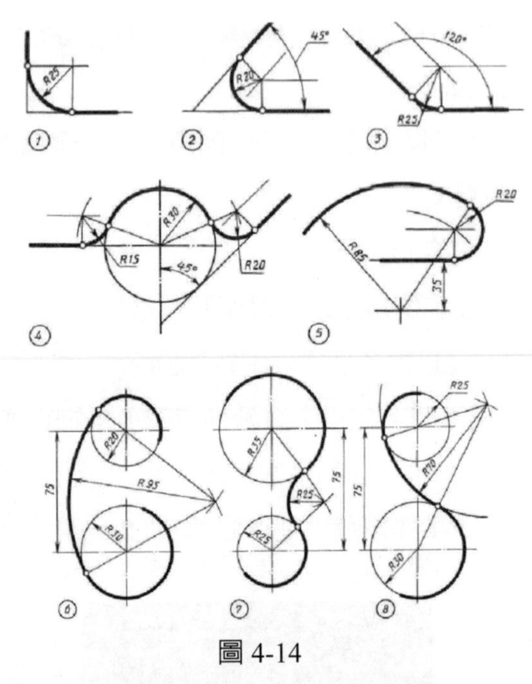

圖 4-14

註：使用畫圓指令中的相切、相切、半徑來畫圓時，切點的選擇很重要，不同的切點位置會產生不同的切圓。

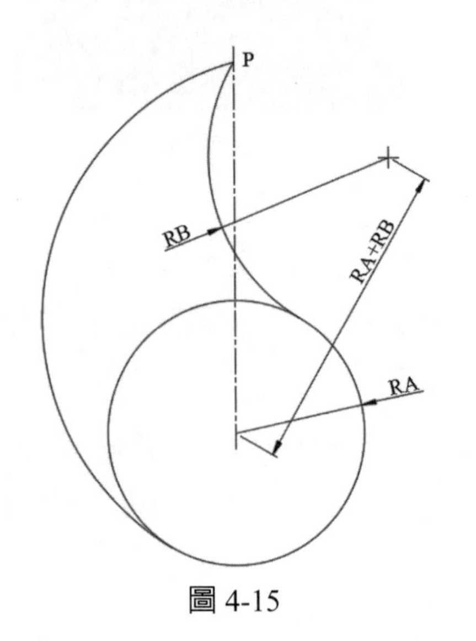

圖 4-15

方法一

1. 先以 P 點爲中心點，RB 爲半徑畫圓。
2. 再以 RA 的圓心爲中心點，以 RB－RA 或 RB ＋ RA 爲半徑畫圓，＋或－視切弧中心點的位置而定。
3. 再以步驟 1 與 2 兩圓之交點爲中心點，RB 爲半徑畫圓。
4. 將步驟 1 與 2 兩圓刪除，並對 RB 進行修整。

方法二

1. 先以 P 點爲中心點，兩倍 RB 爲半徑畫圓 RC。
2. 使用畫圓指令，點選相切、相切、半徑方式，點擊 RB 圓與 RA 及 RC 的可能相切點，輸入 RB 爲半徑畫圓。
3. 將 RC 圓刪除，並對 RB 進行修整。

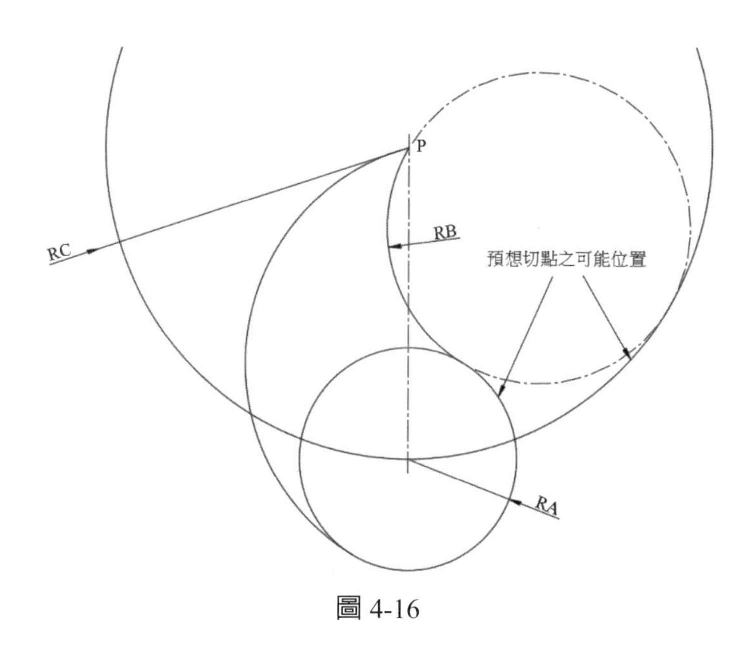

圖 4-16

4-16　分解指令

分解指令的步驟：

1. 快速鍵爲 X 或點選修改功能表中的分解 按鈕。
2. 選擇要分解的物件，分解指令可針對圖塊、聚合線、多線、尺寸標註等，然而文字是無法再被分解。

4-17　接合指令

該指令主要用於將多線段或弧接合成一獨立聚合線。

接合指令的步驟：

1. 輸入 J，選取要結合的線段或弧線。
2. 按 ENTER 便完成。

小試身手：

1. 輸入 J。
2. 點選圖 4-17 之圓弧 A。
3. 輸入 L，將圓弧閉合。
4. 完成全圓。

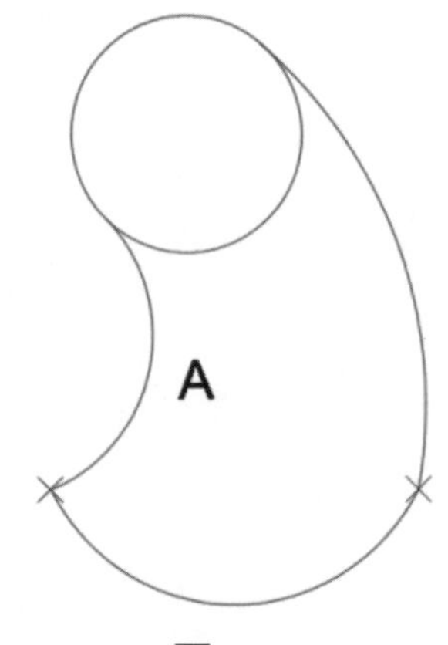

圖 4-17

第 5 章

文字與圖塊

1 文字輸入

2 建立邊界聚合線與面域

3 圖塊

4 量測指令

5-1　文字輸入

文字指令：分爲多行文字和單行文字。

1. 多行文字（T）：輸入的文字是一個整體。

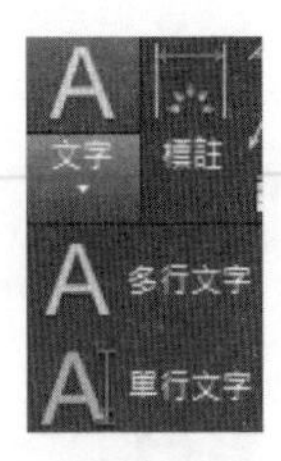

圖 5-1

繪製方式：

(1) 直接在繪圖工具列上點擊多行文字按鈕。

(2) 在指令列中直接輸入快速鍵爲 T。

繪製文字的步驟：

(1) 從指令列中輸入文字的快速鍵爲 T。

(2) 輸入文字時，要用滑鼠左鍵畫出文字所在的範圍。

2. 單行文字：透過指定文字起點、文字高度、文字角度後進行文字的輸入，但是輸入每行文字都是一個獨立的物件。

註：修改文字的快速鍵為ED，或按兩下左鍵也可以對它進行修改。
　　在文字輸入中也可以透過輸入控制碼來得到特殊的工程符號。

表 5-1

控制碼	功能
%%O	打開或關閉文字上劃線
%%U	打開或關閉文字底線
%%D	標註度（°）符號
%%P	標註正負公差（±）符號
%%C	標註直徑（Φ）符號
\ U+25A1	插入（□）符號

公差的輸入：

機械圖面少不了公差的標示，標註公差有 3 種方式：

(1) 使用尺寸標註對話框來設定，利用新增方式建立一些常用的公差值，如此一來，可以省卻標註時間。

圖 5-2

(2) 左鍵單擊尺寸數值，按滑鼠右鍵於快顯選單中點擊性質，系統會出現性質列表清單，將清單下拉至公差項目，開啓公差顯示項目。值得一提的是，如果要標示兩側都是 + 或都是 - 公差，可以在相對應的上下限再加上 - 號（如圖 5-3）。

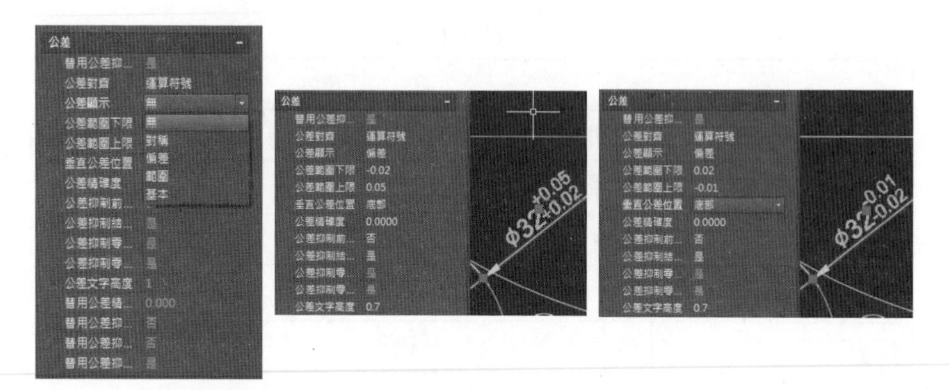

圖 5-3

(3) 左鍵雙擊尺寸數值，於尺寸數值後面加上公差值，例如可以輸入 +0.05/+0.02 後，將這串文字以左鍵拖拉反黑後，按滑鼠右鍵，於選單中點選堆疊，此時會出現該串文字以分數型式顯示，以左鍵點擊該分數後，會出現 符號，點擊該符號後，於選單中點選堆疊性質，於堆疊性質對話框中的外觀型式設定爲公差。

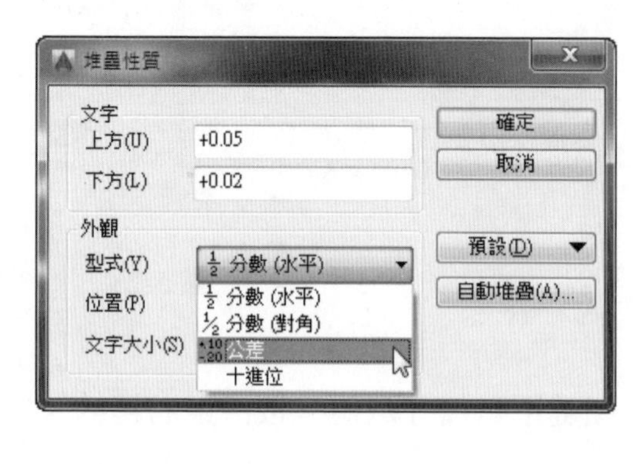

圖 5-4

5-2 建立邊界聚合線與面域

建立邊界（BO）指令：可以將指定之封閉區域建立一封閉聚合線。

圖 5-5

接合（J）指令：可以將所選之線、弧等圖形串接成一獨立聚合線或封閉區域。

面域（REG）指令：使用線或由獨立線構成的圖形不能拉伸成為三維物件，必須先轉換為面域才可拉伸，也可用於使用 AREA 指令計算面積時的布林運算之用。面域是具有實體性質（例如形心或質量中心）的 2D 封閉區域。

填充指令（H）：可以填充封閉或不封閉的圖形，在零件繪製時可以做為剖面之表示用，是一個輔助工具，同時也可用於計算面積使用。

繪製方式：

1. 直接在繪圖工具列上點擊填充線按鈕 。

2. 直接輸入快速鍵 H。

圖 5-6

填充選定物件的步驟：

1. 輸入 H，指定填充的樣式，設定角度與填充線樣式比例值。
2. 將滑鼠移動至要進行填充的封閉物件處，預覽效果，正確時請以左鍵點擊於該區域內。
3. 完成後關閉指令。

接著我們進一步來了解填充線的工具列。

樣示群組：可以設定圖案填充的類型和圖案。

點選點：是指以滑鼠左鍵點擊要進行填充的區域，一般填充的是封閉的圖形。

複製性質：是指圖案的類型、角度和比例完全一致的複製在另一填充區域內。

關聯式：是指填充邊界是否自動更新。

性質選項群組：可以設定使用者定義類型的圖案、填充角度和比例等參數。

漸層選項中，我們可以選擇顏色之間的漸變來進行填充。

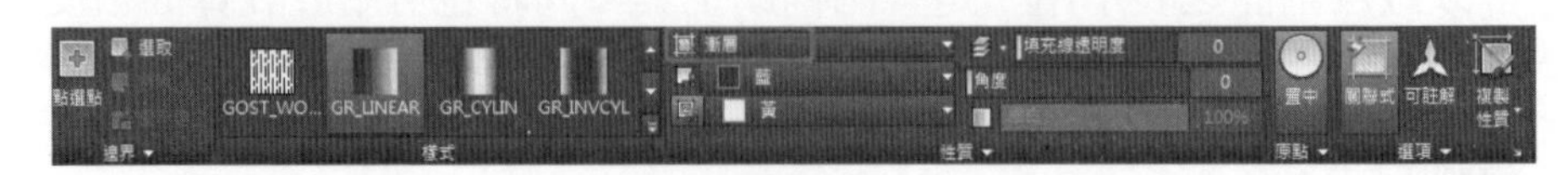

圖 5-7

5-3　圖塊

圖塊是 AutoCAD 圖形設計中的一個相當重要的概念。在繪製圖形時，如果圖形中有大量相同或相似的內容，或者所繪製的圖形與已有的圖形檔相同，則可以把要重複繪製的圖形建立成圖塊，並根據需要爲圖塊建立屬性，指定圖塊的名稱、用途及設計者等資訊，在需要時直接插入（I）它們來使用，從而提高繪圖效率。當然，使用者也可以把已有的圖形檔以參照的型式插入到目前的圖形中（即外部參照），或是透過 AutoCAD 設計中心查詢、預覽、使用和管理圖形、圖塊、外部參照等不同的資源檔。圖塊是一個或多個物件組成的物件集合，常用於繪製複雜、重複的圖形。一旦一組物件組合成塊，就可以根據作圖需要將這組物件插入到圖中任意指定位置，而且還可以依不同的比例和旋轉角度插入使用。在 AutoCAD 中，使用圖塊可以提高繪圖速度、節省儲存空間、便於修改圖形。

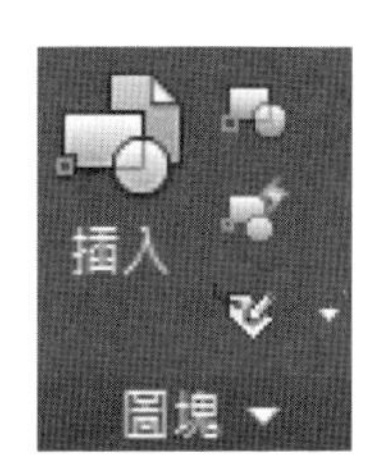

圖 5-8

5-3-1　建立圖塊

建立圖塊（B）是指將圖形合併成一個圖形。

圖 5-9

圖塊定義對話框中各選項的功能如下：

名稱：用於輸入圖塊的名稱，最多可使用 255 個字元。

基準點：用於設定圖塊的插入點位置。

物件選項區域：用於設定組成圖塊的物件。

圖塊單位下拉式選單方塊：用於設定圖塊的單位。

描述文字方塊：用於輸入圖塊的說明部分。

將目前圖形定義圖塊的步驟：

1. 先建立圖塊定義中要被使用的物件。
2. 輸入 B 或是從繪圖工具列中選擇圖塊中的「建立」。
3. 在圖塊定義對話框中的「名稱」框中輸入圖塊名字。
4. 在「物件」下選擇「轉換成圖塊」，如果需要在圖形中保留用於建立圖塊的原物件，可視需求勾選「刪除」選項，如果選擇了該選項，原物件將被刪除。

5. 選擇「選取物件」，框選要建立圖塊的物件，完成後按下確定按鈕離開。

5-3-2　插入圖塊

插入圖塊（I）此指令可以在圖形中插入圖塊或其他圖形，在插入的同時還可以改變所插入圖塊或圖形的比例及旋轉角度。

繪製方式：

1. 直接在繪圖工具列上點擊插入按鈕 。
2. 直接輸入快速鍵 I。

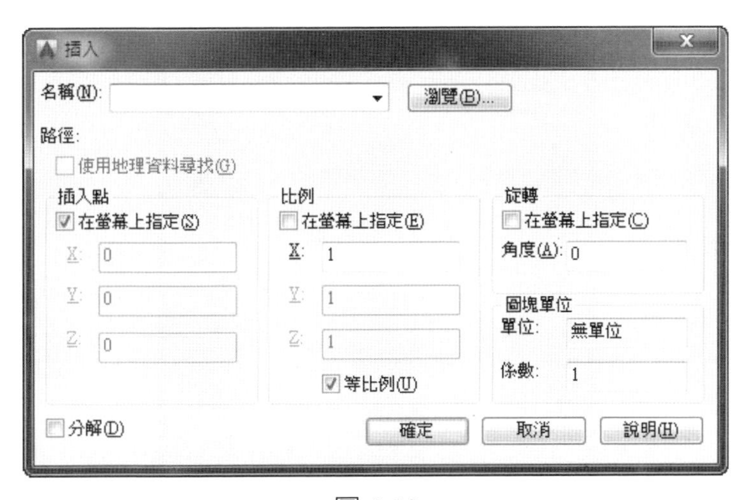

圖 5-10

插入對話框（圖 5-10）中各主要選項的功能說明如下：

1. 名稱下拉式選單：用於選擇圖塊或圖形的名稱，使用者也可以按一下其後的「瀏覽」按鈕，打開「選取圖檔」對話框，選擇要插入的圖塊或外部圖形。

2. 插入點：用於設定圖塊的插入點位置。
3. 比例：用於設定圖塊的插入比例。可不等比例縮放圖形，在 X 、Y 、Z 三個方向進行縮放。
4. 旋轉：用於設定圖塊插入時的旋轉角度。
5. 分解核取方塊：選中該核取方塊，可以將插入的圖塊分解成組成塊的各基本物件。

5-3-3　製作圖塊

製作圖塊（W）此指令可以將圖塊以檔案的型式存入磁碟中。

圖 5-11

各選項說明如下：

1. 來源：設定組成圖塊的物件來源。
   (1) 圖塊：選取已建立的圖塊。
   (2) 整個圖面：可以把全部圖形寫入。
   (3) 物件：可以指定需要寫入的圖塊物件。

2. 目標：設定圖塊的儲存檔案名稱與路徑。

小試身手：

在此以建立表面加工符號為例來做說明，步驟如下：

1. 輸入 POL，輸入 3，輸入 E，於繪圖區點擊任一點，再將滑鼠水平往左移動輸入 4。
2. 輸入 X，將三角形分解。
3. 輸入 CO，點選右斜線，點擊下角點，再點擊右上角點，按 ESC 離開（完成圖如下）。

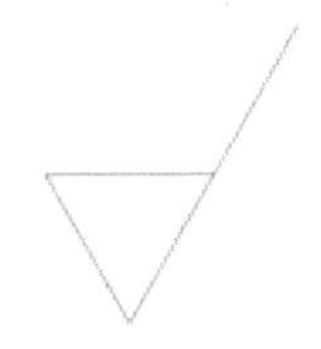

4. 點選插入選單，點擊圖塊定義區中定義屬性 按鈕，於圖 5-12 對話框標籤欄中輸入 RA，提示欄中輸入「輸入表面粗糙度」，文字高度設為 2，按下確定按鈕。

圖 5-12

5. 於符號水平線上適當位置點擊確定。

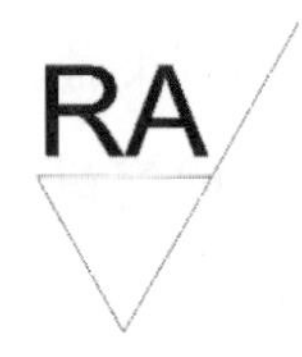

6. 輸入 B ，建立圖塊。出現圖塊定義對話框（如圖 5-13），於名稱欄中輸入 Ra ，點選 點選點(K) 按鈕，指定圖塊插入點位於下角點，點選 選取物件(T) 按鈕，框選整個物件，並設定原圖形建立完圖塊後刪除，按下確定按鈕。

圖 5-13

7. 此時已完成圖塊建立，於繪圖區中輸入 REC ，點擊任一點，輸入 50,15 。

8. 輸入 I ，選擇要插入的圖塊名稱，在此只有一個，無需點擊下拉選單。按下確定按鈕後，於矩形體上水平線中點處置放圖塊，並於編輯屬性對話框欄位中輸入 1.6，按下確定按鈕。

圖 5-14

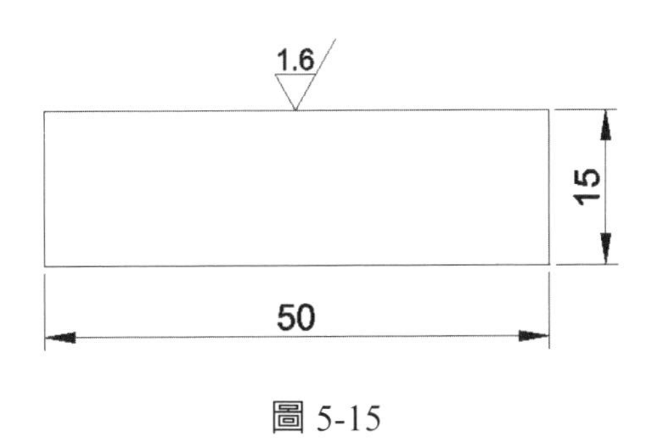

圖 5-15

5-4　量測指令

1. 長度、角度與距離

除了以尺寸標註工具標示之外，如果想知道物體的長度或距離，在指令列中輸入快速鍵 DI 確定，用滑鼠依次去點擊需要測量的線的端點即可。也可以直接輸入 LI，點選物件後按 ENTER，它將會列示出該物件的性質與相關尺寸數值。使用 DIMANG 指令可以標註兩線間、弧及圓之夾角。

2. 面積周長

一般會先執行 BO（量測面積及周長）或 H（可量測面積以及不含面積內的其他封閉區之計算）指令，再利用 LI 指令進行查詢。也可以使用 AA 指令進行面積的加減。

3. 表面積

物體表面積之查詢，輸入 AA 指令。

4. 體積與形心

輸入 MASSPROP 指令，可以查詢體積等相關資訊。

第 6 章

圖層與尺寸標註

6-1 圖層

圖層類似於傳統手繪繪圖中使用的重疊圖紙，在 AutoCAD 中可以建立並爲圖層設定相關屬性，透過將相同物件分類放到各自的圖層中，可以快速有效地控制物件的顯示以及進行更改。圖層是 AutoCAD 提供的一個管理圖形物件的工具，使用者可以根據圖層對圖形幾何物件、文字、標註等進行歸類處理，使用圖層來管理它們，不僅能使圖形的各種資訊清晰、美觀，更便於觀察，而且也會對圖形的編輯、修改和輸出帶來很大的便利性。

6-1-1 打開圖層性質管理員方法

1. 快速鍵爲 LA。

2. 點擊圖層工具列中的 

按鈕。

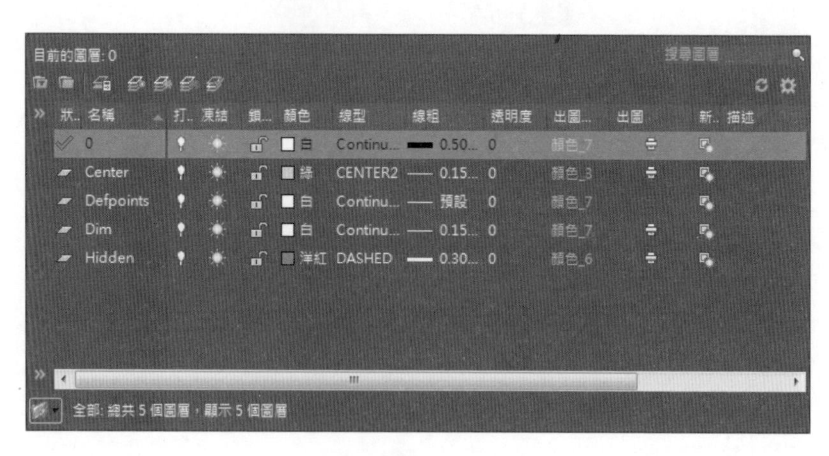

圖 6-1

圖 6-1 各選項含義如下：

(1) 新圖層 ：可替圖層命名、設定線型、顏色、線粗等。

(2) 刪除圖層 ：用於刪除無用的圖層。

下列有 4 種圖層不可刪除：a. 圖層 0 和定義點 Defpoints

b. 目前圖層

c. 依賴外部參照的圖層

d. 包含物件的圖層

(3) 外部參照：檔案之間的一個連結關係，某檔依賴於外部檔案的變化而變化。

(4) 開關狀態：圖層處於打開狀態時，燈泡爲黃色，該圖層上的圖形可以在顯示器上顯示，也可以列印：圖層處於關閉狀態時，燈泡爲灰色，該圖層上的圖形不能顯示，也不能列印。

(5) 凍結／解凍狀態：圖層被凍結，該圖層上的圖形物件不能被顯示出來，也不能列印輸出，而且也不能編輯或修改；圖層處於解凍狀態時，該圖層上的圖形物件能夠顯示出來，也能夠列印，並且可以在該圖層上編輯圖形物件。從可見性來說，凍結的圖層與關閉的圖層是相同的，但凍結的物件不參加處理過程中的運算，關閉的圖層則仍可參與運算，所以在複雜的圖形中凍結不需要的圖層可加快系統重新生成圖形的速度。

註：不能凍結目前圖層，也不能將凍結圖層改為目前圖層。

(6) 鎖定／解鎖狀態：鎖定狀態並不影響該圖層上圖形物件的顯示，使用者不能編輯鎖定圖層上的物件，但還可以在鎖定的圖層中繪製新圖形物件。此外，還可以在鎖定的圖層上使用查詢指令和物件捕捉功能。

(7) 顏色、線型與線粗：點擊顏色列中所對應的圖示，可以打開選取如圖 6-2 所示之顏色對話框，選擇圖層顏色；點擊線型列中的線型名稱，可以打開選取線型對話框，選擇所需的線型，線型不夠使用可以點選載入按鈕（圖 6-3），將線型輸入；當點擊線粗列顯示的線粗值，可以開啓線粗對話框，設定所需的圖層線粗。

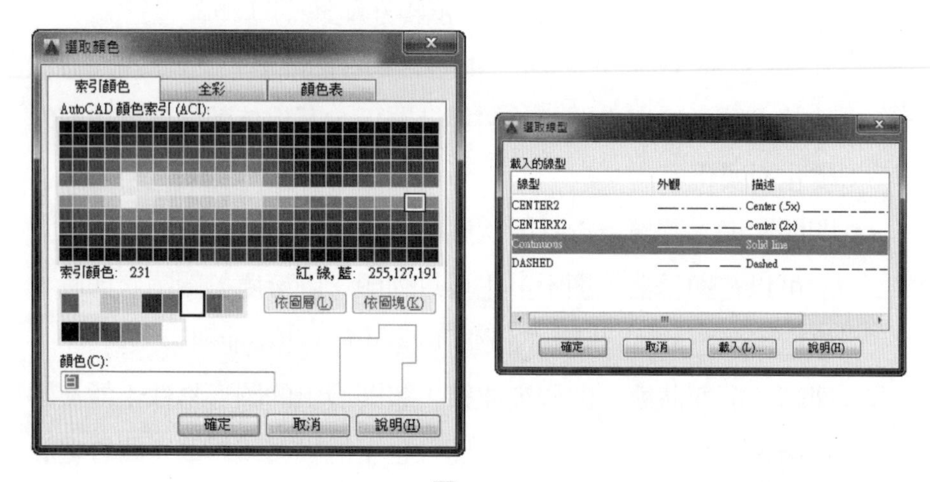

圖 6-2

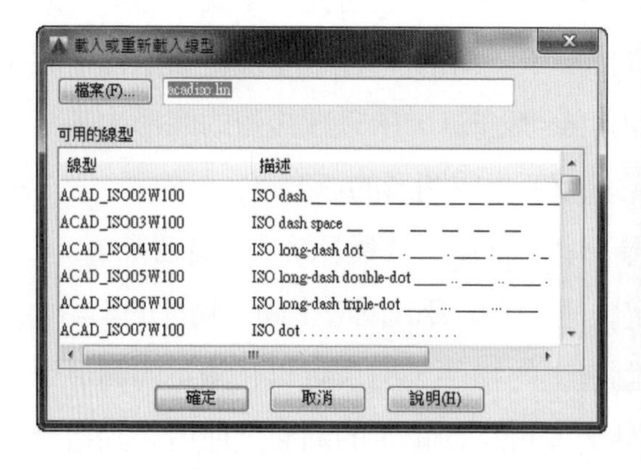

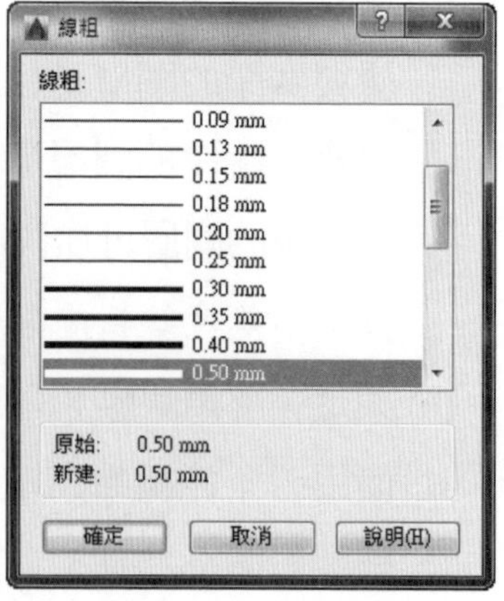

圖 6-3

6-1-2　圖形轉移圖層方法

1. 先選取該圖形。
2. 點取圖層列表中要轉移的正確圖層。

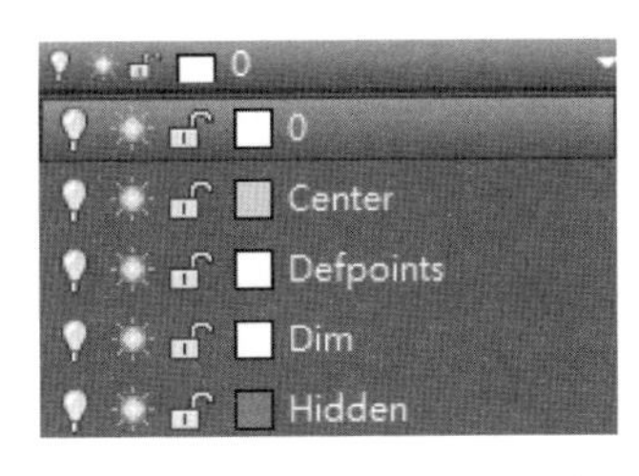

圖 6-4

3. 完成轉移。

註：物件特性包含一般特性和幾何特性，一般特性包括物件的顏色、線型、圖層及線粗等，幾何特性包括物件的尺寸和位置。

6-2　尺寸標註

標註的組成：

1. 尺寸界線
2. 尺寸線
3. 標註文字
4. 箭頭

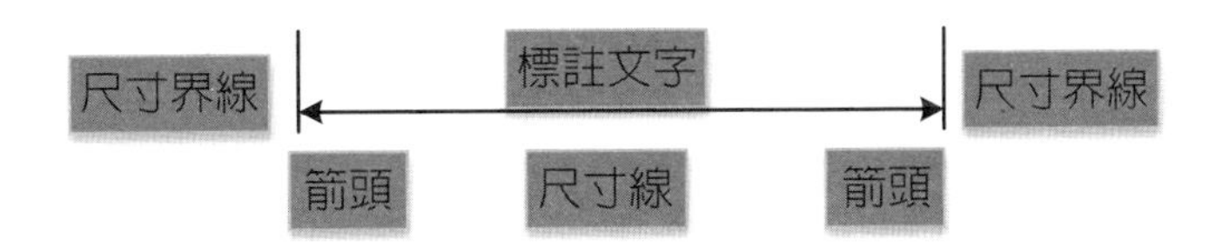

6-2-1　尺寸標註的規則

1. 物體的眞實大小應以圖樣上所標註的尺寸數値爲依據，與圖形的大小及繪圖的準確度無關。
2. 圖樣中的尺寸以毫米爲單位時，不需要標註計量單位的代號或名稱。
3. 圖樣中所標註的尺寸爲該圖樣所表示物體的最後完工尺寸，否則應另加說明。
4. 物體的每一尺寸一般只標註一次，無需重複標註。

6-2-2　建立與設定標註的型式

打開標註型式管理員對話框的方法：

1. 按一下註解工具列上的 標註型式按鈕，點選管理標註型式……。

圖 6-5

2. 使用快速鍵 D。

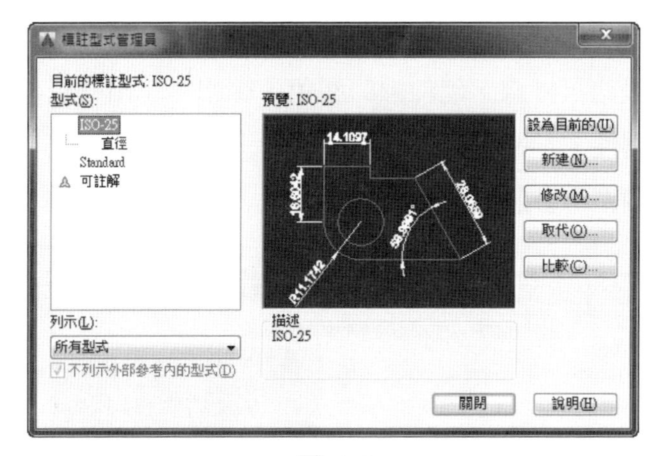

圖 6-6

按一下對話框中的修改按鈕，將出現如圖 6-7 之修改標註型式對話框。

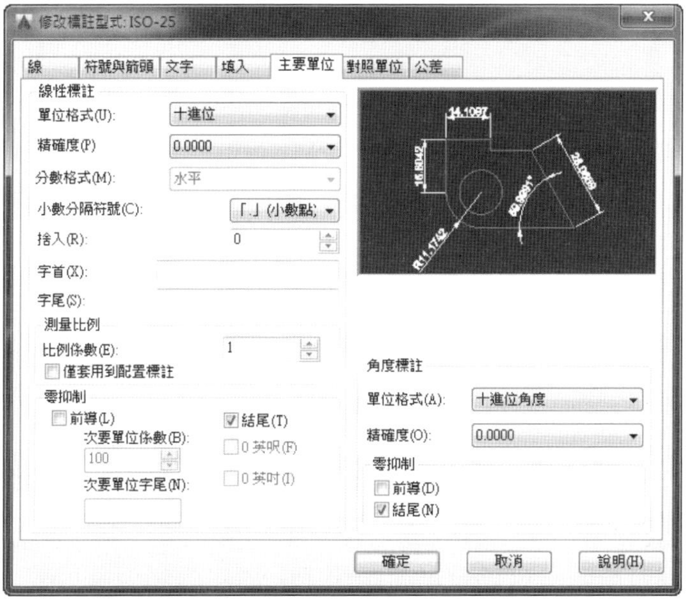

圖 6-7

(1) 線：

可以設定尺寸線、延伸線的顏色、線粗、超出標記以及基線間距等屬性。

該選項區中各選項含義如下：

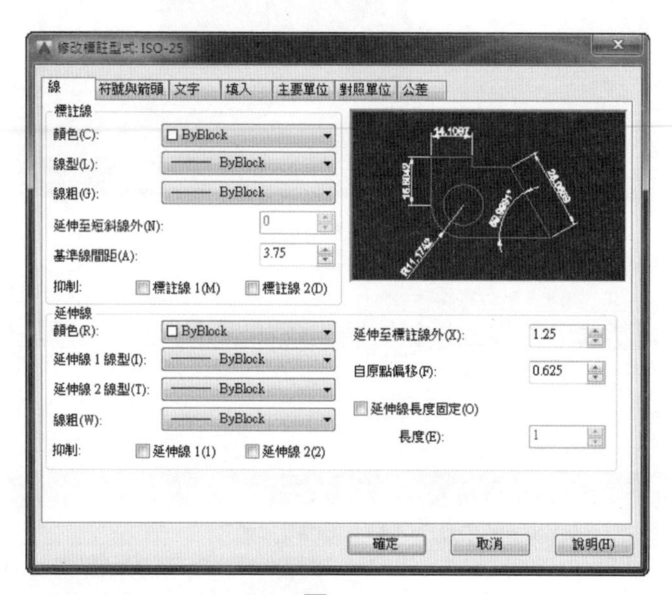

圖 6-8

顏色：用於設定尺寸線、延伸線的顏色。

線粗：用於設定尺寸線、延伸線的寬度。

基準線間距：進行基線尺寸標註時，可以設定各尺寸線之間的距離。

抑制：透過選擇對應的核取方塊，可以隱藏第一段或第二段尺寸線或延伸線及其相對應的箭頭。

(2) 符號與箭頭：可以設定箭頭和中心標記的類型及尺寸大小。選擇標記選項可對圓或圓弧繪製圓心標記；選擇線選項，可對圓或圓弧繪製中心線；選擇無選項，則沒有任何標記。

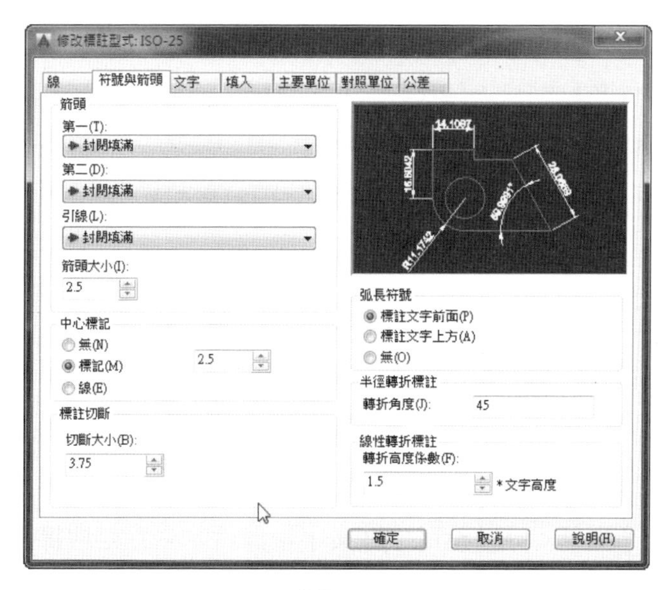
修改標註型式: ISO-25
線
符號與箭頭
文字
填入
主要單位
對照單位
公差
箭頭
第一(T):
封閉填滿
第二(D):
封閉填滿
引線(L):
封閉填滿
箭頭大小(I):
2.5
中心標記
無(N)
標記(M)
2.5
線(E)
標註切斷
切斷大小(B):
3.75
弧長符號
標註文字前面(P)
標註文字上方(A)
無(O)
半徑轉折標註
轉折角度(J):
45
線性轉折標註
轉折高度係數(F):
1.5
*文字高度
確定
取消
說明(H)

圖 6-9

(3) 文字：

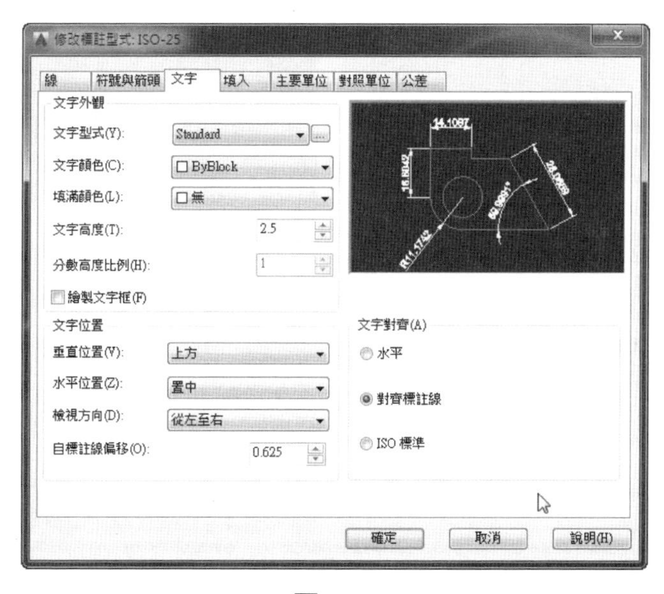
修改標註型式: ISO-25
線
符號與箭頭
文字
填入
主要單位
對照單位
公差
文字外觀
文字型式(Y):
Standard
文字顏色(C):
ByBlock
填滿顏色(L):
無
文字高度(T):
2.5
分數高度比例(H):
1
繪製文字框(F)
文字位置
垂直位置(V):
上方
水平位置(Z):
置中
檢視方向(D):
從左至右
自標註線偏移(O):
0.625
文字對齊(A)
水平
對齊標註線
ISO 標準
確定
取消
說明(H)

圖 6-10

a. 文字外觀：可以設定文字的形式、顏色、高度、分數高度比例以及控制是否繪製文字的邊框。

該選項區中各選項含義如下：

文字型式：用於選擇標註文字的樣式。

文字顏色：用於設定標註文字的顏色。

文字高度：用於設定標註文字的高度。

繪製文字框：用於設定是否給標註文字加邊框。

b. 文字位置：可以設定文字的垂直、水平位置以及自標註線的偏移量。

c. 文字對齊：可以設定標註文字是保持水平還是與標註線對齊。

(4) 填入：

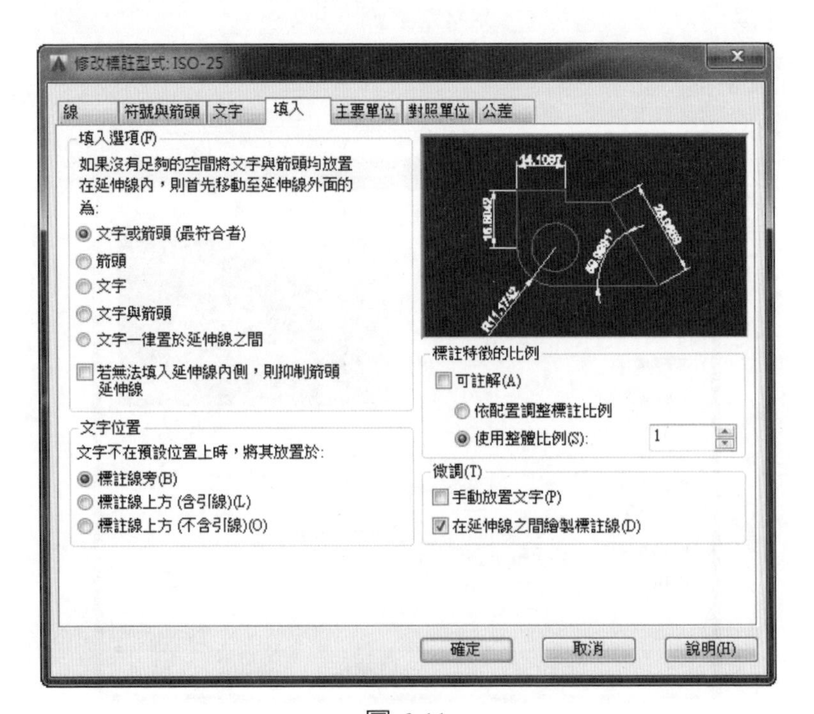

圖 6-11

填入選項：可以確定當尺寸界線之間沒有足夠空間同時放置標註文字和箭頭時，應首先從尺寸界線之間移出的物件。

文字位置：使用者可以設定當文字不在預設位置時的位置。

標註特徵的比例：可以設定標註尺寸的特徵比例，以便透過設定全域比例因數來增加或減少各標註的大小。

微調：可以對標註文字和尺寸線進行細微調整。

(5) 主要單位：

在此標籤頁中可以設定主單位的格式與精確度等屬性。

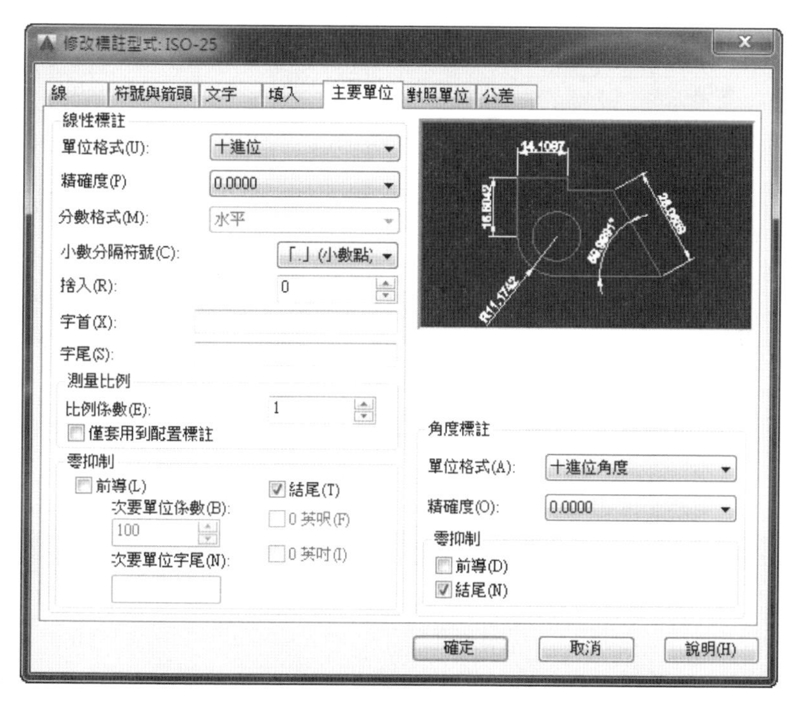

圖 6-12

(6) 對照單位：

可以視需求使用其他單位型式來作爲參考之用。

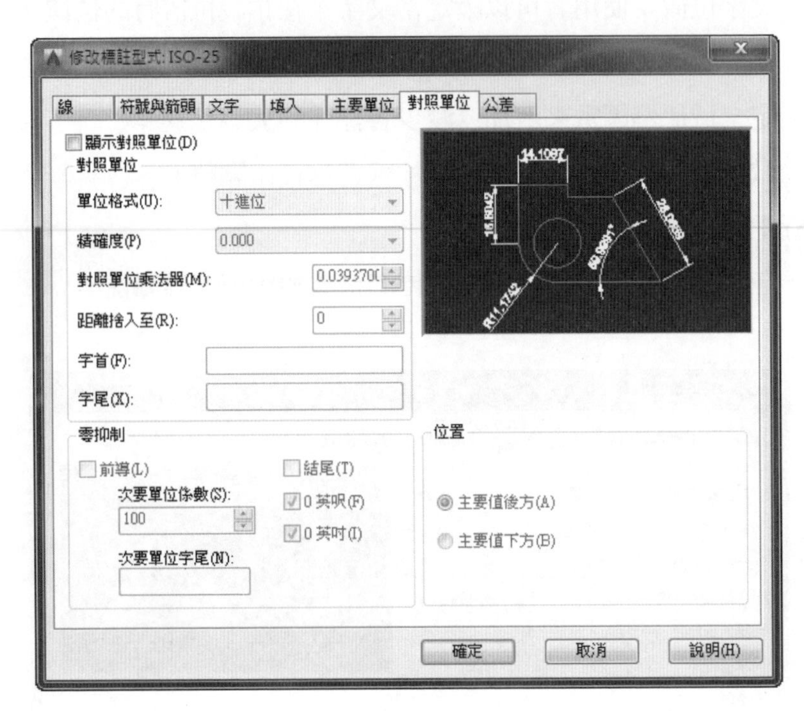

圖 6-13

(7) 公差：

在此標籤頁中用於設定是否標註公差，以及以何種方式進行標註。

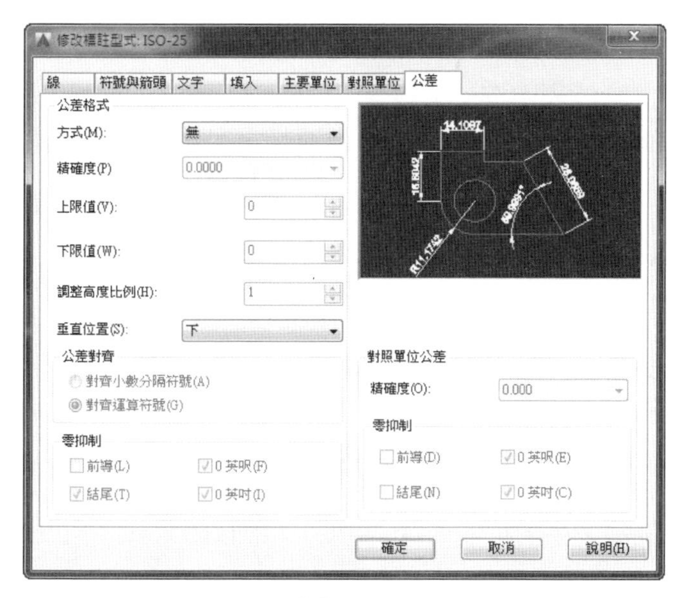

圖 6-14

6-2-3 尺寸標註的基本類型

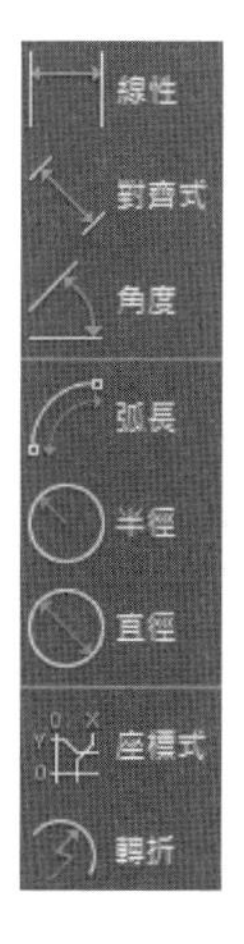

圖 6-15

1. **建立對齊式標註的步驟**

(1) 在標註功能表中按一下對齊式或按一下標註工具列中的 。

(2) 指定物體，在指定尺寸位置之前，可以編輯文字或修改文字角度。

DIMALIGNED [多行文字(M) 文字(T) 角度(A)]:

a. 要使用多行文字編輯文字，請輸入 M（多行文字），在多行文字編輯器中修改文字，然後按一下確定。

b. 要使用單行文字編輯文字，請輸入 T（文字），修改指令列上的文字，然後確定。

c. 要旋轉文字，請輸入 A（角度），然後輸入文字角度。

(3) 再指定尺寸線的位置。

註：建立線性標註的方法同建立對齊標註的方法一樣。

2. **建立基線線性標註的步驟**

(1) 從註解標籤頁中選擇 基線式。

圖 6-16

預設情況下，上一個建立的線性標註的原點用作新基線標註的第一尺寸界線。系統提示指定第二條尺寸線。

(2) 使用物件捕捉選擇第二條尺寸界線原點，或按 ENTER 鍵選擇任意標註作爲基準標註。

AutoCAD 在指定距離（在修改標註型式對話框的線標籤頁中，基準線間距選項中所指定）自動放置第二條尺寸線。

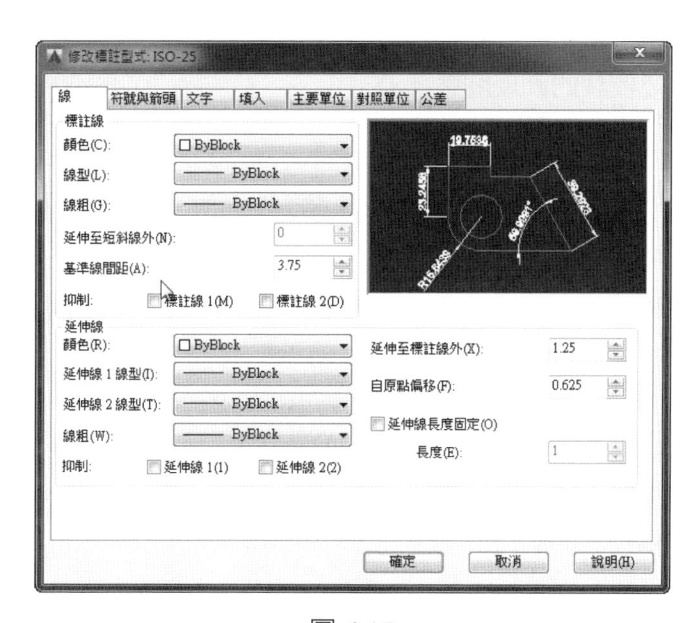

圖 6-17

(3) 使用物件捕捉指定下一個尺寸界線原點。

(4) 根據需要可繼續選擇尺寸界線原點。

(5) 按兩次 ENTER 鍵結束指令。

3. 建立連續線式標註的步驟

(1) 從註解標籤頁中選擇 連續式。

(2) AutoCAD 使用現有標註的第二條尺寸界線的原點作爲第一條尺寸界線的原點。使用物件捕捉指定其他尺寸界線原點。

(3) 按兩次 ENTER 鍵結束指令。

註：基線標註必須借助於線型標註或對齊標註基礎上，連續式標註必須借助於線型標註和對齊標註，不能單獨使用。

4. 建立直徑標註的步驟

(1) 從常用標籤頁中的註解工具列選擇 。

(2) 選擇要標註的圓或圓弧。

(3) 根據需要輸入選項：

DIMDIAMETER 指定標註線位置或 [多行文字(M) 文字(T) 角度(A)]:

要編輯標註文字內容，請輸入 M（多行文字）或 T（文字）。要改變標註文字角度，請輸入 A（角度）。

(4) 指定引線的位置。

5. 建立半徑標註的步驟

(1) 從常用標籤頁中的註解工具列選擇 。

(2) 選擇要標註的圓或圓弧。

(3) 根據需要輸入選項：

DIMRADIUS 指定標註線位置或 [多行文字(M) 文字(T) 角度(A)]:

要編輯標註文字內容，請輸入 M（多行文字）或 T（文字）。要改變標註文字角度，請輸入 A（角度）。

(4) 指定引線的位置。

註：標註半徑尺寸時，有時候會遇到連心線（中心點到圓弧邊界），如果不要顯示該連心線，可以選取該尺寸半徑後按滑鼠右鍵，於快顯選單中選取性質選項，在性質對話框中，設定中心標記為無，同時強制標註線設為關閉，就可以取消連心線。

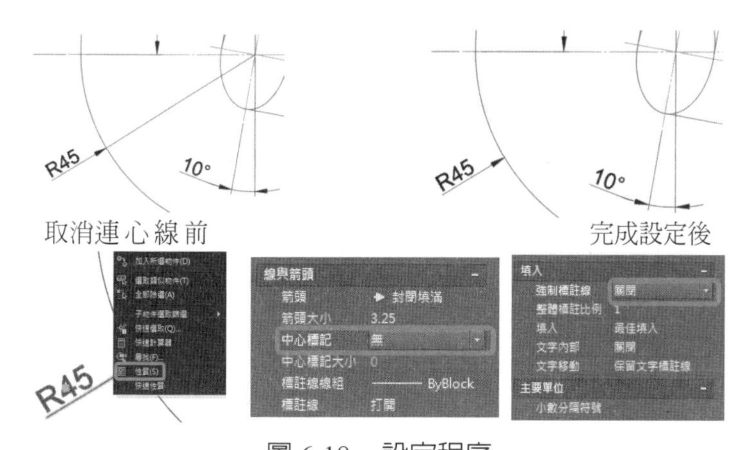

圖 6-18 設定程序

6. **建立角度標註的步驟**

(1) 從常用標籤頁中的註解工具列選擇 △。

(2) 使用下列方法之一：

要標註圓弧，請選擇弧的第一端點，然後再指定弧的第二端點。

要標註其他物件，請選擇第一條直線，然後選擇第二條直線。

(3) 根據需要輸入選項：

DIMANGULAR 指定標註弧線位置或 [多行文字(M) 文字(T) 角度(A) 象限(Q)]:

要編輯標註文字內容，請輸入 T（文字）或 M（多行文字）。要編輯標註文字角度，請輸入 A（角度）。

7. 圓心標記：在註解標籤頁中的標註區時，可以點選中心標記 ⊕ 用於標註圓、圓弧的圓心位置。

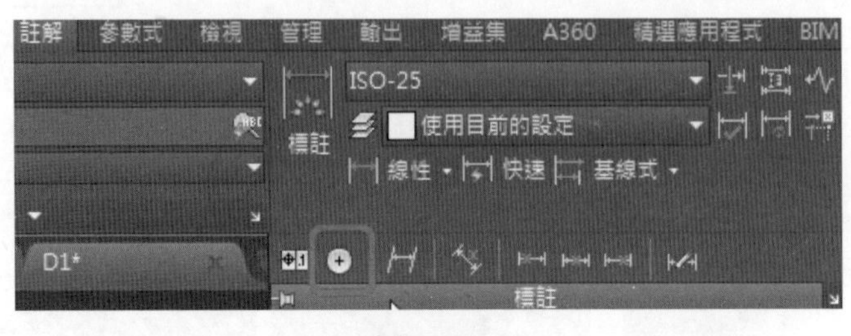

圖 6-19

6-4　建立引線

引線在工程中多用於標註文字註解或是幾何公差等引導線。

6-4-1　使用 MLEADER 指令

1. 點擊常用標籤頁中的註解工具列中的多重引線MLEADER 按鈕。

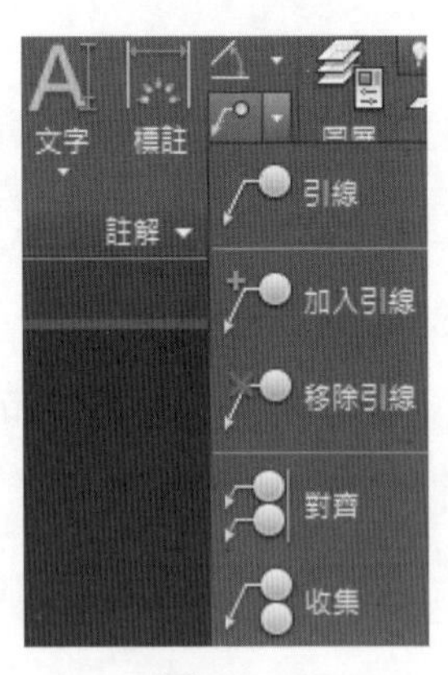

圖 6-20

2. 指定引線箭頭位置。

3. 指定引線連字線位置。

4. 輸入文字。按 ENTER 鍵，根據需要輸入新的文字行。
5. 按 ESC 鍵，儲存文字變更。

6-4-2 使用 QLEADER 指令

1. 指定引線的第一個點
2. 指定引線下一點位置。
3. 指定引線連字線位置。
4. 指定文字寬度。
5. 輸入第一行註解文字。
6. 按 ENTER 鍵，根據需要輸入下一行文字，如無請按 ENTER。
7. 再按 ENTER 離開。

註：文字註解可用 ED 指令來修改。

6-5 幾何公差

在機械製圖中，形狀位置公差極爲重要，如果幾何公差不能完全控制，裝配件就無法裝配；另一方面，過度吻合的幾何公差又會由於額外的製造費用而造成浪費，但在大多數的建築圖形中，形狀位置公差幾乎不存在。

在幾何公差中，特徵控制框至少包含幾何特徵符號、公差值、材料條件、基準等部分，各組成部分的意義如下：

幾何特徵：用於表明位置度、同心度、對稱性、平行度、垂直度、角度、圓柱度、平直度、眞圓度、眞直度、面剖、線剖、環形偏心度及總體偏心度等。

直徑：用於指定一個圓形的公差帶，並放於公差值前。

公差值：用於指定特徵的整體公差的數值。

材料條件：用於大小可變的幾何特徵，有 M 、S 、L 與空白 4 個選擇，其中 M 表示最大材料條件，幾何特徵包含規定極限尺寸內的最大容量，L 表示最小包含條件，幾何特徵包含規定有限尺寸內的最小包含量，S 表示不考慮特徵尺寸，這時幾何特徵可能是規定極限尺寸內的任意大小。

基準：特徵控制框中的公差值，最多可跟隨 3 個可選的基準參照字母及其修飾符號。

幾何公差對話框：點選註解標籤頁中選擇標註選單中的 ，會開啟幾何公差對話框。

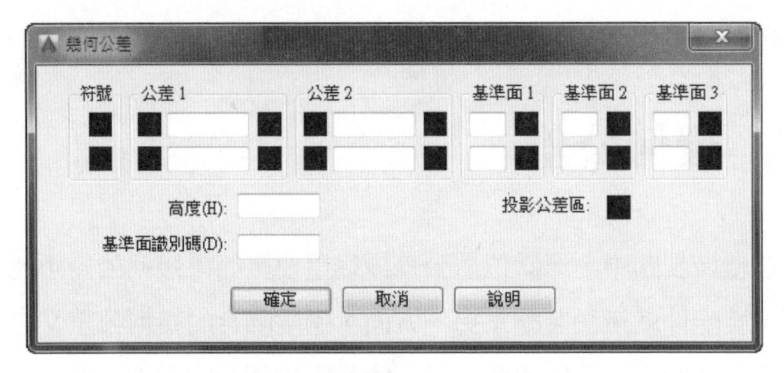

圖 6-21

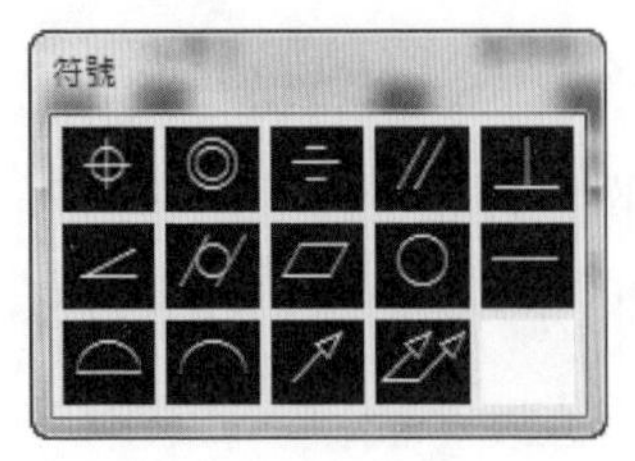

圖 6-22

在機械圖面中，如果需要使用到幾何條件對話框，實際應用時，可以進入管理多重引線型式選單來新增一組專用引線。

小試身手：

以建立表面加工符號為例來做說明，步驟如下：

1. 輸入 POL，輸入 4，輸入 E，於繪圖區點擊任一點，再將滑鼠水平往右移動輸入 5。
2. 點選插入選單，點擊圖塊定義區中定義屬性 按鈕，於對話框中標籤欄輸入 DATUM，提示欄輸入「輸入基準面標識」，預設欄輸入 A，對正方式為正中，文字高度設為 3，按下確定按鈕。

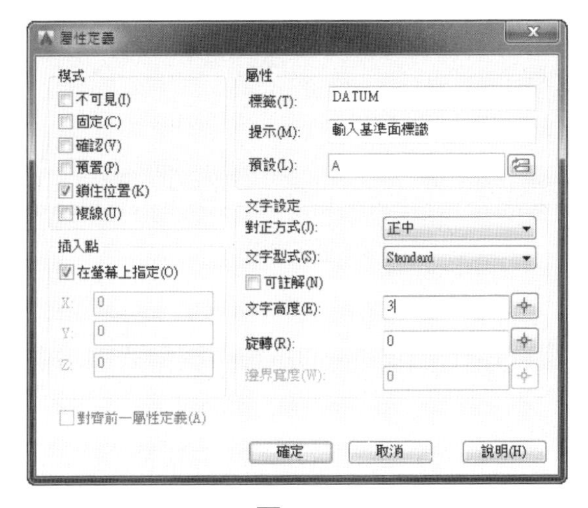

圖 6-23

3. 點擊四方形中心確定。

4. 輸入 B ，建立圖塊。出現圖塊定義對話框，於名稱欄中輸入 Datum，點選 點選點(K) 按鈕，指定圖塊插入點位於下水平線中點，點選 選取物件(T) 按鈕，框選整個物件，並設定原圖形於建立完圖塊後刪除，按下確定按鈕。

圖 6-24

5. 點選常用標籤頁在註解選單中的多重引線型式選單中的管理多重引線型式。

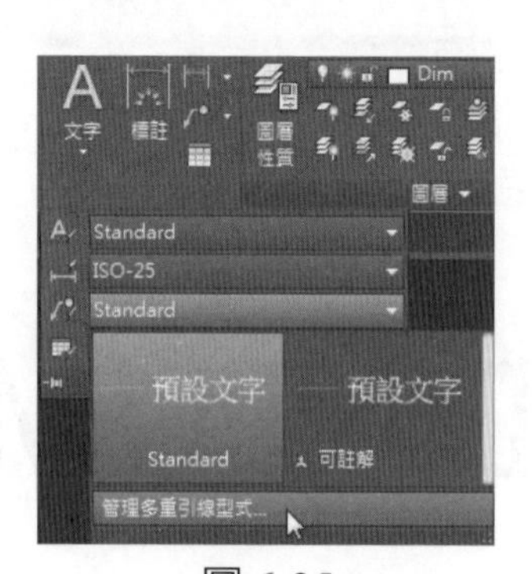

圖 6-25

6. 出現多重引線型式管理員對話框，點選新增按鈕，新型式名稱欄中輸入 Datum⇨ 繼續。

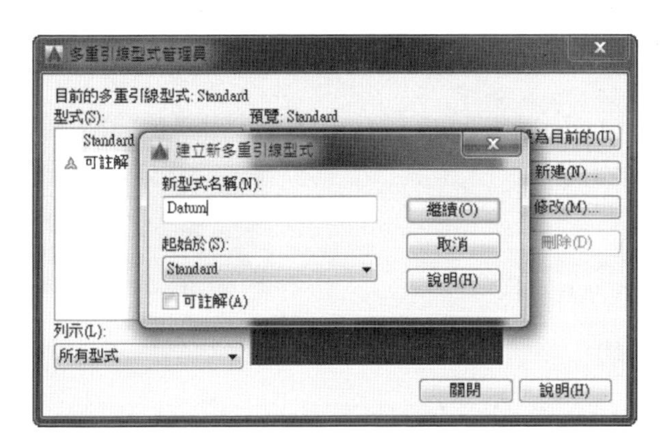

圖 6-26

7. 在修改多重引線型式對話框中，將箭頭改為基準實心正三角形。

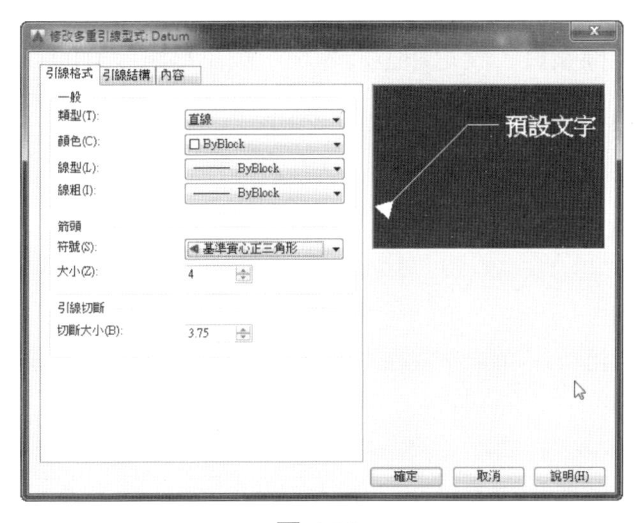

圖 6-27

8. 點選引線結構標籤頁，根據圖 6-28 修改數值，注意連字線距離設為 0 後再取消核取方塊。

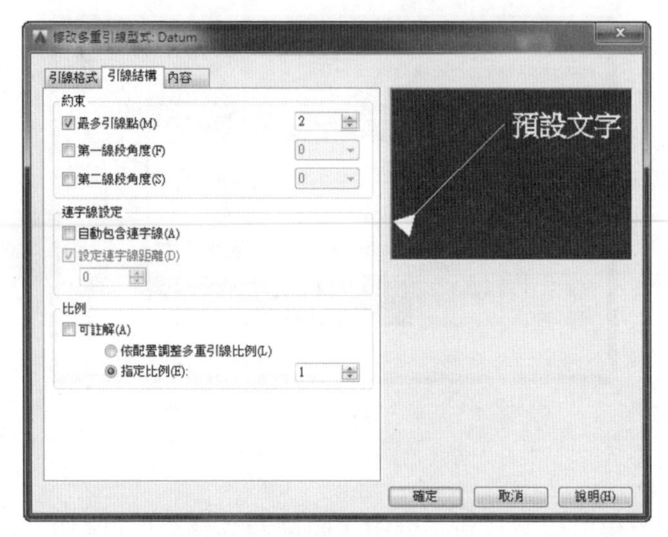

圖 6-28

9. 點選內容標籤頁，設定類型為圖塊，設定為剛建立的圖塊，設定以圖塊插入點貼附，確定。

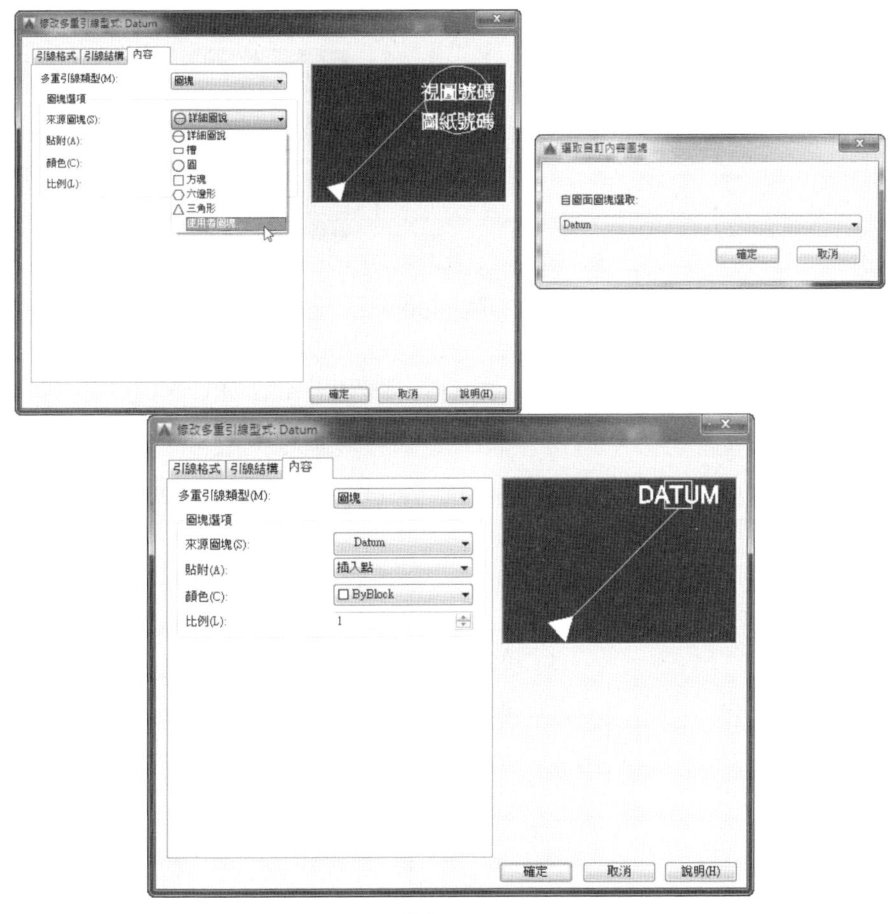

圖 6-29

10. 畫出圖 6-30 後，確認多重引線型式為 DATUM。

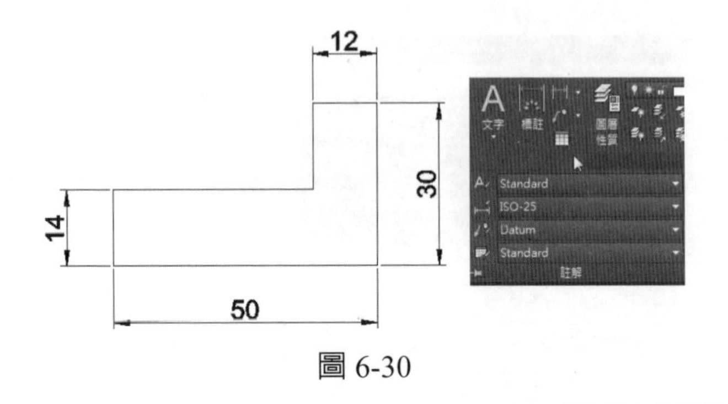

圖 6-30

11. 點選 引線按鈕，輸入 NEAR，點擊圖 6-31 水平線上任一點，將滑鼠垂直上移至適當位置，點擊左鍵確認位置後，再於編輯屬性對話框中輸入 A 做為基準面標識代號，點擊確定按鈕完成擺放。

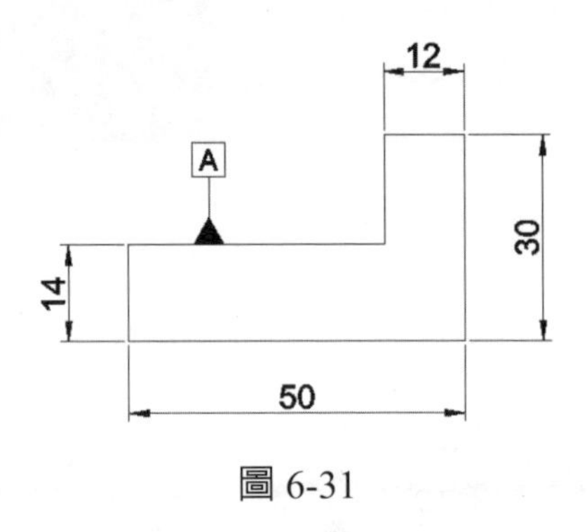

圖 6-31

12. 輸入 TOL ，點擊黑區塊輸入適當之幾何公差符號與公差值，設定參考之基準面，確定。

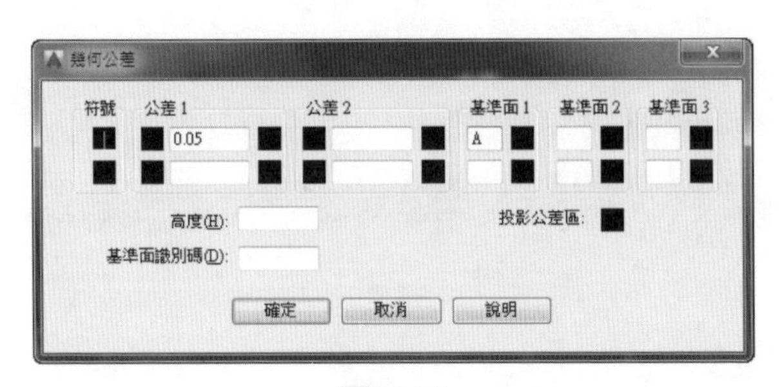

圖 6-32

13. 點擊尺寸線 12 的右節點擺放幾何公差。

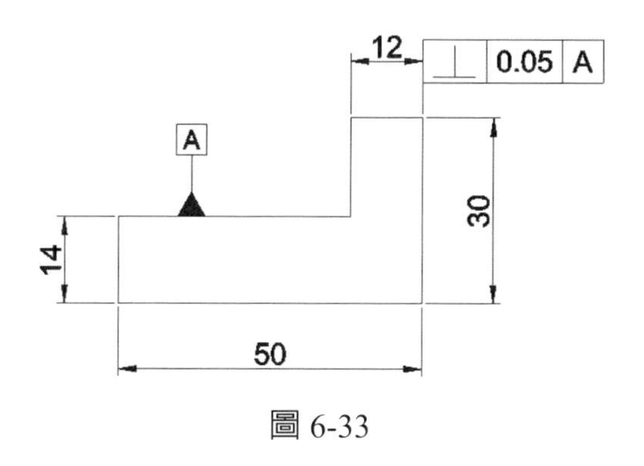

圖 6-33

註：點擊圖檔公用程式選單中的清除，或輸入 PU 指令（PURGE），可以移除圖面中未使用的具名物件，例如圖塊定義和圖層；於指令提示下，從圖面移除未使用的具名物件。可以一次只移除特定項目或是全部清除，直至沒有未參考的具名物件，此動作也可以對檔案進行瘦身。

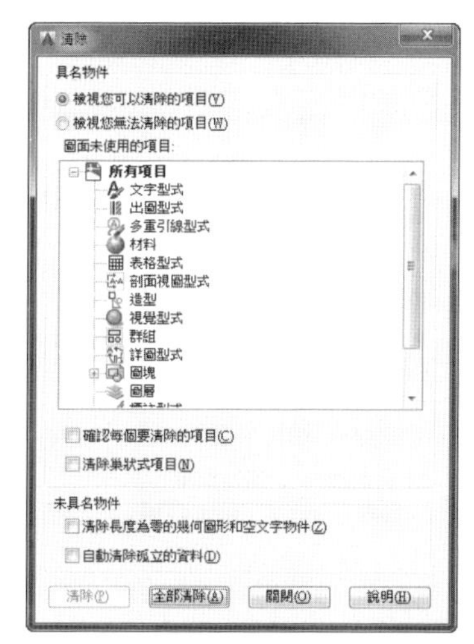

圖 6-34

6-6 出圖與列印

建立完圖形之後，通常要列印到圖紙上，也可以生成一份電子圖紙，以便在網路上交流，列印的圖形可以包含圖形的單一視圖，或者更為複雜的視圖排列。根據不同的需要，可以列印一個或多個視埠，或設定選項以決定列印的內容和圖像在圖紙上的布置。

- 預覽列印
- 輸出圖形

在列印輸出圖形之前可以預覽輸出結果，以檢查設定是否正確。例如，圖形是否都在有效輸出區域內等。輸入指令（PREVIEW），或選擇檔案 ⇨ 列印 ⇨ 出圖預覽，可以預覽輸出結果。當選擇檔案 ⇨ 列印 ⇨ 出圖時，會出現出圖視窗（圖 6-35），從中可以進行相關繪圖機、出圖範圍、圖筆指定等設定。

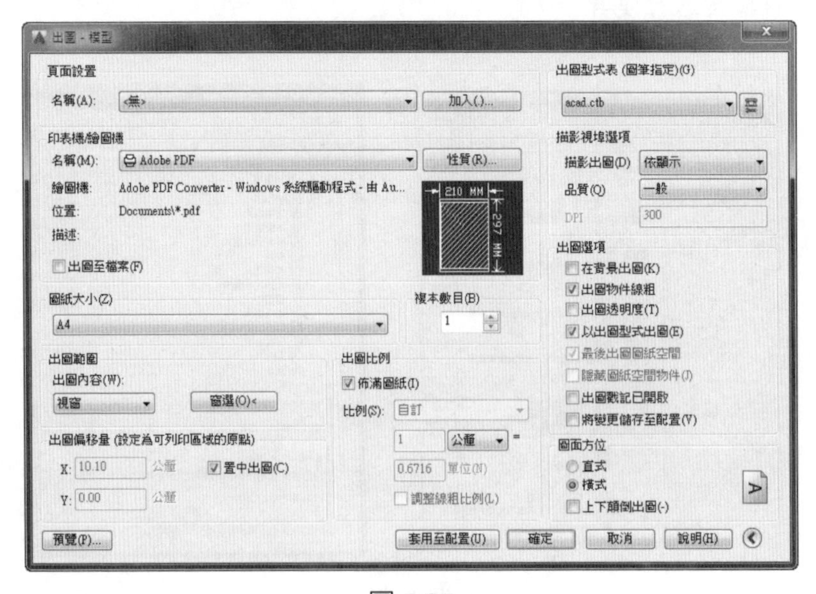

圖 6-35

第 7 章

三維實體設計

1 三維圖形的觀察
2 座標系
3 基本實體繪製
4 三維實體的編輯

本章主要說明三維座標表示與使用基本指令繪製三維實體，以及透過對二維圖形進行拉伸、旋轉等操作建立各種各樣的複雜實體。在工程設計和繪圖過程中，三維圖形應用越來越廣泛。一般 CAD 軟體多以3種方式來表示立體圖形，即線架構模型、曲面模型與實體模型。線架構模型方式爲一種輪廓模型，它由三維的直線和曲線組成，沒有面和體的特徵。曲面模型是以面來描述三維物件，它不僅定義了三維物件的邊界，而且還定義了表面及具有面的相關特徵。實體模型不僅具有線和面的特徵，而且還具有體的特徵，各實體間可以進行各種布林運算操作，進而建立複雜的三維實體圖形。

使用 3D 指令，除可以在 2D 環境操作外，建議點擊圖 7-1(a) 繪圖工具設定中的 按鈕，於選單（圖 7-1(b)）中點選 3D 塑型。系統的繪圖工具列將會切換成適用於 3D 繪圖的指令（圖 7-1(c)）。

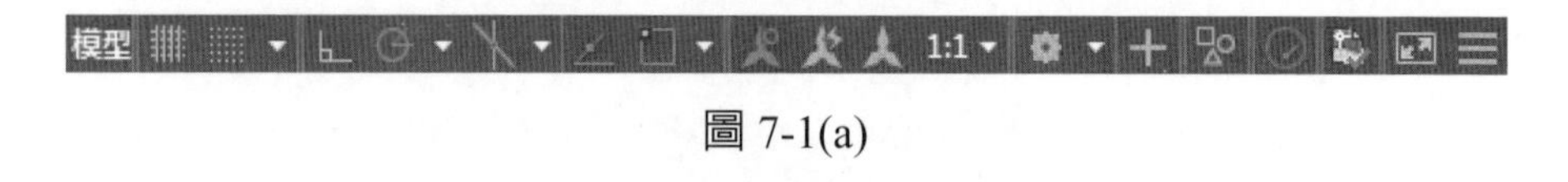

圖 7-1(a)

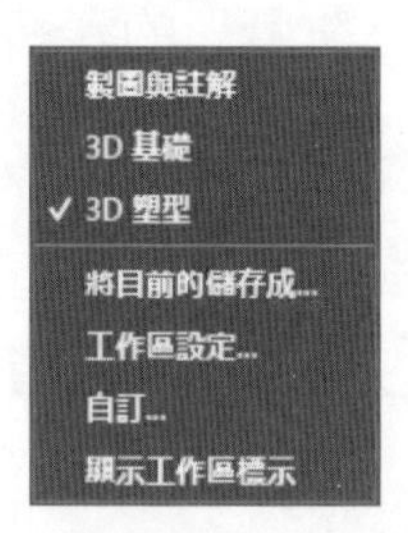

圖 7-1(b)

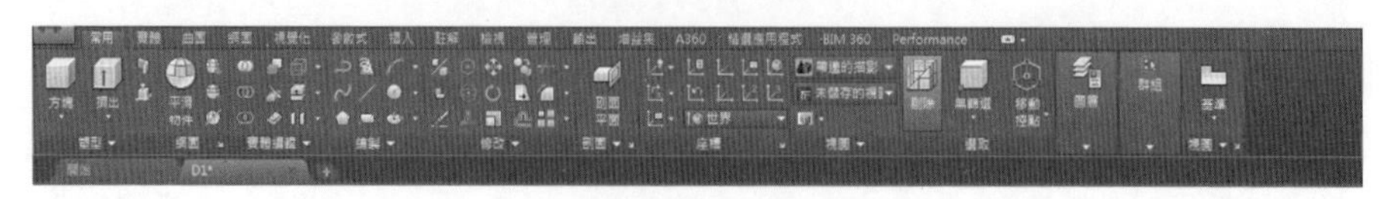

圖 7-1(c)

7-1 三維圖形的觀察

在 AutoCAD 中，可以透過縮放或平移三維圖形以觀察圖形的整體或局部。其方法與觀察平面圖形的方法相同。此外，在觀測三維圖形時，還可以透過旋轉、隱藏及著色等方法來觀察三維圖形。

1. **隱藏圖形**

在繪製三維曲面及實體時，為了更好的觀察效果，可暫時輸入 HIDE ，隱藏位於實體背後而被遮擋的部分。此法是臨時性的顯示，當圖形畫面一變動，便恢復線架構模式。

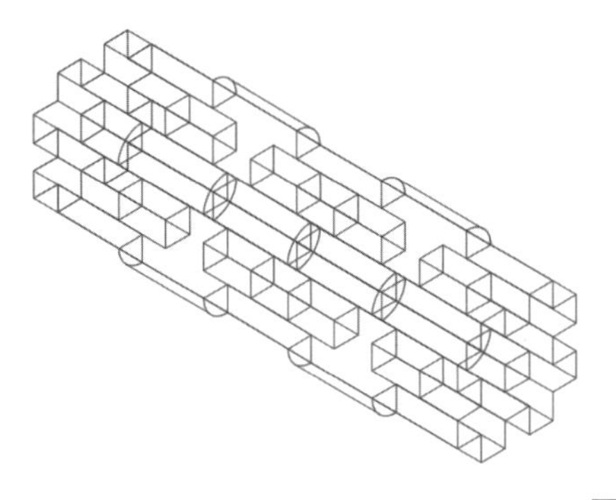

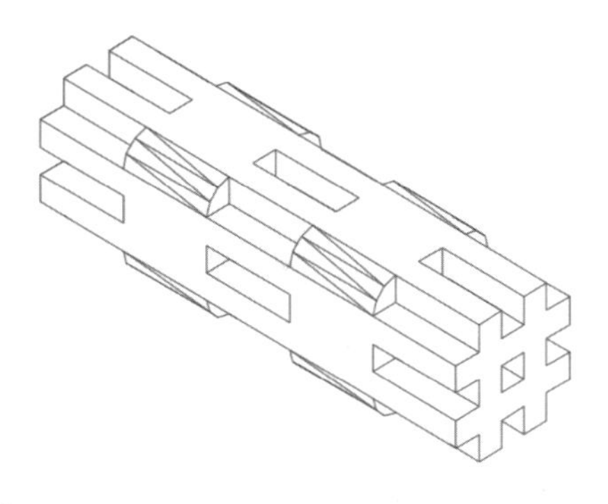

圖 7-2

2. **著色圖形**

在AutoCAD中，使用SHA指令（如圖7-3(a)），可生成2D線架構、線架構、隱藏、擬眞、概念、描影、帶邊的描影、灰色的深淺度、手繪、X射線與其他。例如以帶邊描影方式顯示，如圖7-3(b)所示。

(1) 2D 線架構與線架構：都是用直線和曲線來顯示物件的邊界。

(2) 隱藏：用三維線架構來表現物件，同時隱藏視覺看不見的線。

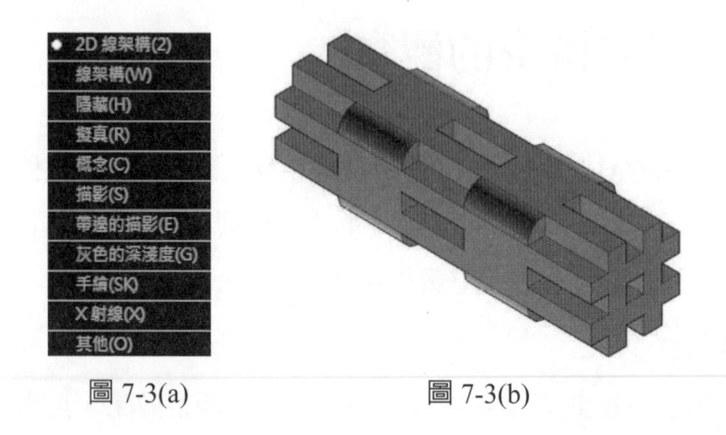

圖 7-3(a)　　圖 7-3(b)

(3) 擬眞：用於對多邊形平面之間的物件進行著色，並使其邊緣平滑，提供物件一個平滑具有眞實感的外觀。

(4) 概念：用於在面之間著色物件，著色的物件較不細緻平滑。

(5) 描影：合併平面著色。

(6) 帶邊的描影：合併體著色和線架構選項。

註：操作時可以透過輸入 3D 指令進行對三維物件的動態觀察，藉由移動滑鼠游標，改變方位視角以利觀察物件。

7-2　座標系

系統提供的原始座標系稱爲世界座標系（WCS），對於二維繪圖而言已相當足夠，然而對於三維繪圖，單憑世界座標系及系統據此產生的各個方位的視圖面（會各自產生相對應的 X 與 Y 軸，Z 軸根據該 X 、Y 位置自動定位）有時仍顯不足，因此便有使用者座標系統（User Coordinate System, UCS）出現，這是使用者爲方便繪圖而自行定義的參考座標系統，其好處如下：

1. 重新定義座標之原點位置或將座標旋轉一角度，可方便座標值的輸入，可如同在水平之 X-Y 平面上製圖一般。
2. 可儲存多個不同的UCS，於不同的狀況在不同的UCS上繪製圖形。
3. 格點與鎖點會隨著使用者座標系統旋轉角度而改變。
4. 可將 3D 繪圖工作，變成以 2D 的方式處理。

使用時輸入 UCS 指令會出現副選單，如下：

```
UCS 指定 UCS 的原點或 [面(F) 具名(NA) 物件(OB) 前一個(P) 視圖(V) 世界(W) X Y Z Z 軸(ZA)] <世界>:
```

(1) 原點：設定使用者座標系統的原點位置。

(2) 世界 UCS（W）：預設為世界座標系統為使用者座標系。

(3) 面（F）：以實體物件的面為使用者座標系。

(4) 具名（NA）：取出一個儲存（具名）的使用者座標系成為目前的使用者座標系

(5) 物件（OB）：設定使用者座標系統平行於某一物件所在的平面。

(6) 前一個（P）：依序回溯至先前的使用者座標系。

(7) 視圖（V）：設定目前的使用者座標系統平行於目前觀測點及視圖面的平面上。

(8) Z 軸（ZA）：由所選取的原點及在 Z 軸正向上的一點，來設定使用者座標系。

(9) 3 點 UCS（3 point）：由所選取的原點、正 X 軸上的一點、UCS X-Y 平面 Y 軸正向的點等 3 點，設定使用者座標系所在位置與 X 軸和 Y 軸的方向。

(10) X 、Y 、Z：繞著 X 軸或 Y 軸或 Z 軸旋轉某一角度來定義使用者座標系。

7-3 基本實體繪製

方法一、使用基本塑型指令

在 AutoCAD 中提供基本的塑型工具，選單中的指令可以繪製方塊、圓柱、圓錐、圓球、角錐、楔形塊及圓環等基本實體模型。

圖 7-4

1. 輸入 BOX 指令，在建立方塊時，其底面應與目前座標系的 XY 平面平行，方法主要有指定方塊角點和中心兩種。
2. 輸入 CYLINDER 指令，可以繪製圓柱體或橢圓柱體。
3. 輸入 CONE 指令，即可繪製圓錐體或橢圓形錐體。
4. 輸入 SPHERE 指令，可以繪製球體。
5. 輸入 PYRAMID 指令，可以繪製指定邊數的角錐體。
6. 輸入 WEDGE 指令，可以繪製楔形塊。由於楔形塊是長方體沿對角線切成兩半後的結果，因此可以使用與繪製長方體同樣的方法來繪製楔形塊。

7. 輸入 TORUS 指令，可以繪製圓環實體，此時需要指定圓環的中心位置、圓環的半徑或直徑，以及圓管的半徑或直徑。

方法二、利用二維圖形建立實體

在 AutoCAD 中，輸入 EXTRUDE 指令，可以將 2D 物件沿 Z 軸或某個方向拉伸成實體。拉伸物件被稱爲截面，可以是任何 2D 封閉多段線、圓、橢圓、封閉雲形線和面域。

使用實體旋轉 REVOLVE 指令，可將二維物件繞某一軸旋轉生成實體。用於旋轉的二維物件可以是封閉多段線、多邊形、圓、橢圓、封閉樣條曲線、圓環及封閉區域。三維物件包含在塊中的物件，有交叉或自干涉的多段線不能被旋轉，而且每次只能旋轉一個物件。

7-4　三維實體的編輯

本節重點是了解如何使用三維實體的布林運算來建立複雜實體、使用三維陣列、鏡射、旋轉以及對齊等指令來編輯三維物件。

圖 7-5

在 AutoCAD 中，可以對三維實體進行聯集、差集、交集布林運算來建立複雜實體。

1. 聯集運算：聯集是指將兩個實體所占的全部空間作爲新物體，指令

UNION。

2. 差集運算：指 A 物體在 B 物體上所占空間部分清除，新物體可以是 A-B 或 B-A，指令 SUBTRACT。
3. 交集運算：是指以兩個實體的共同部分做爲新物體，指令 INTERSECT。

使用聯集的步驟：

1. 點選實體編輯工具列中的 聯集按鈕，或輸入 UNI。
2. 爲聯集選擇一個實體。
3. 選擇另一個實體。

使用差集的步驟：

1. 在實體編輯工具列中點擊一下差集 按鈕，可以進行差集運算。
2. 選擇一個或多個要被減去的實體，然後按 ENTER 鍵。
3. 選擇要減去的實體，然後按 ENTER 鍵，即可從步驟 2 的實體中減去所選定的實體。

使用交集的步驟：

1. 點選實體編輯工具列的交集 按鈕。
2. 選擇一個相交實體。
3. 選擇另一個相交實體，按 ENTER 鍵結束指令。

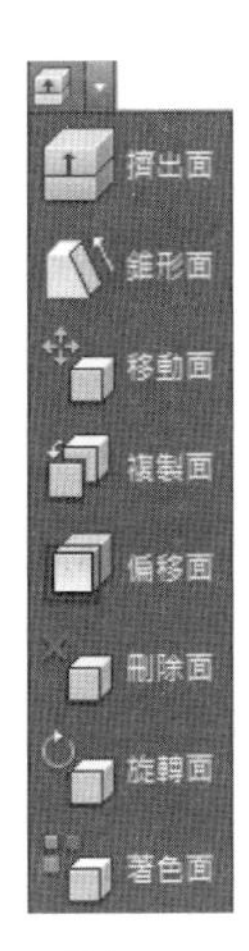

圖 7-6

實體編輯區中相關編輯按鈕（圖 7-6）的含義：

1. 擠出面：將選定的三維實體物件的面拉伸到指定的高度或沿一路徑拉伸。
2. 錐形面：將選定的三維實體物件的面以指定的角度推拔。
3. 移動面：沿指定的高度或距離移動選定的三維實體物件的面。
4. 複製面：從三維實體上複製指定的面。
5. 偏移面：將選定的三維實體物件的面依指定的距離或透過指定的點，將面均勻地偏移。正值增大實體尺寸或體積，負值減小實體尺寸或體積。
6. 刪除面：從選擇集中刪除先前選擇的邊。
7. 旋轉面：繞指定的軸旋轉一個面、多個面或實體的某些部分。
8. 著色面：從三維實體上給指定的面著上指定顏色。
9. 切割：用於布林運算後的物體。
10. 薄殼：選擇三維物體右擊確定，然後輸入薄殼的厚度，用差集布林運算相減就能看出效果。

建立實體薄殼的步驟：

1. 按一下常用標籤頁 ⇨ 實體編輯區下拉式功能表 薄殼。

圖 7-7

2. 選取 3D 實體物件。
3. 選取要從薄殼作業中排除的一個或多個面，然後按 ENTER。
4. 指定薄殼偏移距離。正的偏移值會在面的正方向上建立薄殼，負值會在面的反方向建立薄殼。
5. 按 Enter 完成指令。

除了上述的擠出指令，還可以輸入按拉 PRESSPULL 指令，選取一個 2D 物件、封閉邊界形成的區域或 3D 實體面後，移動滑鼠時可以看到拖拉所對應選取物件的類型，來建立擠出和偏移。該命令會自動重複執行，直到按 Esc、Enter 或空格鍵爲止。

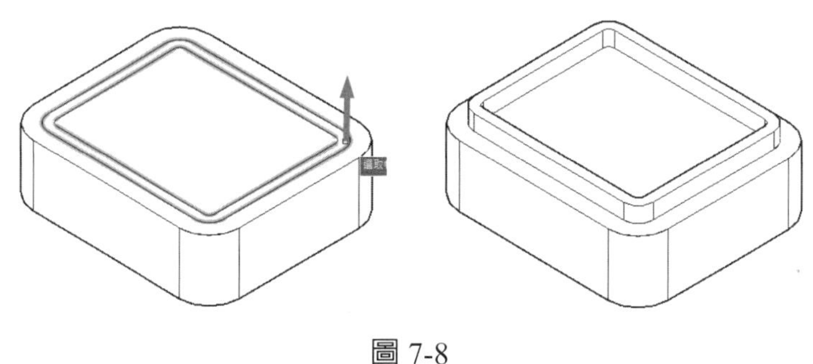

圖 7-8

另外，對於已知各斷面的尺寸與距離時，可以利用混成 LOFT 指令來完成在多個不同距離斷面間建立 3D 實體或曲面，透過這些斷面的定義來產生實體或曲面的造型，必須至少指定兩個斷面。混成斷面可以是開放的也可以是封閉的、可以是平面的也可以是非平面的；開放斷面會建立曲面，封閉斷面會建立實體或曲面，取決於指定的模式。

在 AutoCAD 中，選擇實體修改功能表中的指令，可以對三維空間中的物件進行陣列、鏡射、旋轉及對齊操作。

圖 7-9

1. 輸入三維陣列 3DARRAY 指令，可以在三維空間中使用環形陣列或矩形陣列方式複製物件。
2. 輸入三維鏡射 MIRROR3D 指令，可以在三維空間中將指定物件相對於某一平面鏡射。執行該指令並選擇需要進行鏡射的物件，然後指定鏡射面。鏡射面可以透過 3 點確定，也可以是物件、最近定義的面、Z 軸、視圖、XY 平面、YZ 平面和 ZX 平面。

3. 輸入三維旋轉 ROTATE3D 指令，可以使物件繞三維空間中任意軸（X 軸 Y 軸或 Z 軸）、視圖、物件或兩點旋轉，其方法與三維鏡射圖形的方法相似。

4. 輸入對齊 ALIGN 指令，可以對齊物件。對齊物件時需要確定 3 組點，每組點都包括一個來源點和一個目的點。第 1 組點定義物件的移動，第 2 組點定義二維或三維變換和物件的旋轉，第 3 組點定義物件的三維變換，當未指定第三點時，系統會要求是否依對齊物件進行比例縮放。

第 8 章

綜合練習

本章所有練習均附有二維碼，讀者只需使用行動裝置掃描該二維碼，即可透過網路影片輔助學習。

8-1　線段練習

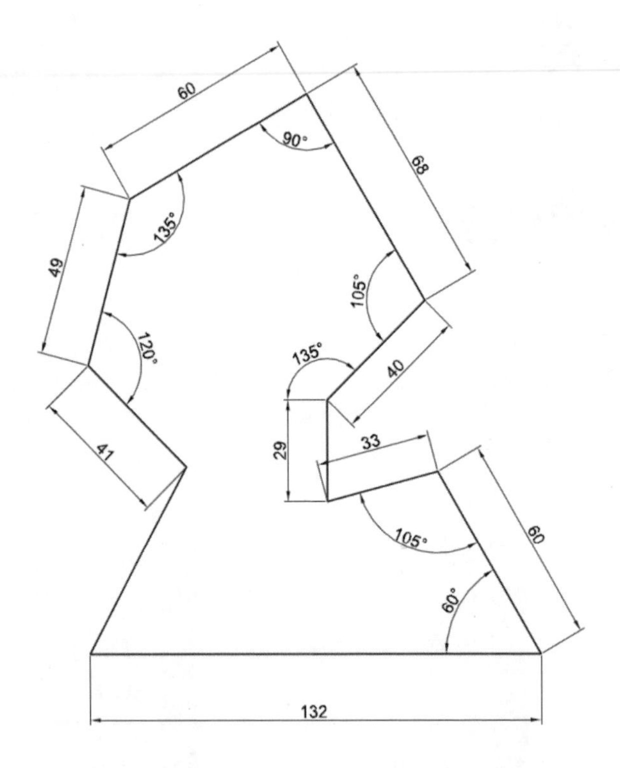

1. 輸入 L，在繪圖區中任意點擊一點，再將滑鼠水平移動（出現極座標追蹤線），輸入 132，再將滑鼠朝左上偏移，當出現 120 度時（極座標追蹤線），輸入 60，（註：此處極座標角度設定為 15 度），按 ESC 離開。

2. 輸入 RO，選取 60 長的線段，指定左上端點爲旋轉中心，輸入 C，輸入 -105。
3. 輸入 LEN ，輸入 T ，輸入實長爲 33，點選旋轉線段的左側，此時線段將爲 33 長。
4. 輸入 L ，點選線段左端點，再將滑鼠垂直移動（出現極座標追蹤線），輸入 29，再將滑鼠朝右上偏移，當出現 45 度時（極座標追蹤線），輸入 40，按 ESC 離開。
5. 輸入 RO，選取 40 長的線段，指定右上端點爲旋轉中心，輸入 C，輸入 -105。
6. 輸入 LEN ，輸入 T ，輸入實長爲 68，點選旋轉線段的左上側，此時線段將爲 68 長。
7. 輸入 RO ，選取 68 長的線段，指定左端點爲旋轉中心，輸入 C ，輸入 -90。
8. 輸入 LEN ，輸入 T ，輸入實長爲 60，點選旋轉線段的左側，此時線段將爲 60 長。
9. 輸入 RO ，選取 60 長的線段，指定左端點爲旋轉中心，輸入 C ，輸入 -135。
10. 輸入 LEN ，輸入 T ，輸入實長爲 49，點擊線段的左下側，此時線段將爲 49 長。
11. 輸入 RO，選取 49 長的線段，指定下端點爲旋轉中心，輸入 C，輸入 -120。
12. 輸入 LEN ，輸入 T ，輸入實長爲 41，點擊線段的右下側，此時線段將爲 41 長。
13. 輸入 L ，點選水平線段左端點，再點擊步驟 12 的線段端點，按 ESC 離開。

8-2 線段練習

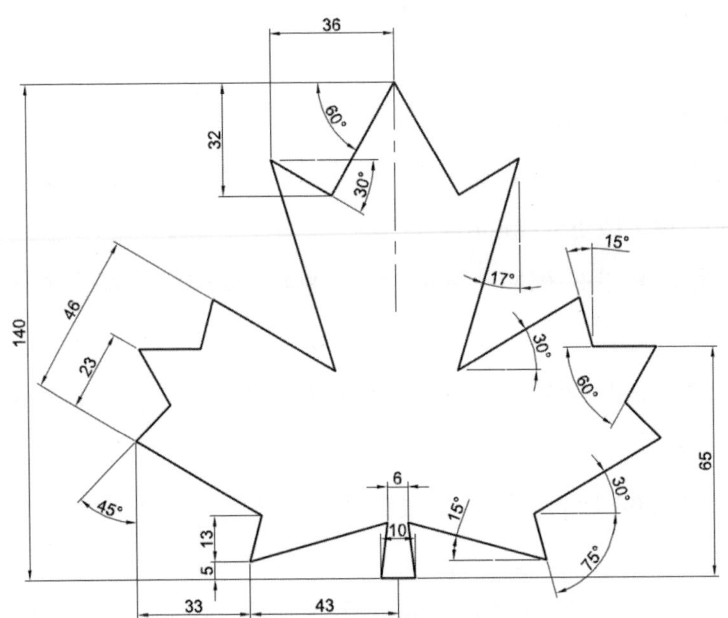

1. 輸入 REC，於繪圖區中點取任一點作爲角點，輸入 76,140。
2. 輸入 X，點選矩形，將矩形分解。
3. 輸入 O ，輸入 32，將頂部水平線向下偏移，按 ESC 離開，按 ENTER，輸入 36，將右垂直線向左偏移，按 ESC 離開。
4. 輸入L，點選右角點，再將滑鼠向左下角移動，當出現 120 度時（極座標追蹤線），沿著追蹤線交於 32 的偏移線後按下左鍵，（註：此處極座標角度設定爲 15 度），再將滑鼠向左上角移動，當出現 150 度時（極座標追蹤線），沿著追蹤線交於 36 的偏移線後按下左鍵，再垂直往下輸入 70（參考長），畫一直線後按 ESC 離開。
5. 刪除 2 條偏移線。

6. 輸入 O ，輸入 3，將右垂直線向左偏移，按 ESC 離開，按 ENTER，輸入 5，點選右垂直線向左偏移，點選下水平線往上偏移，按 ESC 離開，按 ENTER ，輸入 18，點選下水平線往上偏移，按 ESC 離開，按 ENTER，輸入 65，點選下水平線往上偏移，按 ESC 離開，按 ENTER，輸入 43，點選右垂直線向左偏移，按 ESC 離開。

7. 輸入 L ，點選 A 點，再將滑鼠向右上角移動，當出現 15 度時（極座標追蹤線），沿著追蹤線交於 3 的偏移線後按下左鍵，再點選 B 點，按 ESC 離開。

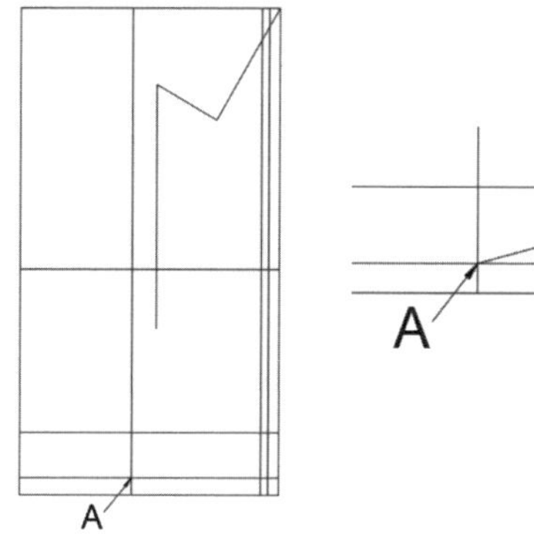

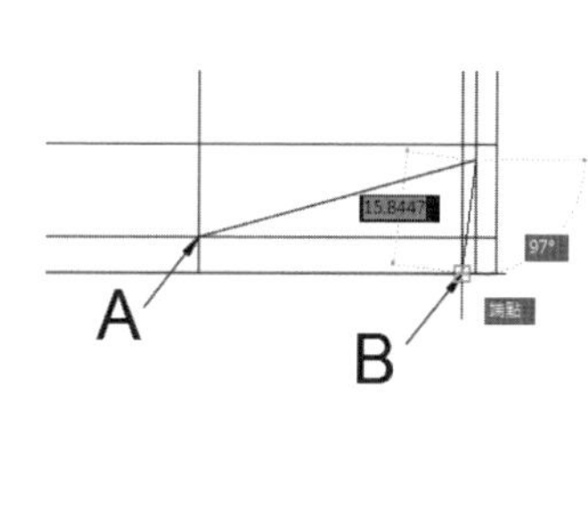

8. 按 ENTER ，點選 A 點，再將滑鼠向右上角移動，當出現 75 度時（極座標追蹤線），沿著追蹤線交於 18 的水平偏移線後按下左鍵，再朝左上角移動滑鼠，當出現 150 度時，沿著追蹤線交於最左的垂直線後按下左鍵，按 ESC 離開。

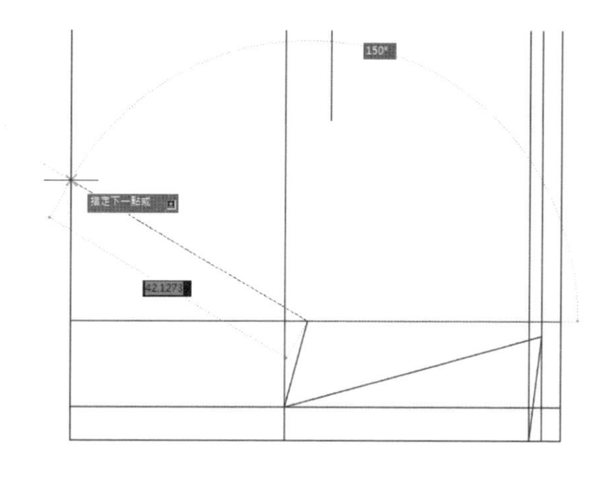

9. 輸入 O ，輸入 23，選取 C 線段，將該線段朝右上偏移，按 ESC 離開。

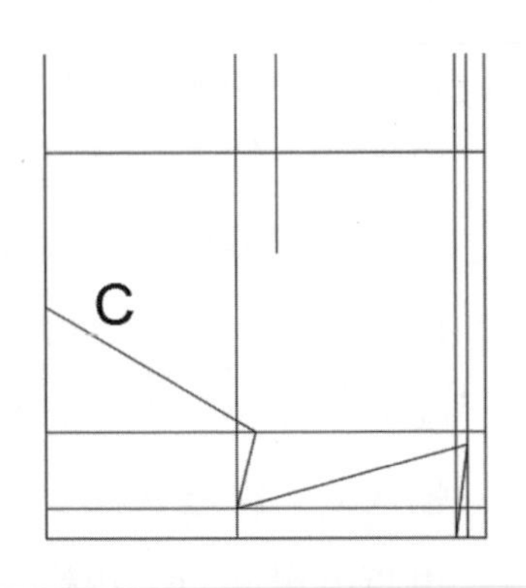

10. 輸入 EX ，點選 D 線段做爲邊界，按下 ENTER，再點選前一步驟偏移線的左上段，將其延伸至 D 線段。

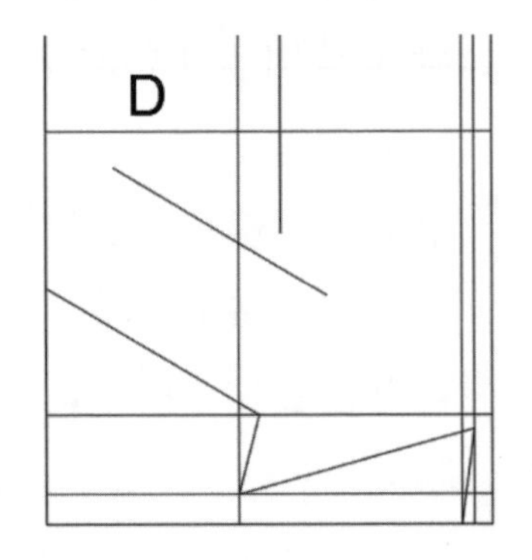

11. 刪除不必要的偏移線。

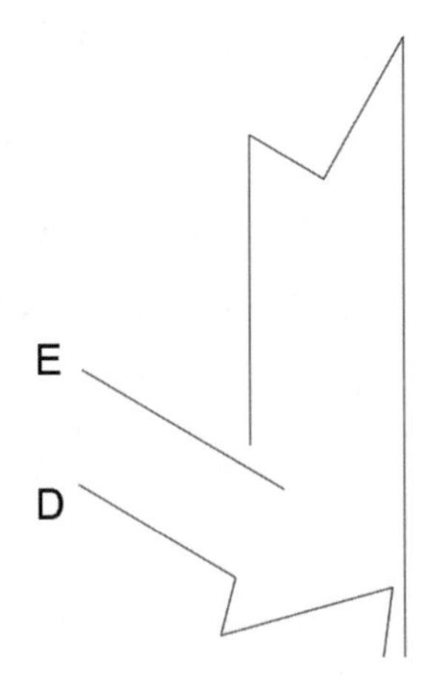

12. 輸入 L ，點選 D 端點，再將滑鼠向右上角移動，當出現 45 度時（極座標追蹤線），沿著追蹤線交於 E 線後按下左鍵，按 ESC 離開，再按 ENTER，點選 E 端點，再將滑鼠向右下角移動，當出現 60 度時（極座標追蹤線），沿著追蹤線交於 F 點後按下左鍵，按 ESC 離開。

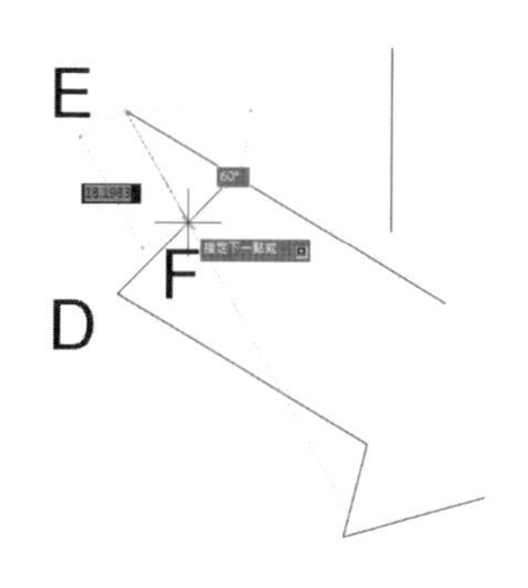

13. 輸入 TR ，連按兩下 ENTER ，將多餘線段修剪。

14. 輸入 MI ，框點圖示箭頭所指之 3 條線段，以 E 線段的兩個端點做為鏡射軸，按 ENTER 離開。

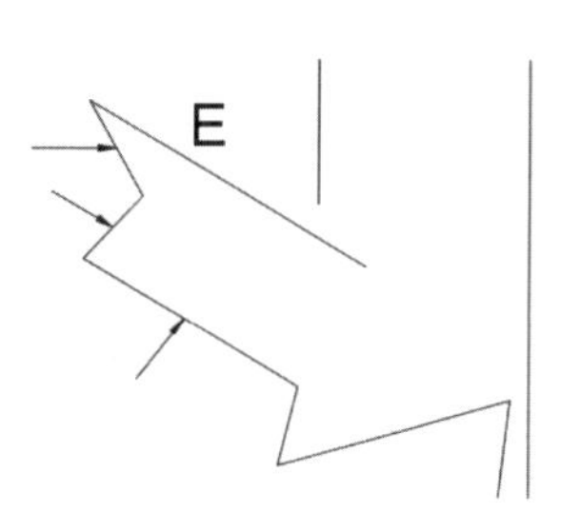

15. 刪除 E 線段。
16. 輸入 RO ，點選 G 線段，點選該線段的頂部端點作為旋轉中心，輸入 17 。
17. 輸入 TR ，按兩下 ENTER ，將多餘線段修剪。
18. 輸入 MI，框選左半邊所有圖形（不包含右垂直線），點選右垂直線的兩個端點做為鏡射軸，按 ENTER 離開，刪除垂直線。

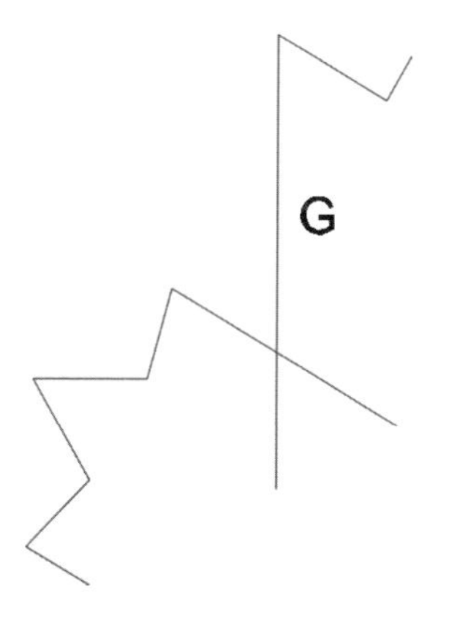

19. 輸入 L ，點選底部線段的端點，繪製一水平線，按 ESC 離開。

8-3 多邊形與陣列

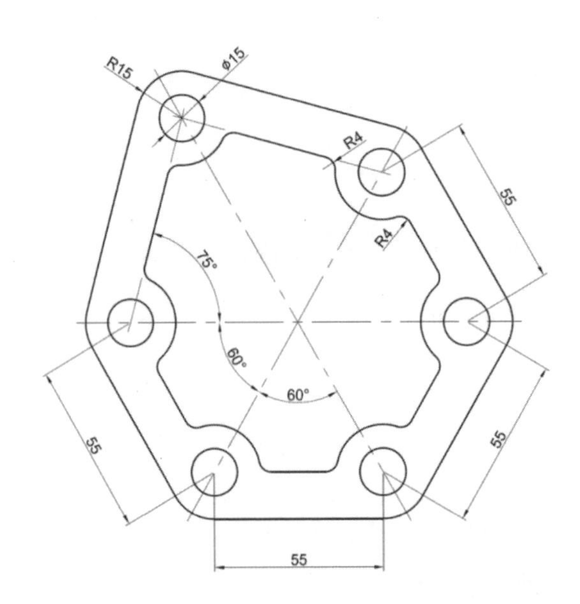

1. 輸入 POL，輸入 6，輸入 E，於繪圖區中點擊一點後，滑鼠水平移動（出現極座標追蹤線），輸入 55。
2. 輸入 C，點選六邊形任一角點做爲中心點，輸入半徑 15。
3. 點選圓，輸入 ARRAYCLASSIC，點選環形陣列，點選中心點按鈕，點擊六邊形中心點，輸入項目數量 6，布滿角度 360，確定。

4. 輸入 O，輸入 15，點選六邊形，朝外偏移並確定，按 ESC 離開。
5. 輸入 X，點選兩個多邊形進行分解。
6. 輸入 RO ，點選 A 、B 線段，點選 C 點，輸入 15 。
7. 按下 ENTER，點選 D、E 線段，點選 F 點，輸入 -15 。
8. 輸入 F，輸入 R，輸入 0，輸入 M，點選旋轉線使其相交，按 ESC 離開。

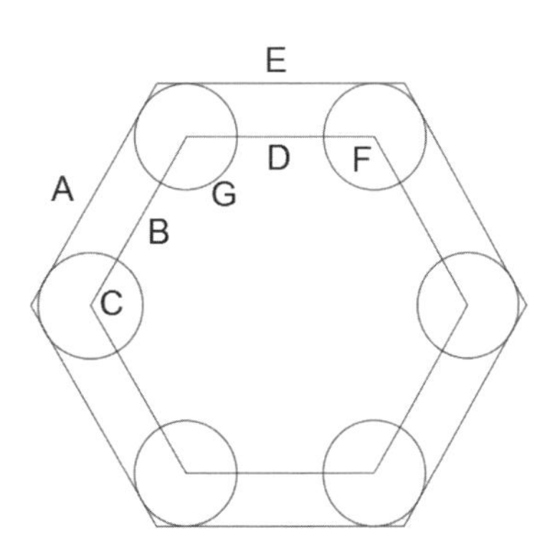

9. 輸入 M ，點選 G 圓中心點，再點選 H 點。

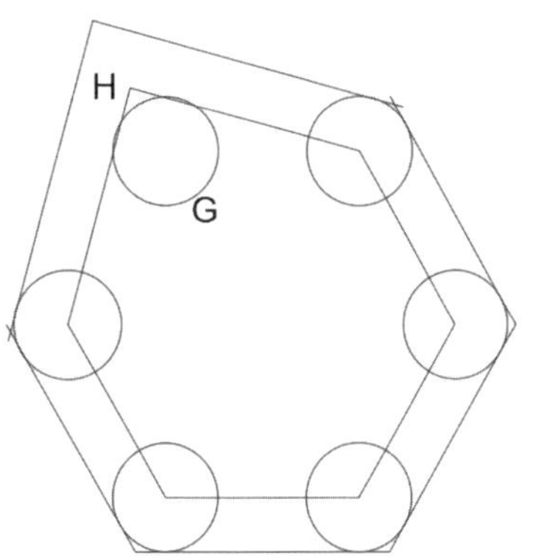

10. 輸入 TR ，點選 6 個圓後按 ENTER ，再將多餘線段修整，按 ESC 離開。

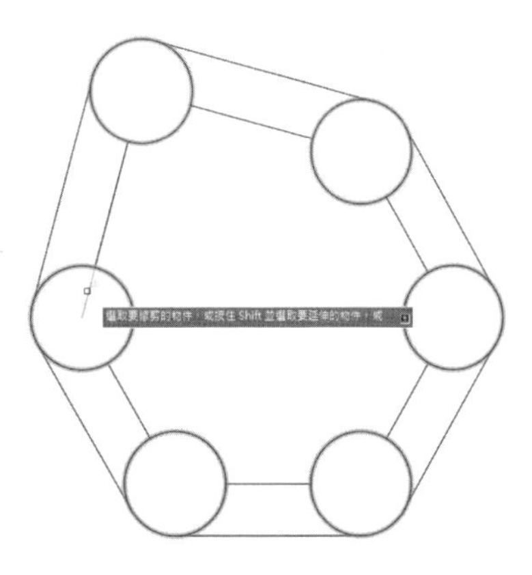

11. 按 ENTER ，點選 12 條線後按 ENTER ，再將多餘圓弧修整，按 ESC 離開。

12. 輸入 F ，輸入 R ，輸入 4，輸入 M ，點選內圓弧段與內直線段進行倒圓，完成後按 ESC 離開。

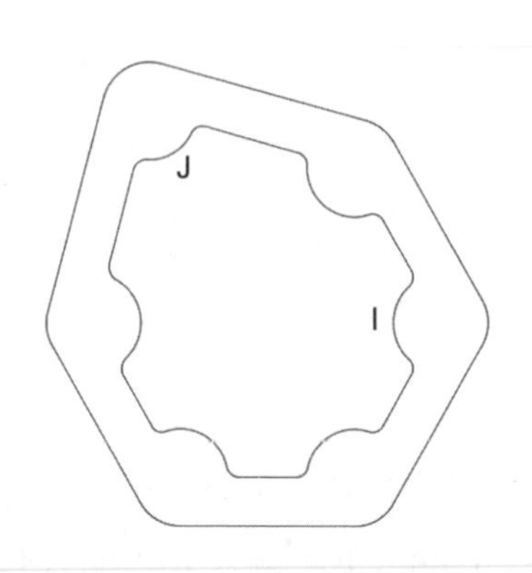

13. 輸入 C ，以 I 圓弧中心點畫圓，輸入半徑 7.5。
14. 點選圓，輸入 ARRAYCLASSIC ，確定。
15. 輸入 M ，點選左上角圓的中心點，再點選 J 弧中心點。

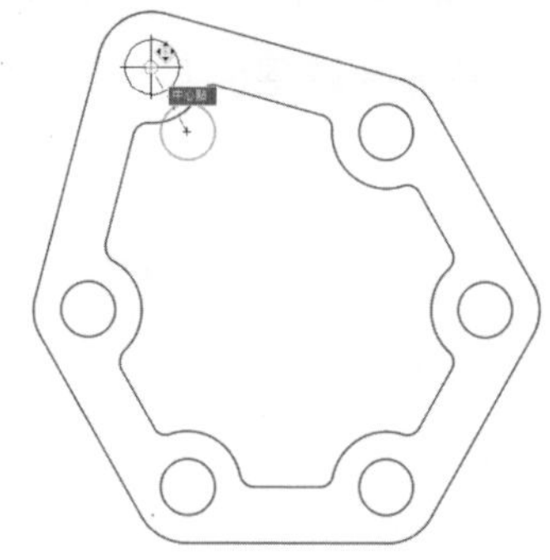

8-4 圓與切弧

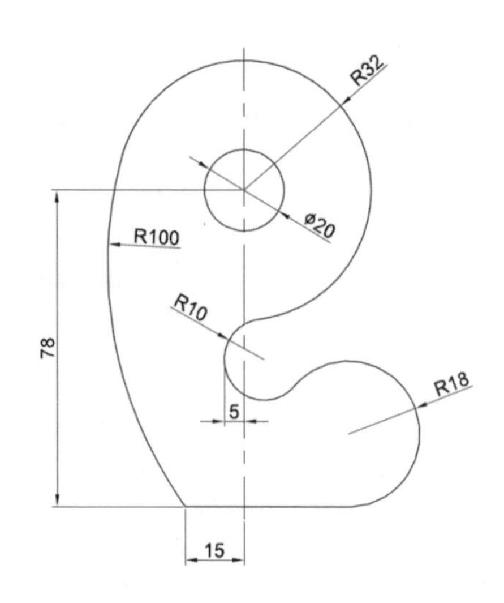

1. 輸入 C，於繪圖區中點取任一點作爲中心點，輸入半徑 10 繪一圓，再次按下 ENTER 鍵，以 R10 的圓心點重複畫一圓半徑爲 32。
2. 輸入 L ，點擊同心圓中心點，將滑鼠垂直下移（出現極座標追蹤線），輸入 78，向左移動輸入 15，按 ESC 離開。
3. 輸入 C ，點擊同心圓中心點，輸入 68，畫一圓。按下 ENTER ，以水平線段的左端點爲中心，輸入半徑 100。
4. 按下 ENTER ，點選兩圓之右交點爲圓心，畫一半徑爲 100 的圓。

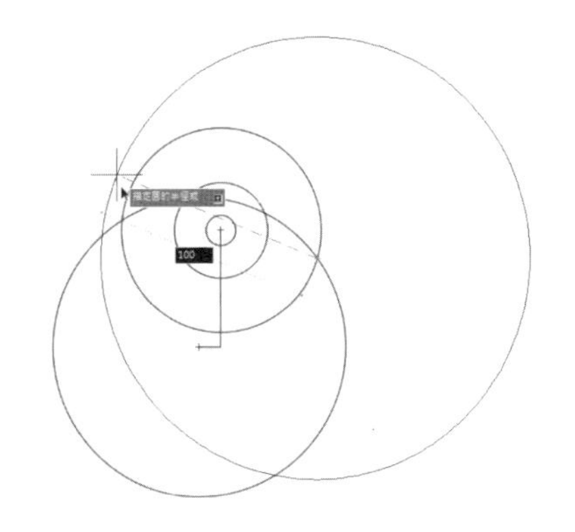

5. 刪除步驟 3 的兩圓。
6. 輸入 TR ，選取外圓與水平線後按 ENTER，點選 R100 圓右側修整。
7. 輸入 LEN ，輸入 T ，輸入 65，點擊水平線右端（65 爲參考長度）。
8. 輸入 O，輸入 5，點選垂直線將其朝左偏移，按 ESC 離開。
9. 輸入 C，輸入 T，點選 R32 圓與偏移線，輸入 10。
10. 按 ENTER，輸入 T，點選 R10 圓與水平線，輸入 18。
11. 輸入 TR ，選取 R32 圓與 R18 圓後按 ENTER ，點選 R10 右圓弧與水平線進行修整。
12. 刪除兩條垂直線。輸入 TR，按 ENTER 兩次，點選 R32 圓與 R18 圓進行修整，按 ESC 離開。

8-5 圓與切弧

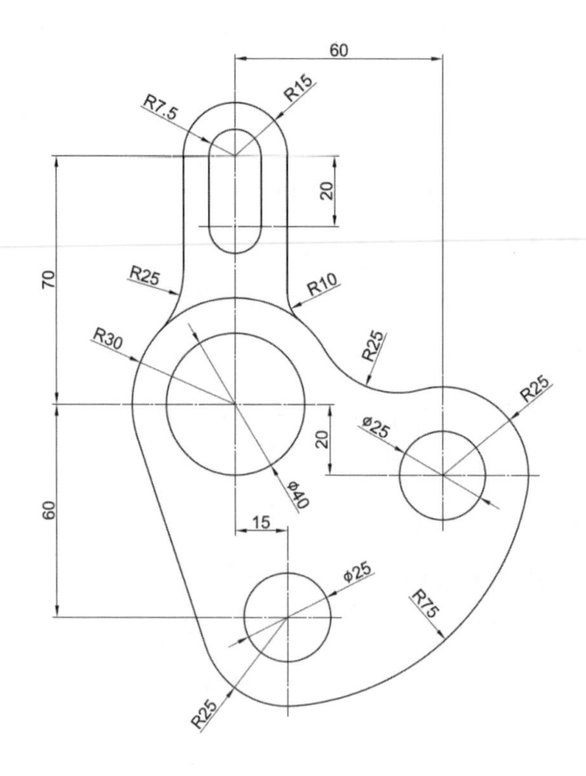

1. 輸入 C，於繪圖區中點取任一點作爲中心點，輸入半徑 20 繪一圓，再次按下 ENTER 鍵，以 R20 的圓心點重複畫一圓，半徑爲 30。
2. 再次按下 ENTER 鍵，輸入 TK 鍵，以同心圓的中心點爲追蹤起點，將滑鼠移向右進行追蹤，輸入 60，再將滑鼠移向下，輸入距離 20，結束追蹤按下 ENTER，輸入半徑 12.5，再按下 ENTER 鍵，重複畫圓指令，以該圓的圓心點爲中心，輸入半徑 25。
3. 再次按下 ENTER 鍵，輸入 TK 鍵，以步驟 1 之同心圓的中心點爲追蹤起點，將滑鼠移向右進行追蹤，輸入 15，再將滑鼠移向下輸入距離 60，結束追蹤按下 ENTER ，輸入半徑 12.5，再按下 ENTER 鍵，重複畫圓指令，以該圓的中心點為圓心，輸入半徑 25。

4. 再次按下 ENTER 鍵，輸入 TK 鍵，以步驟 1 之同心圓的中心點為追蹤起點，將滑鼠移向上進行追蹤，輸入 70，結束追蹤按下 ENTER ，輸入半徑 7.5，再按下 ENTER 鍵，重複畫圓指令，以該圓的中心點為圓心，輸入半徑 15。
5. 輸入 CO ，選取半徑 7.5 的圓後按下 ENTER ，再點選該圓中心點作為複製起點，向下移動輸入 20 後，按下 ENTER。
6. 輸入 ML ，歸零後輸入 S ，指定比例為 30，以步驟 4 的圓心作為多線的起點，向下移動輸入 70，按 ESC 結束指令。
7. 輸入 ML ，歸零後輸入 S ，指定比例為 15，以步驟 4 的圓心作為多線的起點，向下移動輸入 20，按 ESC 結束指令。
8. 輸入 X，將多線分解成直線段。
9. 輸入 L ，直線起點輸入 TAN ，選取步驟 1 之外圓弧左側，再輸入 TAN，選取步驟 3 之外圓左側，完成切線繪製，按 ESC 結束指令。
10. 輸入 F ，輸入 R ，輸入圓角半徑 25，輸入 M（多重），完成半徑 25 的兩處圓角。輸入 R，輸入圓角半徑 10，完成半徑 10 的圓角。
11. 輸入 C ，點選 T ，選取步驟 2 的外圓右側與步驟 3 的外圓下方作為相切點，輸入半徑值 75。
12. 輸入 TR ，按兩次 ENTER 鍵，表示所有的物件都可以被當作邊界，也都可以被修剪，修剪不必要的圖形。（如有單獨物件無法被修剪時，可以選取這些物件後按 DELETE 鍵刪除）
13. 完成。

8-6　矩形與弧

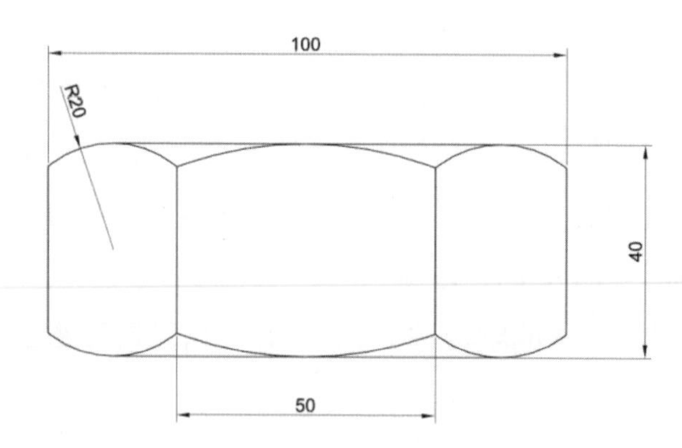

1. 輸入 REC ，於繪圖區中點取任一點作爲起點，再輸入 100,40，完成矩形之繪製，按 ESC 結束指令。
2. 輸入 ML ，輸入 S ，指定比例爲 50，點取上水平線中點作爲多線起點，向下移動輸入 40，按 ESC 結束指令。
3. 輸入 X，將圖形全部窗選起來後，按 ENTER 鍵分解。
4. 輸入 C，輸入 M2P，抓取左邊兩垂直線的中點，輸入半徑 20 。
5. 輸入 MI ，選取圓後按 ENTER ，再抓取上水平線與下水平線的中點作爲鏡射軸，按下 ENTER 保留原圖形。
6. 使用 3 點畫弧指令，選取右圓與垂直線的交點爲弧第一點，再選取上水平線中點爲弧第二點，選取左圓與垂直線的交點爲弧末點。
7. 輸入 MI ，選取弧後按 ENTER ，再抓取左垂直線與右垂直線的中點作爲鏡射軸，按下 ENTER 保留原圖形。
8. 輸入 TR，按兩次 ENTER 鍵，修剪不必要的圖形。
9. 完成。

8-7 多邊形與等分

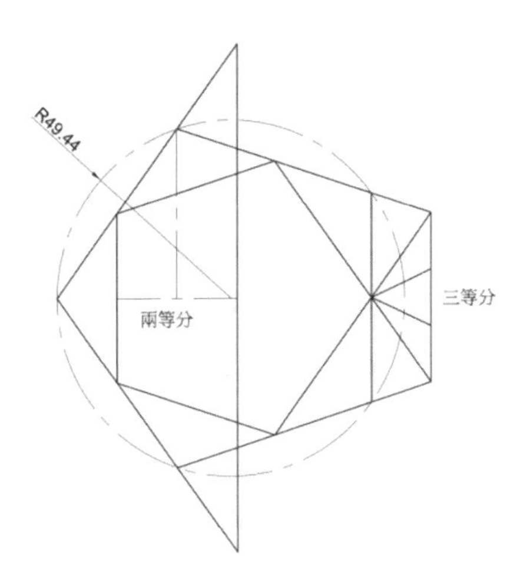

1. 輸入 POL，輸入 5，點選繪圖區中任一點，輸入 I，輸入 49.44，滑鼠移動朝左擺放。
2. 輸入 POL，輸入 5，點選五邊形中心，輸入 I，點選五邊形任一邊之中點。
3. 輸入 RO，選取兩個五邊形，點選五邊形中心，輸入 18 度。
4. 輸入 X，將兩個五邊形分解。
5. 輸入 CO，點選左垂直線，點選該線中點為複製起點，輸入 A，輸入數量 3，將滑鼠移動至五邊形頂點，再垂直向下點擊與水平極座標線相交處，按 ESC 離開。

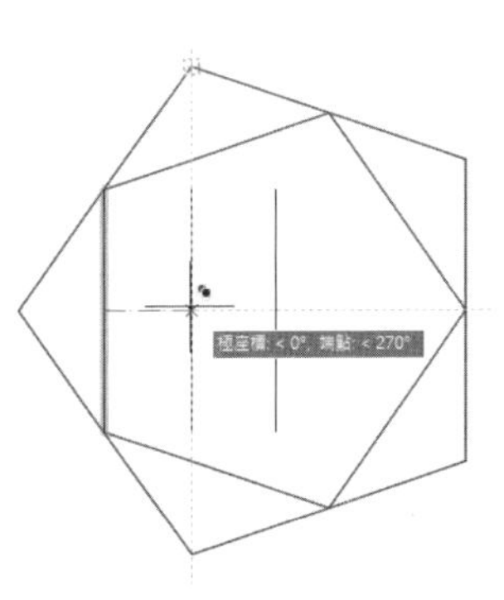

6. 輸入 F ，輸入 R ，輸入 0，輸入 M ，依序點選線段 A～H ，按 ESC 離開，刪除 J 線段。
7. 輸入 L，依序點選右邊兩交點，按 ESC 離開。
8. 輸入 DIV，點選步驟 7 的線段，輸入 3。

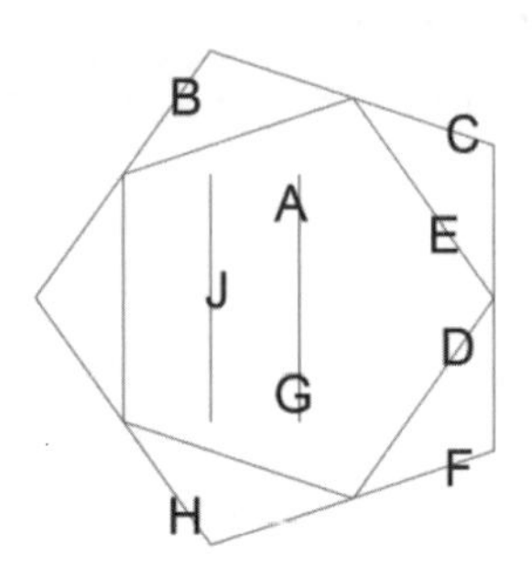

9. 輸入 L ，依序點選 1、2、3 將圖形完成，按 ESC 離開。

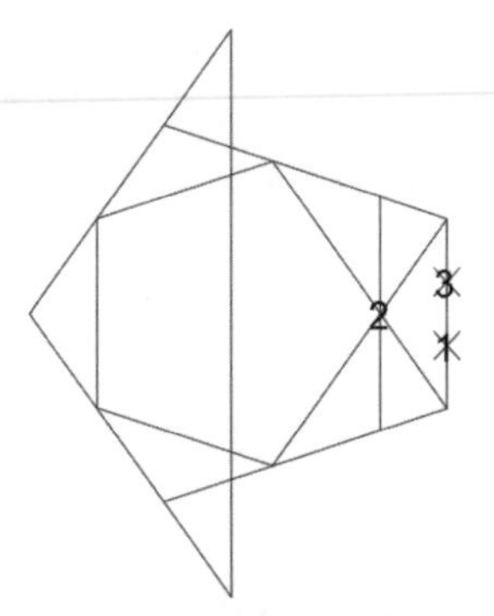

8-8 切線與多線

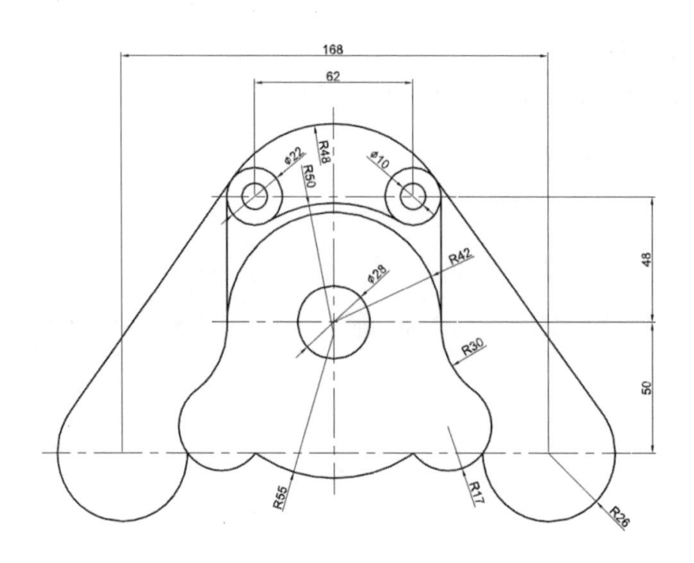

1. 輸入 C，於繪圖區中點取任一點作爲中心點，輸入半徑 5 繪一圓，再次按下 ENTER 鍵，以圓的中心點畫一半徑爲 11 的圓。
2. 輸入 CO ，選取同心圓，點選中心點爲複製起點，將滑鼠向右水平移動，輸入 62，按 ESC 離開。
3. 輸入 F，輸入 R，輸入 50，先後點選 R11 兩圓的下方。
4. 輸入 C，輸入 T，先後點選 R11 兩圓的外側，輸入 48。
5. 輸入 TR，選取兩側外圓後按 ENTER，修整 R50 下半圓。
6. 輸入 ML ，按 J 並歸零，輸入 S ，輸入 84，輸入 M2P ，點選兩同心圓中心作爲起點，將滑鼠垂直向下移動，輸入 48，按 ESC 離開。
7. 輸入 C，輸入 M2P，點選兩線段下之端點，輸入 14。
8. 按 ENTER 鍵，點選 R14 圓中心點，輸入 42。
9. 輸入 TR，選取多線後按 ENTER，將 R42 下半圓修整。
10. 輸入 ML ，輸入 S ，輸入 168，點選 R14 中心點，將滑鼠垂直向下移動輸入 50，按 ESC 離開。
11. 輸入 C ，點選左線段下之端點，輸入 26，按 ENTER ，點選右線段下之端點，半徑值相同直接按 ENTER。
12. 按 ENTER，點取圓角半徑 50 的中心點爲圓心，輸入 55。
13. 輸入 L，先後點選兩多線的下端點，按 ESC 離開。
14. 輸入 TR，選取水平線後按 ENTER，修剪 R55 上半圓。
15. 刪除步驟 10 的多線。
16. 輸入 L ，輸入 TAN ，點選 R26 圓的右邊，再點選 R48 頂弧的右側，按 ESC 離開。

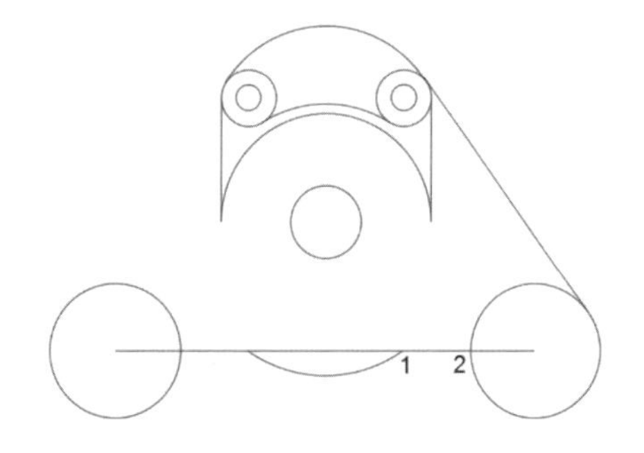

17. 輸入 TR，選取水平線與斜切線後按 ENTER，修剪 R26 上半圓。
18. 輸入 A，點選 1 點（交點），輸入 E，點選 2 點（交點），輸入 R，輸入 17。
19. 輸入 J，點選圓弧後按 ENTER，輸入 L，將圓弧封閉。
20. 輸入 F，輸入 R，輸入 30，點選 R17 圓的上方與 R42 圓弧的右側。
21. 輸入 TR，選取水平線與 R30 弧線後按 ENTER，修剪 R17 左側圓。
22. 刪除水平線。
23. 輸入 MI，點選 3～5 圖元後按 ENTER，點選底弧中點，滑鼠再垂直上移點擊，按下 ENTER。

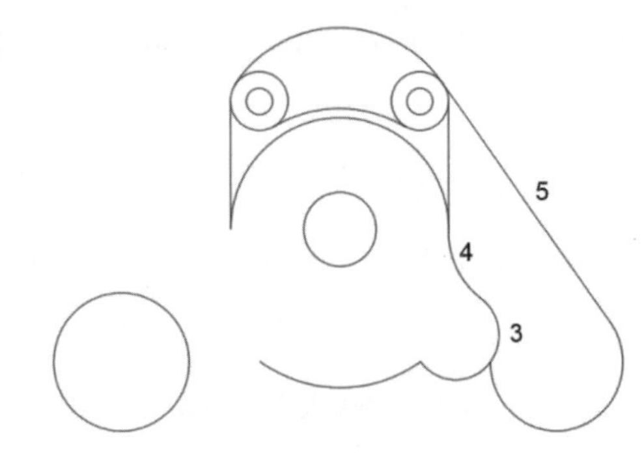

24. 輸入 TR，選取左側切線與左側 R17 弧線後按 ENTER，修剪 R26 右側圓。

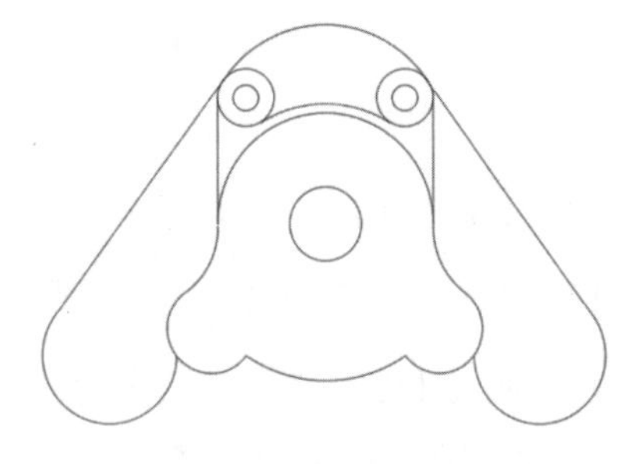

25. 輸入 EX，點選 R30 的切弧後按 ENTER，將 R42 的半圓延伸接合，按 ESC 離開。
26. 完成。

8-9 切弧與旋轉

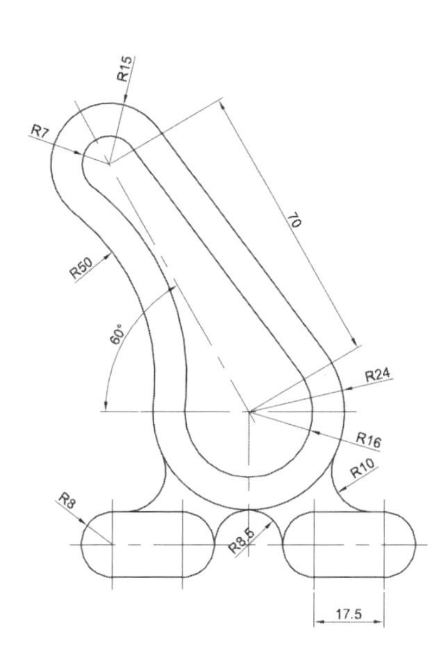

1. 輸入 C，於繪圖區中點取任一點作爲中心點，輸入半徑 16 繪一圓，再次按下 ENTER 鍵，以 R16 的圓心點重複畫一圓半徑爲 24。
2. 再次按下 ENTER 鍵，輸入 TK 鍵，以同心圓的中心點爲追蹤起點，將滑鼠移向上進行追蹤，輸入 70，結束追蹤按下 ENTER ，輸入半徑 7，再按下 ENTER 鍵，重複畫圓指令，以該圓的圓心點爲中心，輸入半徑 15。
3. 輸入 RO ，選取步驟 2 的兩同心圓後按下 ENTER ，再點取步驟 1 的圓心點作爲旋轉中心，輸入角度 30。
4. 輸入 L ，直線起點輸入 TAN ，選取步驟 1 之外圓右側，再輸入 TAN，選取步驟 3 之外圓右側，按 ESC 結束指令，完成切線繪製。
5. 再按下 ENTER 鍵，重複畫直線，起點輸入 TAN ，選取步驟 1 之內圓右側，再輸入 TAN ，選取步驟 3 之內圓右側，按 ESC 結束指令，完成切線繪製。

6. 輸入 F，輸入 R，輸入 50，選取步驟 1 之外圓左側，再選取步驟 3 之外圓左側，完成 R50 之切弧繪製。
7. 輸入 O ，輸入偏移距離 8，選取 R50 圓弧後按下 ENTER ，將滑鼠移至右邊後點擊左鍵確定。
8. 輸入 TR，連按兩次 ENTER 鍵，以滑鼠點選刪除多餘的圖形。
9. 輸入 C ，再輸入 TK ，以步驟 1 同心圓的中心點爲追蹤起點，將滑鼠移向下進行追蹤，輸入 32.5，結束追蹤按下 ENTER ，輸入半徑 8.5 畫一圓，再按下 ENTER 鍵，重複畫圓指令，再輸入 TK ，以該圓的右四分點爲追蹤起點，將滑鼠移向右側進行追蹤，輸入 8，結束追蹤按下 ENTER，輸入半徑 8。
10. 輸入 CO，選取半徑 8 的圓後按下 ENTER，點選該圓中心點作爲複製起點，向右移動輸入 17.5 後按下 ENTER ，按 ESC 結束指令完成複製。
11. 使用 L 指令，分別以半徑 8 的圓上方與圓下方四分點各畫一水平線。
12. 輸入 C ，輸入 T ，輸入 10，選取步驟 1 之外圓右側，再選取上水平線，完成 R10 之圓繪製。
13. 輸入 TR，按兩次 ENTER 鍵，修剪不必要的圖形。
14. 輸入 MI ，選取兩圓、切弧與兩水平線後按 ENTER ，抓取步驟 1 的圓心作爲鏡射軸第一點後垂直向下拉動，點選垂直方向任一點完成鏡射軸，按下 ENTER 保留原圖形。
15. 輸入 TR，按兩次 ENTER 鍵，剪除 R8.5 的下半圓。

8-10 同心

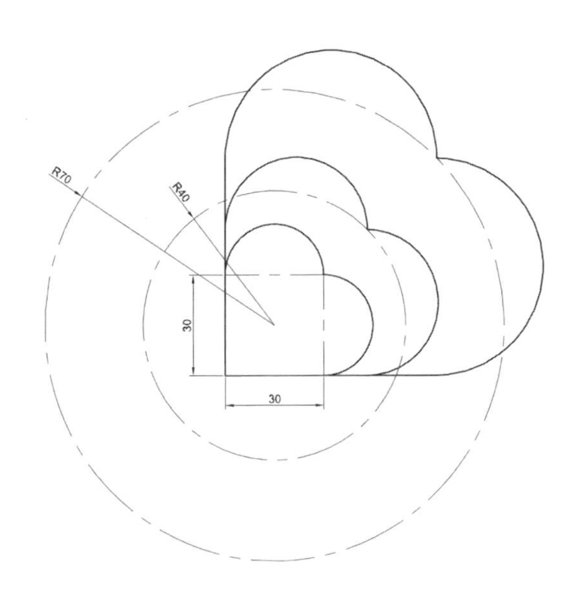

1. 輸入 REC ，於繪圖區中點取任一點作爲起點，再輸入 30,30，完成矩形之繪製，按 ESC 結束指令。
2. 輸入 C 指令，以上水平線中點爲中心點輸入半徑 15，完成一圓，再次按下 ENTER 鍵，以右垂直線終點爲中心點，輸入半徑 15，完成一圓。
3. 再次按下 ENTER 鍵，以矩形中心點爲圓心，輸入半徑 40，完成一圓。
4. 再次按下 ENTER 鍵，以矩形中心點爲圓心，輸入半徑 70，完成一圓。
5. 輸入 L ，以矩形中心點爲線段第一點，另一點爲 @70<45，按 ESC 結束指令。
6. 輸入 X，將矩形進行分解。
7. 輸入 TR，按兩次 ENTER 鍵，剪除並刪除不必要的圖形。

8. 輸入 SC 指令，選取兩圓弧進行比例縮放，縮放原點設為兩直線左下角交點處，輸入 C（複製），輸入 R（參考），參考長度為兩直線交點至兩圓弧交點，移動滑鼠縮放至 R40 與斜線相交處。
9. 按下 ENTER 鍵，再次縮放，縮放原點同樣設為兩直線左下角交點處，輸入 C（複製），輸入 R（參考），參考長度為兩直線交點至兩圓弧交點，移動滑鼠縮放至 R70 與斜線相交處。
10. 輸入 EX 指令，選取兩大圓弧，按 ENTER 做為邊界，再點取兩條 30 的線段進行延伸。
11. 刪除 R40、R70 與 45 度直線後完成圖形。

8-11 多線

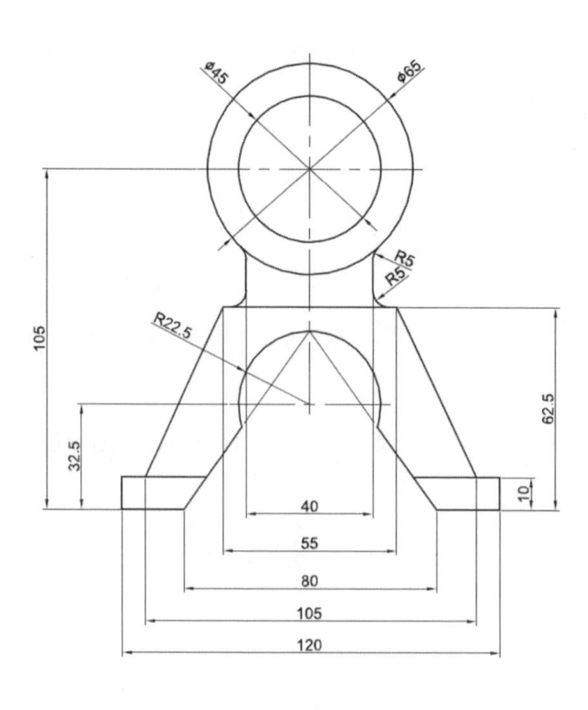

1. 輸入 REC，於繪圖區中點取任一點作爲角點，輸入 120,10。
2. 輸入 C ，再輸入 TK ，以矩形底線中點爲追蹤起點，將滑鼠移向上進行追蹤，輸入 32.5，結束追蹤按下 ENTER ，輸入半徑 22.5，再按下 ENTER 鍵，重複畫圓指令，輸入 TK ，同樣以矩形底線中點爲追蹤起點，將滑鼠移向上進行追蹤，輸入 105，結束追蹤按下 ENTER，再按下 ENTER（因爲半徑相等），按下 ENTER，點選該圓中心點，輸入半徑 32.5。
3. 輸入 ML，按 J 歸零後，輸入 S，輸入 80，點選矩形底線中點爲起點，將滑鼠垂直向上移動，輸入 10（參考用），按 ESC 離開。
4. 按 ENTER ，輸入 S ，輸入 105，點選矩形底線中點爲起點，將滑鼠垂直向上移動，輸入 10，按 ESC 離開。
5. 按 ENTER ，輸入 S ，輸入 55，點選矩形底線中點爲起點，將滑鼠垂直向上移動，輸入 62.5，按 ESC 離開。
6. 輸入 L ，依序點選 1、2、3，按 ESC 離開，按 ENTER ，依序點選 4～7，按 ESC 離開。

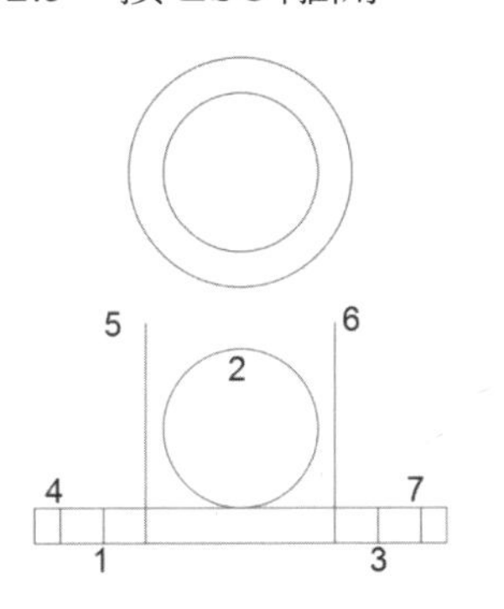

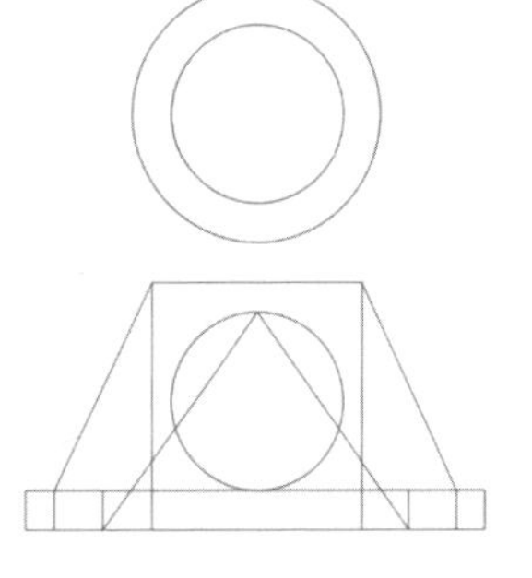

7. 將所有多線刪除。輸入 TR 後按 ENTER ，將圖形修整如下圖所示，按 ESC 離開。

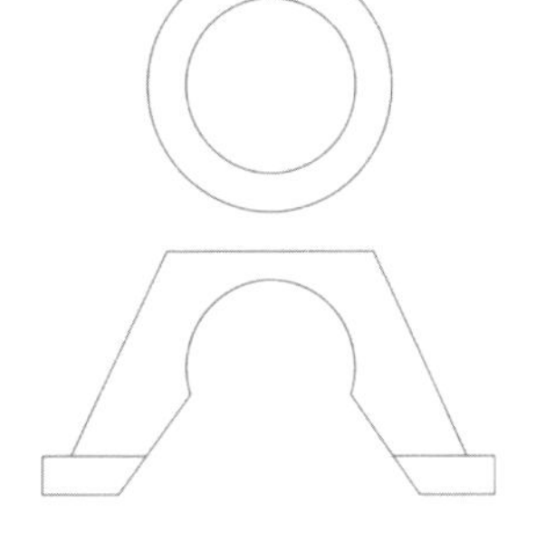

8. 輸入 ML ，輸入 S ，輸入 40，點選上水平線中點為起點，將滑鼠垂直向上移動，輸入 15，按 ESC 離開。
9. 輸入 X ，選取多線，將多線分解，刪除左邊的垂直線段。

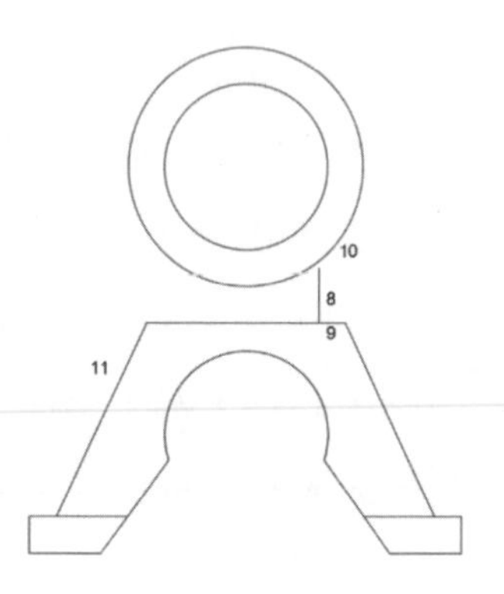

10. 輸入 F ，輸入 R ，輸入 5，輸入 M ，依序點選 8、9，8、10，按 ESC 離開。

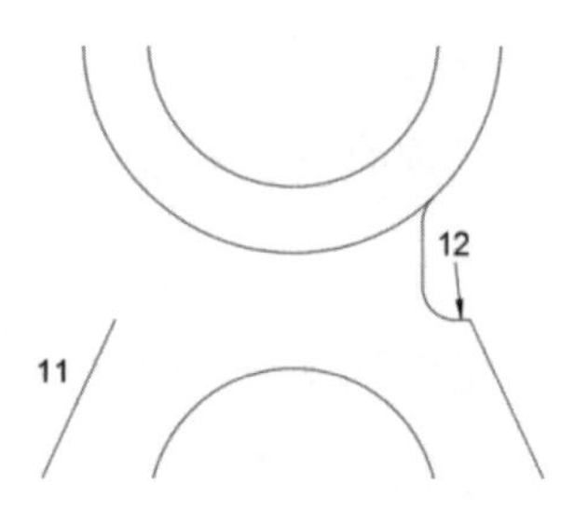

11. 輸入 EX ，點選 11 後按下 ENTER ，點選水平線 12，將其延伸至左邊，按 ESC 離開。
12. 輸入 MI ，窗選下圖所示物件，點選同心圓圓心將滑鼠垂直向上移動並點擊，按 ENTER。

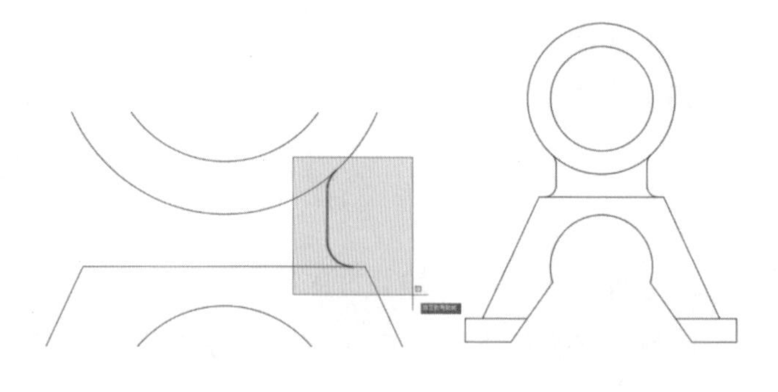

8-12　環狀陣列

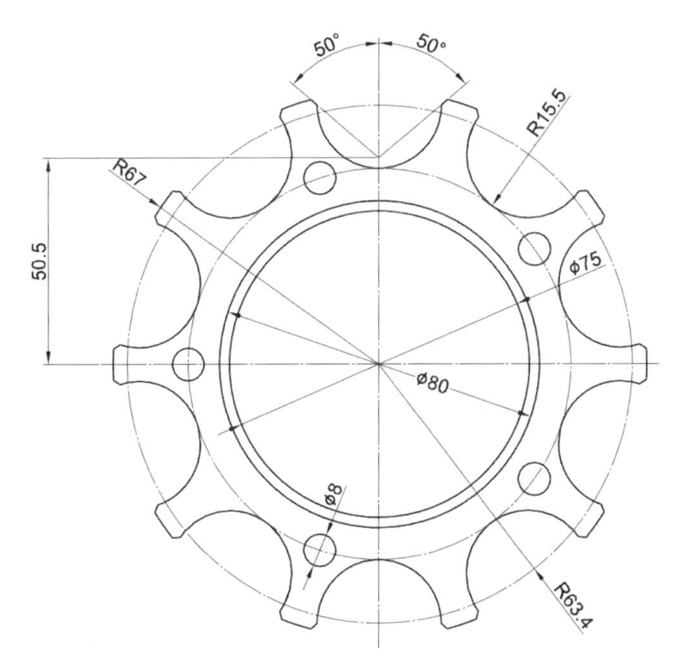

1. 輸入 C ，於繪圖區中點取任一點作爲中心點，輸入半徑 37.5 繪一圓，再次按下 ENTER 鍵，再以該圓中心點重複畫一圓半徑爲 40。再次按下 ENTER 鍵，以該圓中心點重複畫一圓半徑爲 63.4。按下 ENTER 鍵，重複以該圓中心點畫一圓半徑爲 67。
2. 按下 ENTER 鍵，再以 R63.4 圓頂四分點爲圓心畫一半徑爲 15.5 的圓。
3. 輸入 L ，輸入 TK ，以同心圓的中心點爲追蹤起點，移動滑鼠向上移動出現追蹤線後輸入 50.5，結束追蹤按下 ENTER ，輸入 @30<40。(30 爲參考長度)，按 ESC 離開。

4. 輸入 MI ，選取直線後，點選同心圓中心點後再移動滑鼠垂直向上點擊任意點，保留原直線完成鏡射。

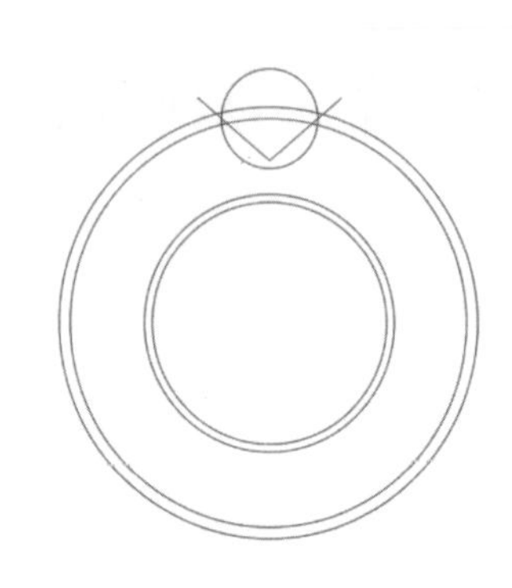

5. 輸入 TR ，連按兩次 ENTER ，修剪出圖形上方缺口，並刪除多餘的圖形。
6. 輸入 RO ，選取 R15.5 圓弧與兩線段後按 ENTER，旋轉中心設為同心圓，輸入 C，輸入旋轉角度 36。
7. 輸入 TR ，連按兩次 ENTER ，修剪出旋轉圖形的上方缺口。

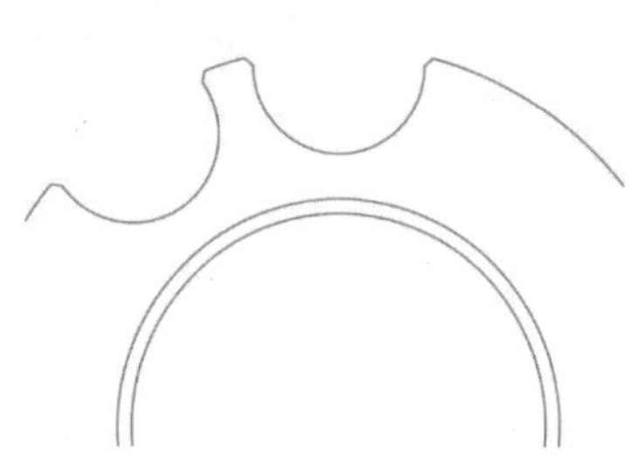

8. 選取不必要的圖形後按鍵盤上的 DELETE 鍵進行刪除，只保留要陣列的完整一副圖形。

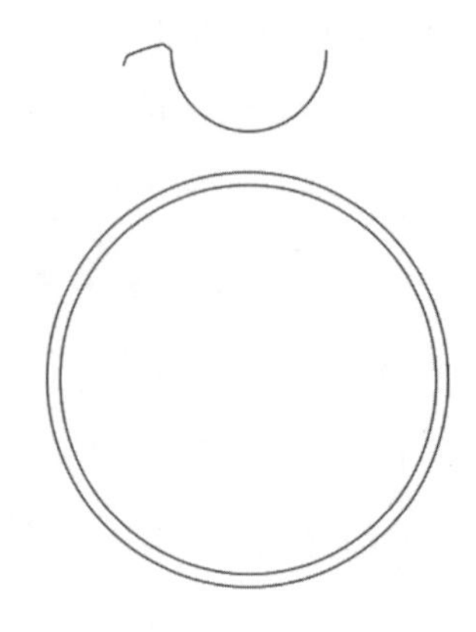

9. 窗選要陣列的物件後，輸入 ARRAYCLASSIC，點選環形陣列，點選中心點按鈕，選取同心圓中心點，輸入項目總數爲 10，布滿角度爲 360 度，確定。

10. 輸入 C，以同心圓中心點爲圓心，抓取上方 R15.5 圓底的四分點爲半徑畫切圓。
11. 按下 ENTER，於切圓左邊四分點爲圓心，輸入半徑 4，刪除切圓。
12. 選取R4的圓後，輸入ARRAYCLASSIC，項目總數爲 5，確定。
13. 完成。

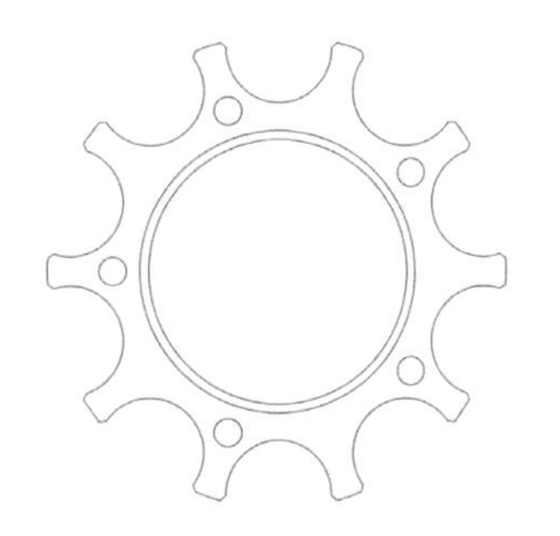

8-13 剖面線

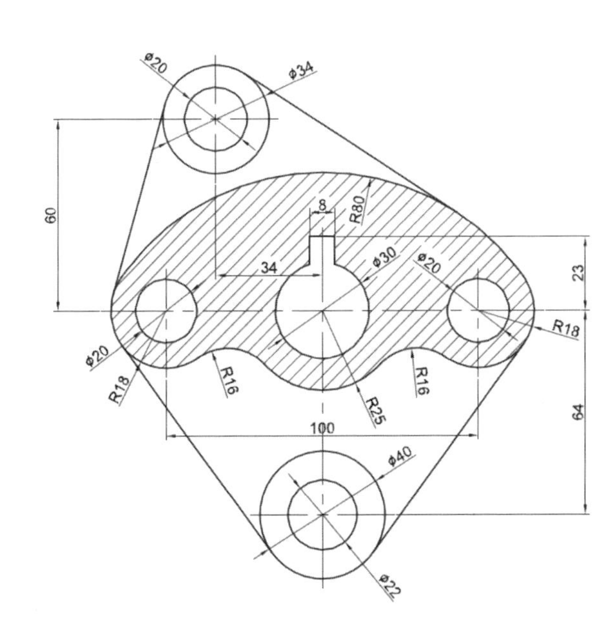

1. 輸入 C，於繪圖區中點取任一點作爲中心點，輸入半徑 11 繪一圓，再次按下 ENTER 鍵，再以該圓中心點重複畫一圓半徑爲 20。
2. 輸入 ML ，輸入 J 歸零後，輸入 S 指定比例爲 100，點選圓中心點爲第一點，垂直向上輸入 64，按 ESC 離開。
3. 輸入 C ，點取多線左邊頂點作爲中心點，輸入半徑 10 繪一圓，再次按下 ENTER 鍵，再以該圓中心點重複畫一圓半徑爲 18。
4. 輸入 MI ，選取步驟 3 的同心圓，再選取步驟 1 的中心點後移動滑鼠垂直向上點擊任意點，保留原圖形完成鏡射。
5. 輸入 C ，輸入 M2P ，點取多線左邊頂端點與右邊頂端點，輸入半徑 15 繪一圓，再次按下 ENTER 鍵，再以該圓中心點重複畫一圓半徑爲 25。
6. 再次按下 ENTER 鍵，輸入 TK，從步驟 5 的中心點開始向上追蹤，輸入 60，再向左追蹤，輸入 34，結束追蹤按 ENTER ，輸入圓半徑爲 10。按下 ENTER 鍵，重複以該圓中心點畫一圓半徑爲 17。
7. 按下 ENTER 鍵，輸入 T ，分別選取左、右 R18 的圓弧外側上方，輸入切圓半徑 80。
8. 輸入 TR ，選取左、右 R18 的圓弧作爲修剪的邊界物件，再修剪 R80 的下半圓。
9. 輸入 L，輸入 TAN，點取左 R18 圓外側，再輸入 TAN ，點取步驟 1 外圓左側，完成切線。
10. 輸入 MI ，選取切線，再選取步驟 1 的中心點後移動滑鼠垂直向上點擊任意點，完成直線鏡射。

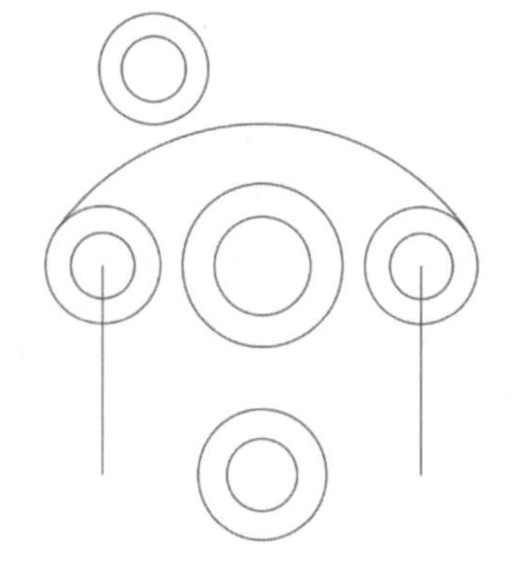

11. 輸入 L ，輸入 TAN ，點取左 R18 圓外側，再輸入 TAN ，點取最

上方外圓左側，完成切線。

12. 按下 ENTER ，輸入 TAN ，點取最上方外圓右側，再輸入 TAN ，點取 R80 頂弧偏右處，完成切線。

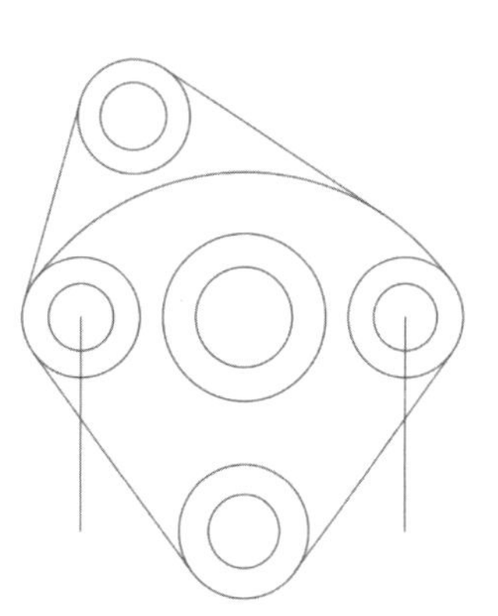

13. 輸入 ML ，輸入 S ，指定比例為 8，點選步驟 5 圓中心點為第一點，垂直向上輸入 23，按 ESC 離開。

14. 輸入 L，連接多線的兩端點。

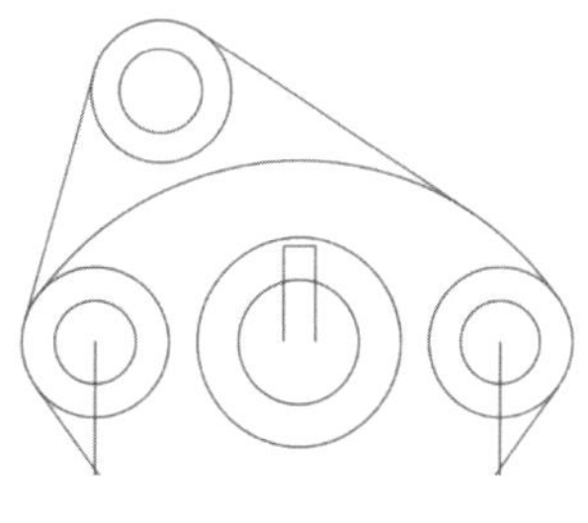

15. 輸入 F ，輸入 R ，輸入 16，輸入 M ，選取右 R18 圓的左下側以及 R25 圓的右下側進行倒圓；選取左 R18 圓的右下側以及 R25 圓的左下側進行倒圓。

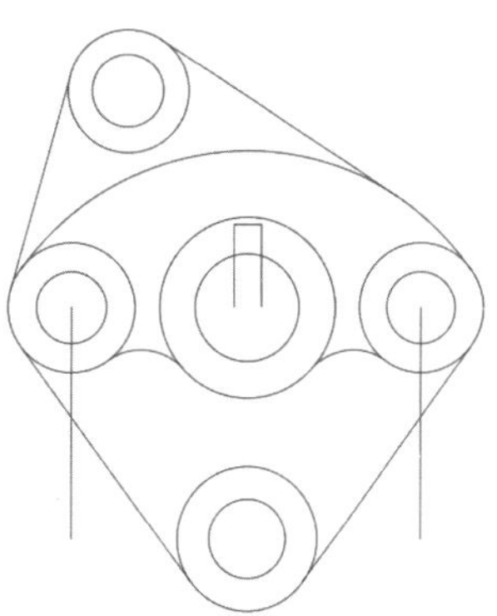

16. 將步驟 2 的多線刪除，輸入 TR ，連按兩次 ENTER，修剪圖形。

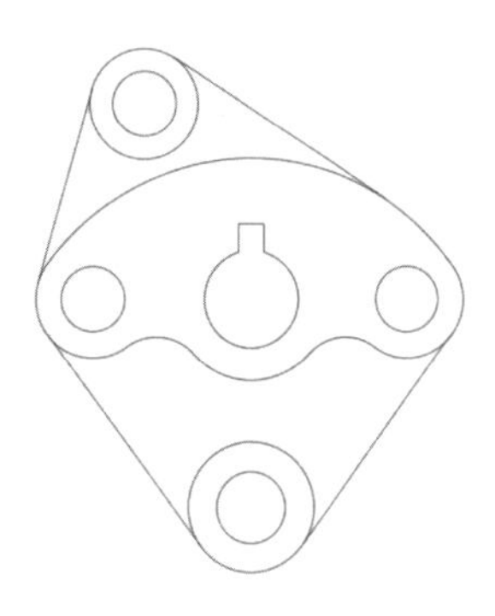

17. 輸入 H，樣式設爲 LINE，角度輸入 45，比例設爲 1，點擊要進行剖面區域中任一點後完成圖形的繪製。

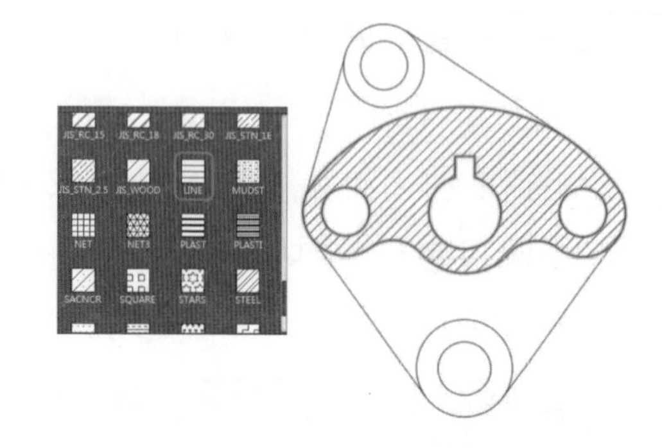

8-14　切弧應用

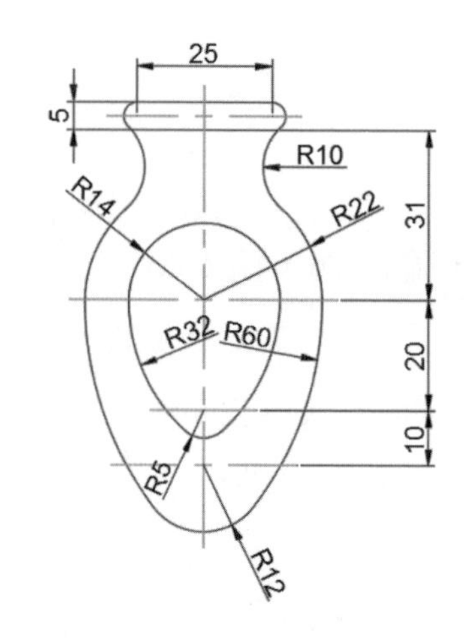

1. 輸入 ML，輸入 J 歸零後，輸入 S，輸入 5，點選任一點爲第一點，水平向右輸入 25，按 ESC 離開。
2. 輸入 X，將多線分解。
3. 輸入 F，輸入 M，先後點選上水平線與下水平線左側，再點選上水平線與下水平線右側，將可完成圓角。

4. 輸入 C ，輸入 TK ，點選下水平線中點作爲追蹤起點，將滑鼠垂直向下拉動，輸入 31，結束追蹤按 ENTER ，輸入半徑 14，按 ENTER 鍵，再以該圓中心點爲圓心，輸入半徑 22。
5. 按 ENTER 鍵，輸入 TK ，點選中心點作爲追蹤起點，將滑鼠垂直向下拉動，輸入 20，結束追蹤按 ENTER，輸入半徑 5，按 ENTER 鍵，輸入 TK，點選 R5 中心點作爲追蹤起點，將滑鼠垂直向下拉動，輸入 10，結束追蹤按 ENTER，輸入半徑 12。
6. 輸入 F ，輸入 R ，半徑值爲 10，輸入 M ，選取右上方圓弧與 R22 圓的右上方，再選取左上方圓弧與 R22 圓的左上方，完成倒圓。
7. 輸入 EX ，連按兩次 ENTER ，將下水平線兩側均延伸至圖弧。
8. 輸入 C ，輸入 T ，選取 R22 圓右側，再選取 R12 圓右下側，輸入半徑爲 60。

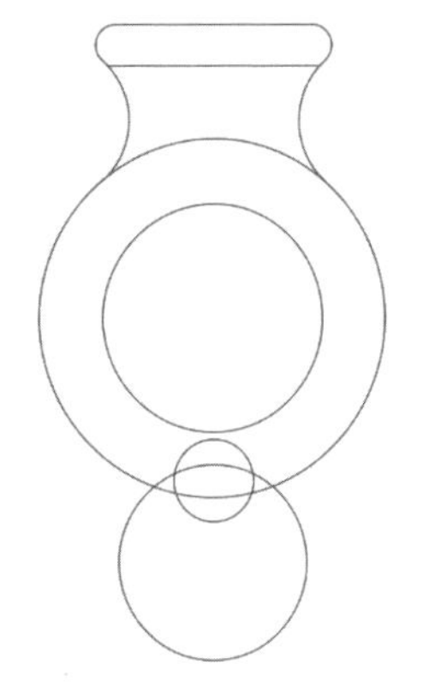

9. 輸入 TR ，選取 R22 與 R12 的圓作爲修剪的邊界物件，再修剪掉 R60 的左圓弧。
10. 輸入 C ，輸入 T ，選取 R14 圓右側，再選取 R5 圓右下側，輸入半徑爲 32。

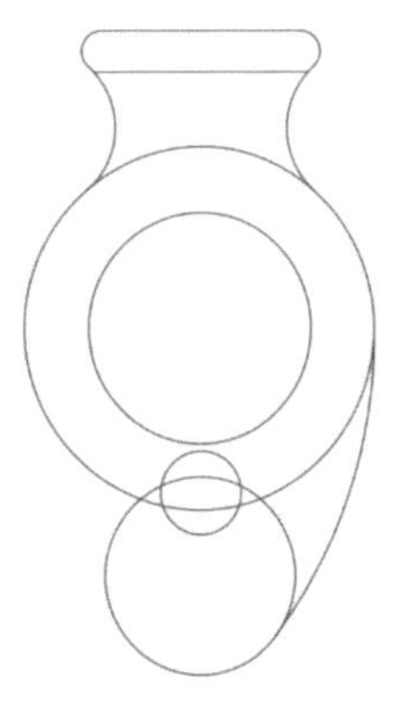

11. 輸入 TR ，選取 R14 與 R5 的圓作爲修剪的邊界物件，再修剪掉 R32 的左圓弧。
12. 輸入 MI ，選取兩段圓弧後，以水平線中點作爲鏡射第一點位置，滑鼠垂直上移後點擊第二點，按 ENTER 完成鏡射。
13. 輸入 TR，連按兩次 ENTER，修剪圖形。

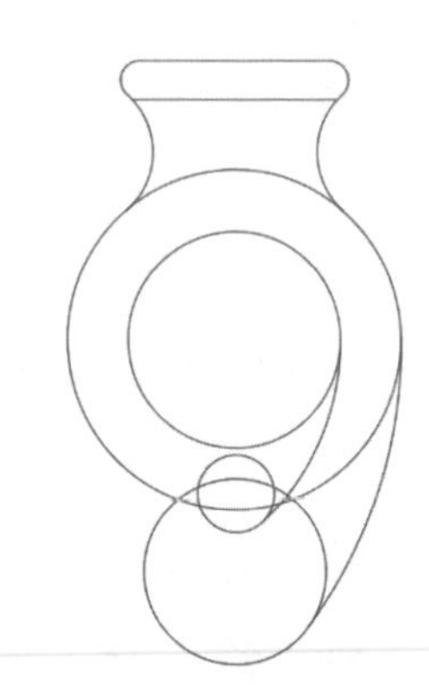

14. 完成。

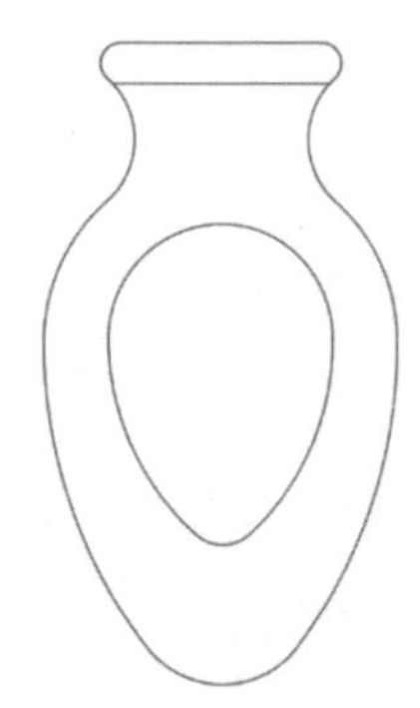

8-15 環狀陣列

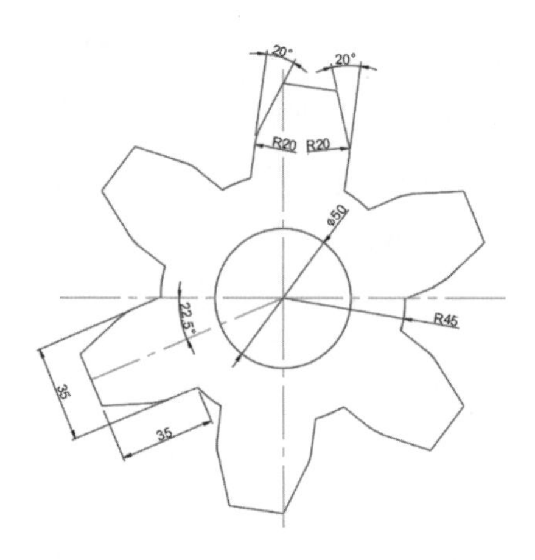

1. 輸入 C，於繪圖區中點取任一點作為中心點，輸入半徑 25 繪一圓，再次按下 ENTER 鍵，再以該圓中心點重複畫一圓，半徑為 45。
2. 輸入 ML，輸入 J 歸零後，輸入 S，指定比例值為 35，選取中心點為多線的起點，水平移動滑鼠朝左輸入 100，按 ESC 結束。
3. 輸入 L，點選多線與 R45 的交點完成垂直線。
4. 輸入 O，輸入 35，選取垂直線，移動滑鼠朝左確認偏移方位。
5. 刪除右垂直線；輸入 X，將多線分解。
6. 輸入 TR，連按兩次 ENTER，修剪圖形。
7. 輸入 RO ，選取 3 條直線，以中心點為旋轉中心，輸入角度 22.5。
8. 選取 3 條直線後，輸入 ARRAYCLASSIC，點選環形陣列，點選中心點按鈕，點擊同心圓中心點，輸入項目總數為 6，布滿角度為 360 度。
9. 輸入 L，選取中心點垂直向上畫一長度 90 的直線。
10. 輸入 CO，選取 A 直線，複製基準點為該線頂部端點，複製到兩直線的交點。
11. 輸入 RO ，選取複製的直線，旋轉中心為兩直線的交點，輸入角度 -20。

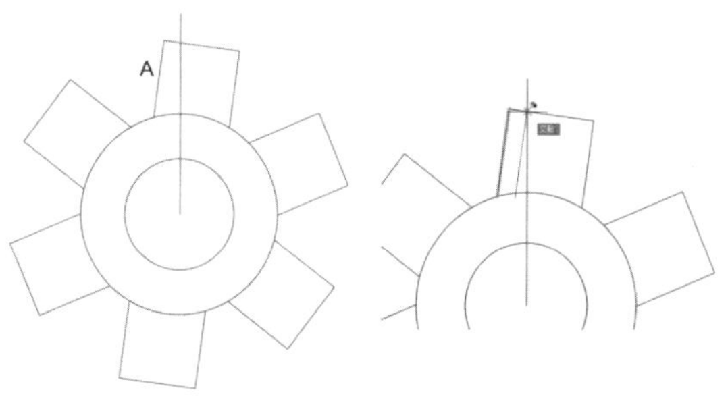

12. 輸入 MI ，選取旋轉的直線後，以中心點作為鏡射第一點位置，頂部 35 直線的中點為鏡射第二點，按 ENTER 完成鏡射。

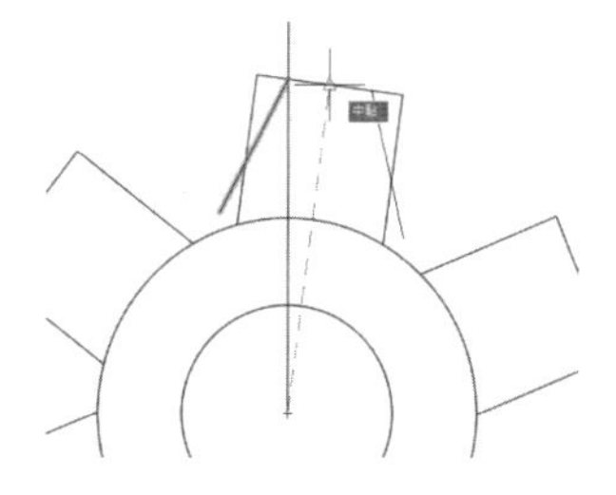

13. 輸入 F，輸入 R，倒圓半徑為 20，輸入 M，將圖形進行倒圓。
14. 輸入 TR，連按兩次 ENTER，修剪圖形。

15. 將其他陣列的圖形刪除，僅留步驟 14 的物件。
16. 選取陣列物件後，輸入 ARRAYCLASSIC，點選確認按鈕。

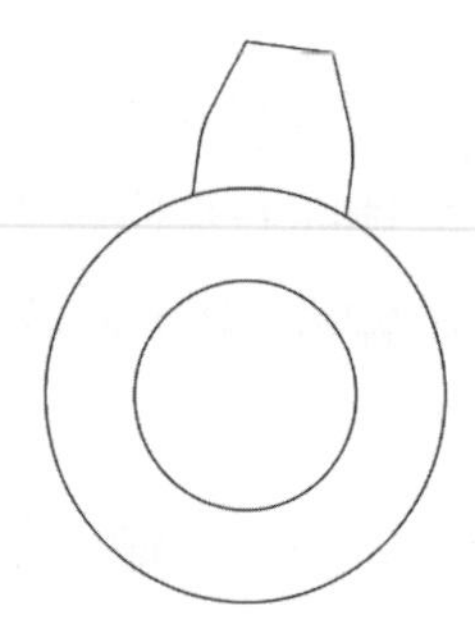

17. 輸入 TR，連按兩次 ENTER，修剪圖形。

8-16 橢圓

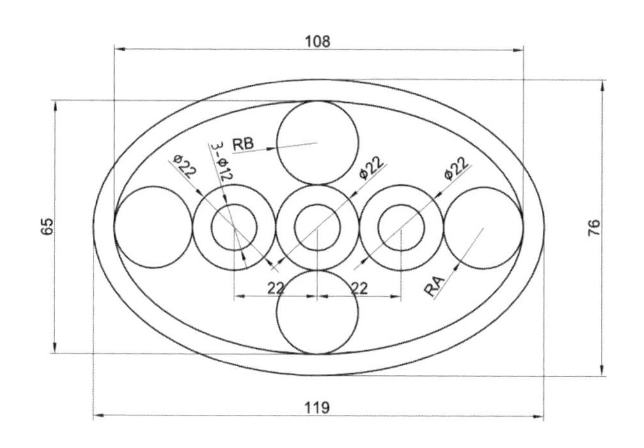

1. 輸入 C，於繪圖區中點取任一點作爲中心點，輸入半徑 6 繪一圓，再次按下 ENTER 鍵，再以該圓中心點重複畫一圓，半徑爲 11。
2. 輸入 EL ，輸入 C ，以中心點繪製橢圓，將滑鼠水平移動輸入 108/2，再輸入 65/2。
3. 按 ENTER ，輸入 C ，以中心點繪製橢圓，將滑鼠水平移動輸入 119/2，再輸入 76/2。
4. 輸入 CO ，選取同心圓，選取 R11 外圓左側四分點，移動滑鼠至外圓右側四分點，按 ESC 鍵離開。
5. 輸入 C ，輸入 2P ，選取複製圓的右側四分點，再點選內橢圓的右側四分點。
6. 輸入 MI，將步驟 4 與 5 的物件選取，指定中心點爲鏡射軸第一點，移動滑鼠垂直向上指定第二點，按 ENTER 保留原物件。
7. 輸入 C ，輸入 2P ，選取內橢圓的上側四分點，再點選中心外圓的上側四分點。
8. 輸入 MI ，選取該圓，指定中心點爲鏡射軸第一點，移動滑鼠水平朝右指定第二點，按 ENTER 保留原物件。
9. 完成。

8-17 橢圓

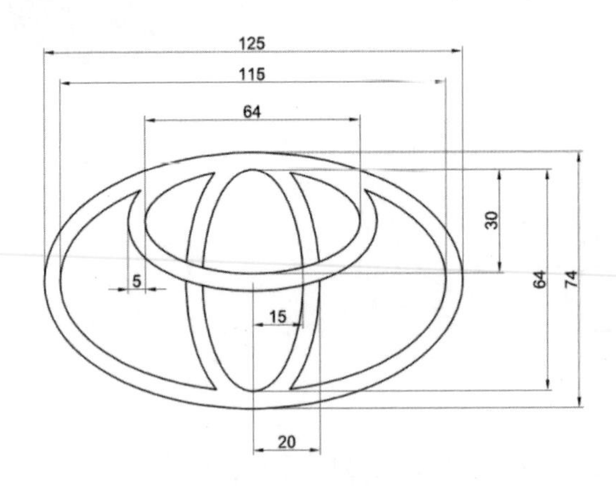

1. 輸入 EL ，輸入 C ，點選任一點開始繪製橢圓，將滑鼠水平移動輸入 115/2，再輸入 64/2。
2. 按下 ENTER ，點選步驟 1 橢圓上側四分點，將滑鼠垂直向下移動輸入 30，再輸入 64/2。
3. 按下 ENTER ，點選步驟 1 橢圓上側四分點，將滑鼠垂直向下抓取外側橢圓下方四分點，再輸入 15。

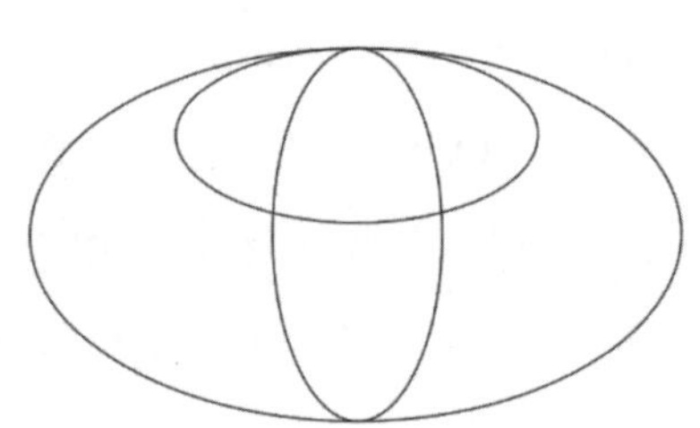

4. 輸入 O ，輸入 5，選取步驟 1 的橢圓朝外偏移，選取步驟 2 的橢圓朝外偏移，選取步驟 3 的橢圓朝外偏移，按 ESC 結束偏移。
5. 輸入 TR，按兩次 ENTER ，將圖形依工作圖面進行修剪。

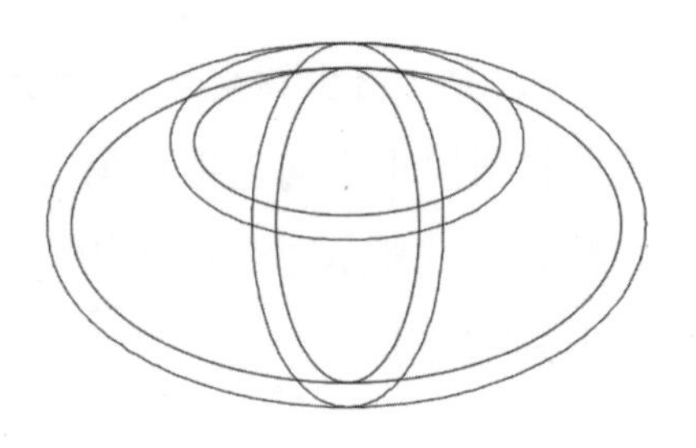

8-18 切弧

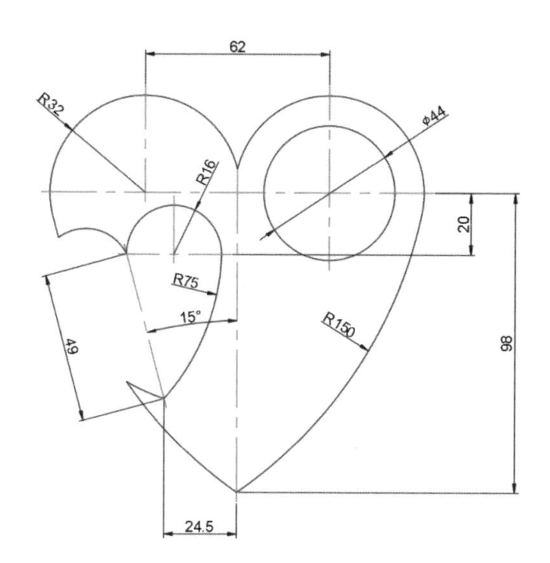

1. 輸入 PO，在繪圖區中任一位置建立一個點。
2. 輸入 C ，輸入 TK ，以該點爲追蹤起點，垂直向上移動滑鼠輸入 98，水平向右輸入 31，按 ENTER 結束追蹤，再輸入半徑 22。
3. 按 ENTER，以圓中心點爲中心，輸入半徑 32。
4. 輸入 CO ，選取外圓，複製起點爲圓心點，將滑鼠水平朝左輸入 62，按 ESC 結束複製。
5. 輸入 C ，抓取步驟 1 的點爲中心點，半徑值是兩倍切弧半徑（300），按 ENTER 鍵，輸入 T，點取 R300 的上緣，再點取右側 R32 圓的右側，輸入半徑 150。
6. 刪除 R300 的圓。

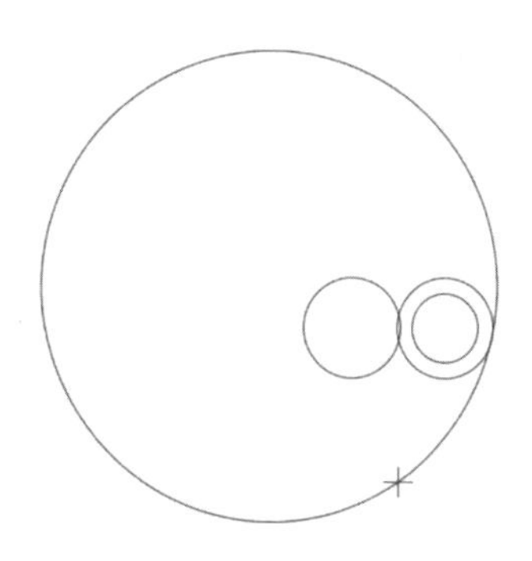

7. 輸入 MI ，選取 R150 的圓弧，鏡射線先點取單點，再移動滑鼠垂直向上指定任一點，按 ENTER 完成鏡射。

8. 輸入 L ，抓取單點與 R32 的交點畫一垂直線，按 ESC 離開。輸入 TR ，將圖形進行修剪。

9. 再輸入 L ，抓取兩圓中心點，繪製一水平線。

10. 輸入 O ，輸入 24.5，將垂直線朝左偏移，按 ESC 離開。再按 ENTER ，輸入 20，將水平線朝下偏移。

11. 按 L 鍵，以 A 點為線段起點，輸入 @49<-75 。

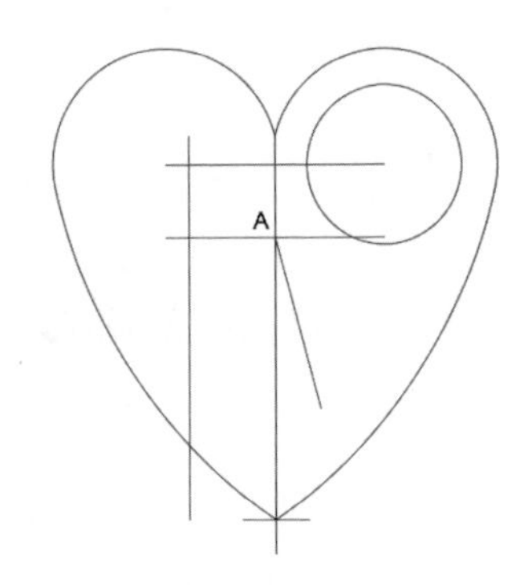

12. 輸入 M ，將斜線自 B 點水平移動至與左垂線的追蹤交點上。

13. 刪除垂直、水平線，僅保留斜線，輸入 C ，輸入 TK ，抓取斜線上端點作為追蹤起點，將滑鼠朝右水平移動，輸入 16，結束按 ENTER ，再輸入 16 做為半徑值，完成畫圓。

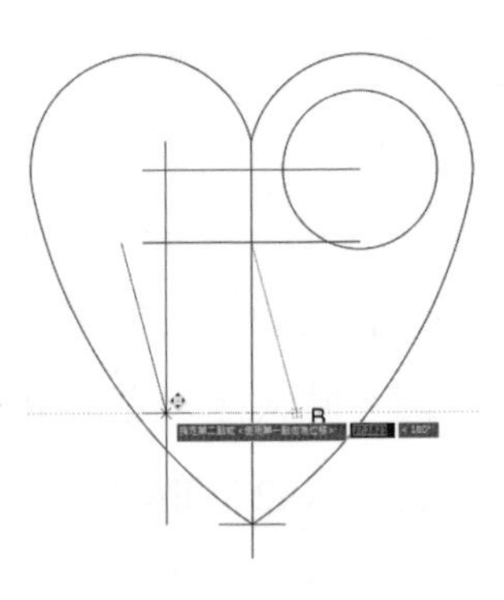

14. 輸入C，中心點選取斜線下端點，半徑值是兩倍切弧半徑（150），按 ENTER 鍵，輸入 T ，點取 R16 的右緣，再點取 R150 的左上側，輸入半徑 75 。刪除 R150 的圓。

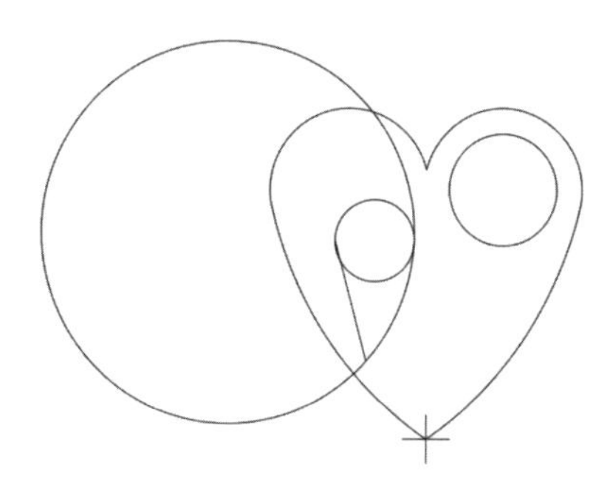

15. 輸入 TR，選取 R16 的圓及直線作爲邊界物件，將 R75 左弧刪除。
16. 輸入 MI ，選取 R16 的圓及 R75 的圓弧，點取斜線兩端點作爲鏡射線。
17. 輸入 TR ，按兩次 ENTER ，將圖形依工作圖進行修剪。

8-19　四連桿

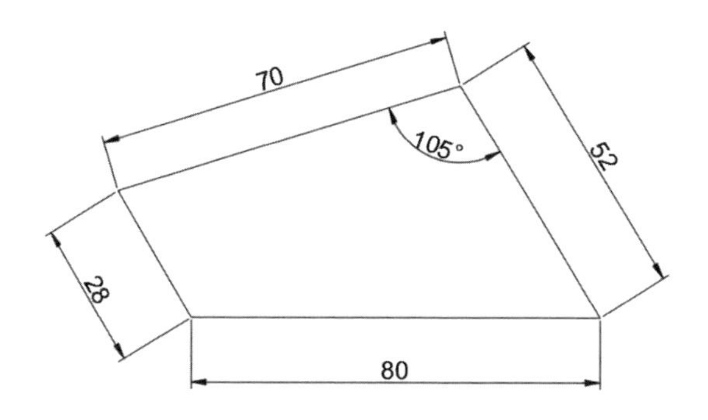

1. 輸入 L ，於繪圖區點選任一位置，再將滑鼠水平向右輸入 80，再垂直向上輸入 52，再輸入 @70<165，按 ESC 離開。
2. 輸入 C ，選取水平線左端點為圓心點，輸入半徑 28，按 ENTER ，以水平線右端點為中心點，選取斜線左端點畫一圓。
3. 輸入 RO ，選取垂直線與斜線，指定水平線右端點為旋轉中心，輸入 R ，點選水平線右端點以及斜線左端點，做為參考角度，將斜線左端點轉動至兩圓交點。

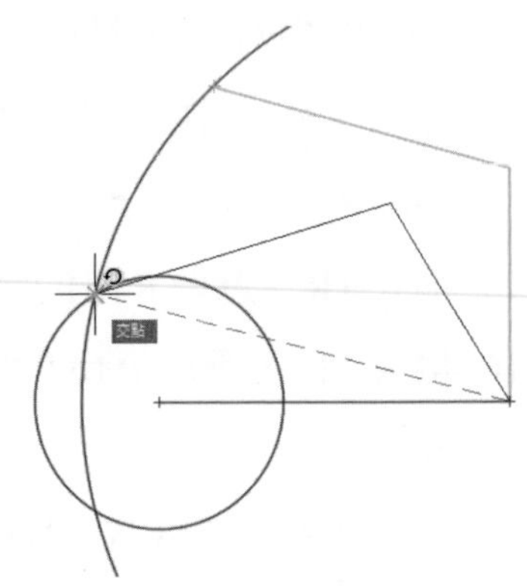

4. 刪除兩圓。
5. 輸入 L，選取水平線左端點與斜線端點。
6. 完成。

8-20　四連桿

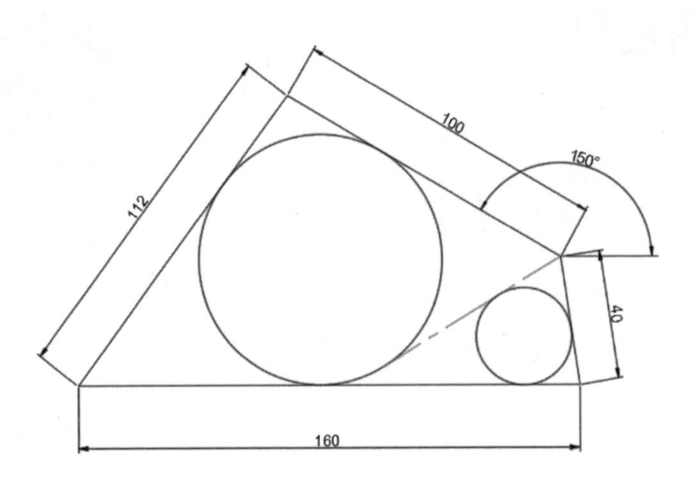

1. 輸入 L，於繪圖區點選任一位置，再將滑鼠水平向右輸入 160，再輸入 @100<150，按 ESC 離開。
2. 輸入 C，以水平線左端點爲中心點，輸入半徑值 112 畫圓。
3. 按 ENTER，以斜線左端點爲中心點，輸入半徑值 40 畫圓。
4. 輸入 L，連接斜線左端點與兩圓的交點畫一直線，按 ESC 離開。
5. 輸入 M，將短斜線以小圓中心點爲起點移動至水平線右端點。

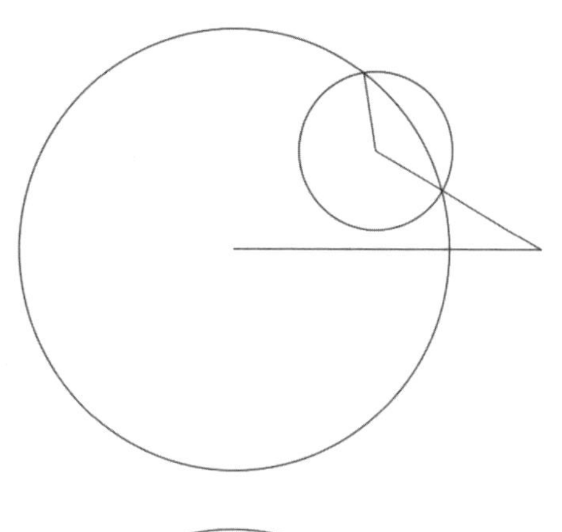

6. 再按 ENTER 鍵，將 100 長的斜線自水平線右端點移動至短斜線的端點。
7. 將兩圓刪除。
8. 輸入 L，繪一線連接斜線左端點與水平線左端點，按 ESC 離開。

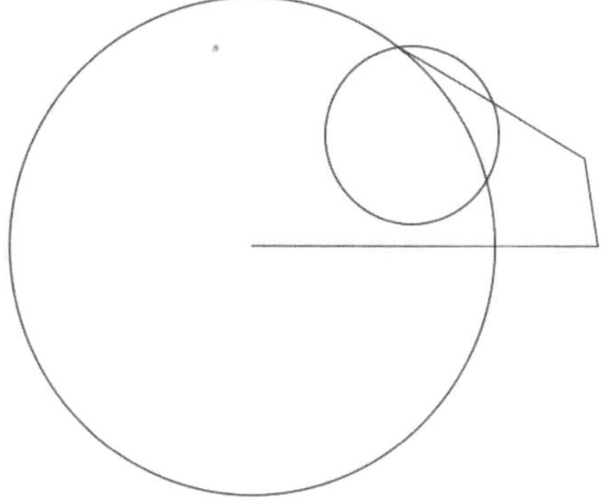

9. 使用 相切、相切、相切指令畫圓，分別切A、B、C三直線。
10. 輸入 L，第一點選取短斜線頂部端點，輸入 TAN，選取圓的右下角，完成切線繪製，按 ESC 離開。

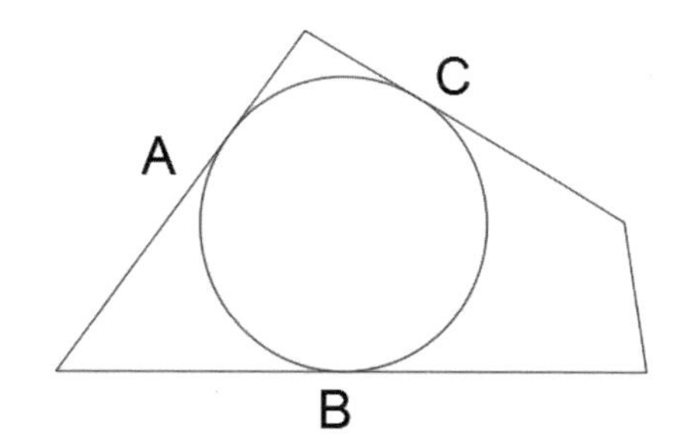

11. 使用 相切、相切、相切指令畫圓，分別切 D 、E 、F 三直線。
12. 完成。

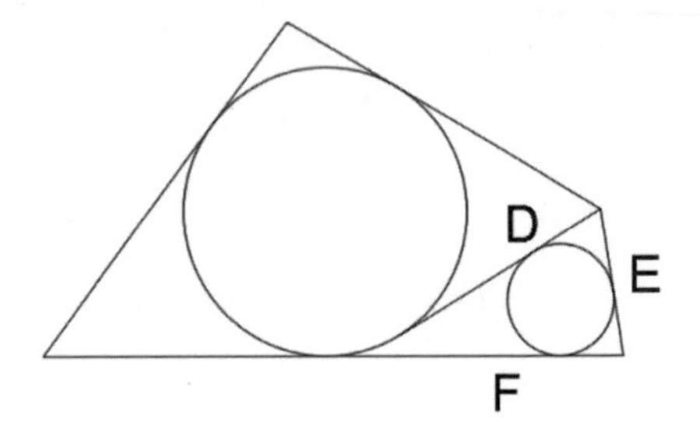

8-21　四連桿

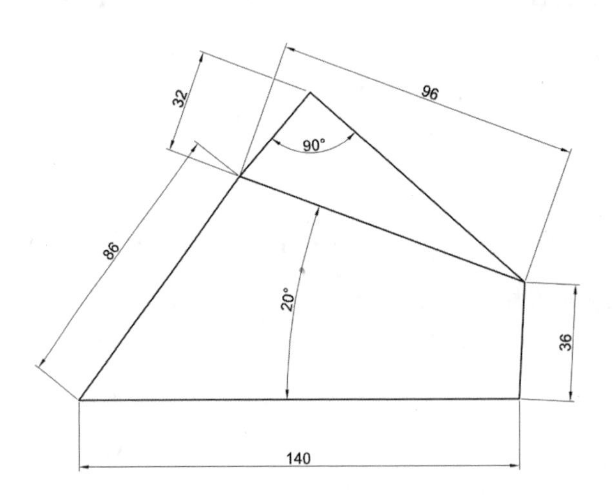

1. 輸入 L ，於繪圖區點選任一位置，再將滑鼠水平向右輸入 140，再輸入 @96<160，按 ESC 離開。
2. 輸入 C ，以水平線左端點爲中心點，輸入半徑值 86 畫圓。
3. 按 ENTER ，以斜線左端點爲中心點，輸入半徑值 36 畫圓。

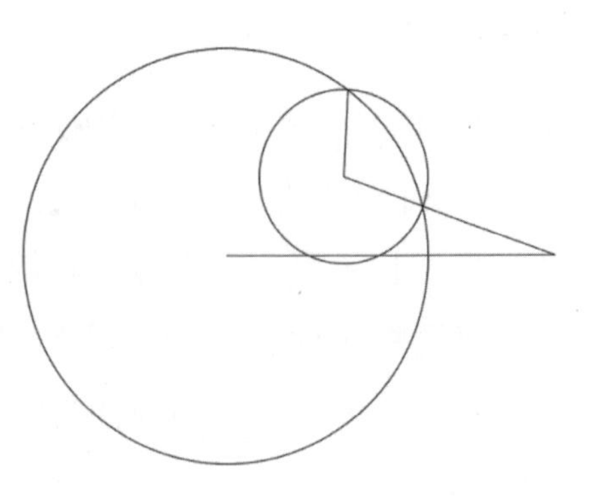

4. 輸入 L，連接斜線左端點與兩圓的交點畫一直線，按 ESC 離開。
5. 輸入 M ，將短斜線以小圓中心點爲起點移動至水平線右端點。
6. 再按 ENTER 鍵，將 96 長的斜線自水平線右端點移動至短斜線的上端點。

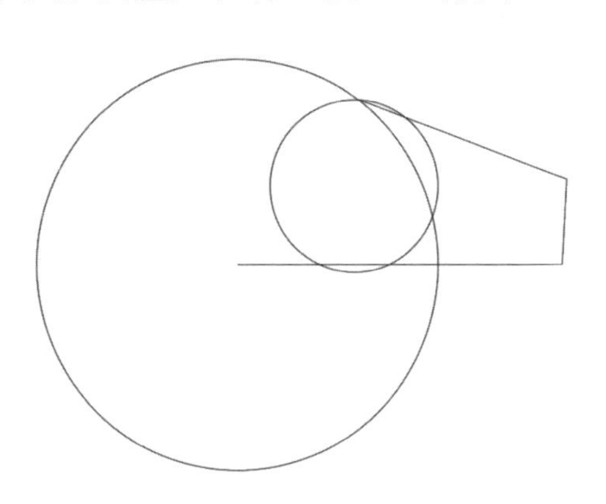

7. 將兩圓刪除。

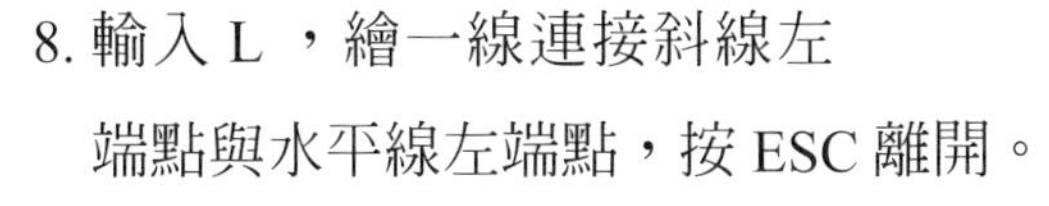

8. 輸入 L ，繪一線連接斜線左端點與水平線左端點，按 ESC 離開。

9. 輸入 O ，設定偏移距離 32，選取 96 長的線段，移動滑鼠朝上方偏移點擊。
10. 輸入 C ，輸入 2P ，點取 96 線段的兩個端點畫一圓。
11. 輸入 L ，點選 96 長的左端點，再點選偏移線與圓的交點，再點選 96 長的右端點，畫出兩條線段，按 ESC 離開。

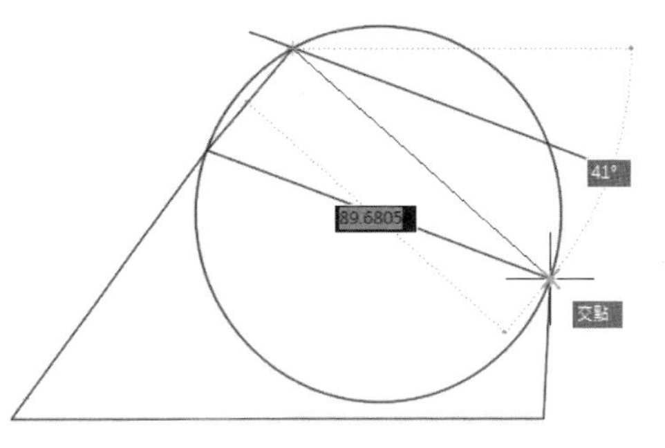

12. 將圓及偏移線刪除。
13. 完成。

8-22 多邊形與弧

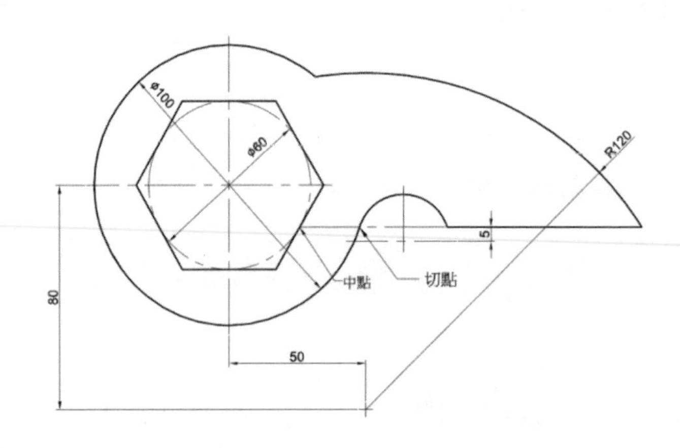

1. 輸入 POL ，輸入 6 邊，於繪圖區中任一點擊，輸入 C 設定爲外切於圓，圓半徑設爲 30。
2. 輸入 C，以多邊形中心爲圓心，輸入半徑 50 畫一圓。
3. 按 ENTER ，輸入 TK ，以圓心點爲追蹤起點，移動滑鼠垂直向下追蹤輸入 80，移動滑鼠水平朝右 50，結束追蹤按 ENTER ，輸入半徑 120。
4. 輸入 L，抓取工作圖面上多邊形線段的邊長中點爲起點，水平朝右至圓弧交點處，點擊後按 ESC 離開。
5. 輸入 TR ，按兩次 ENTER ，開始修剪圖形。
6. 輸入 O ，輸入 5，點選水平線，向下偏移點擊確認。

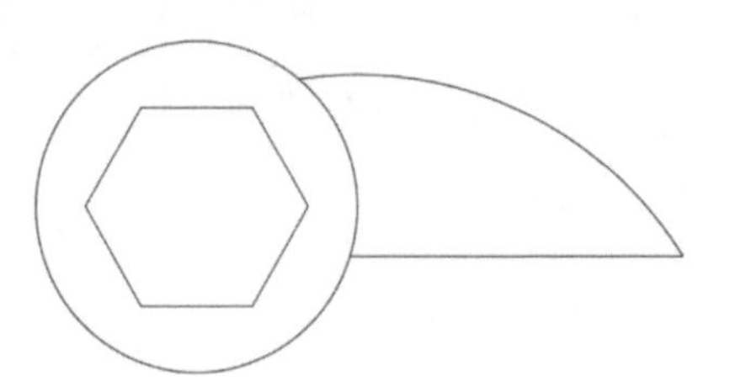

7. 輸入 L ，自圓中心點畫線至 A 點處，按 ESC 離開。

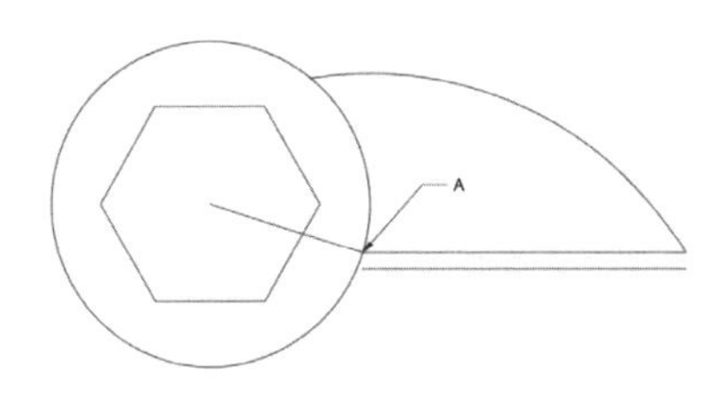

8. 輸入 EX ，按兩次 ENTER ，延伸前一步驟之直線接於偏移線上，其交點即爲圓心。
9. 輸入 C ，以交點爲圓心，A 點爲半徑畫圓。
10. 刪除偏移線與步驟 8 之斜線。

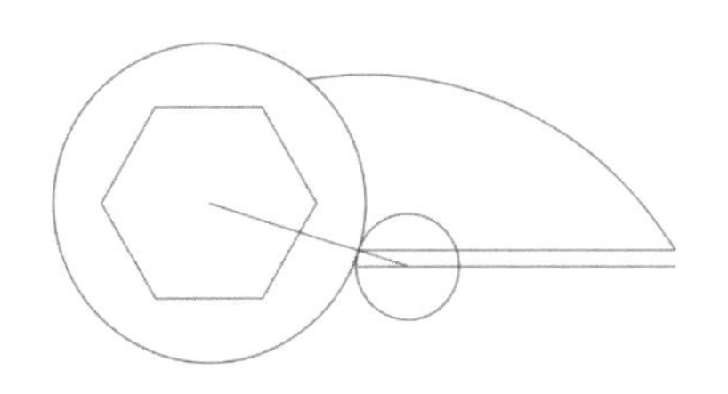

11. 輸入 TR ，按兩次 ENTER ，修剪圖形至所需外觀。

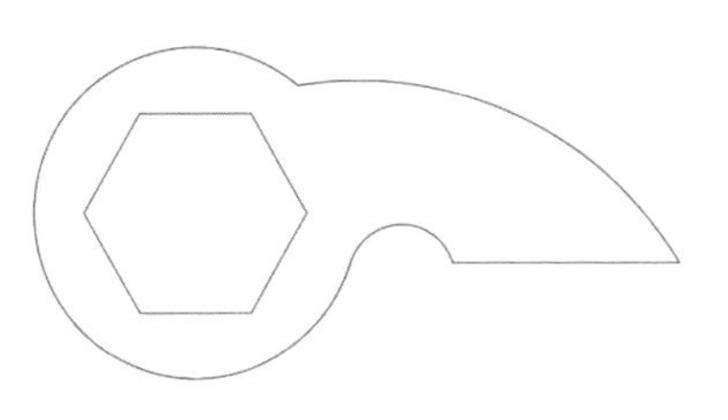

8-23　等分與陣列

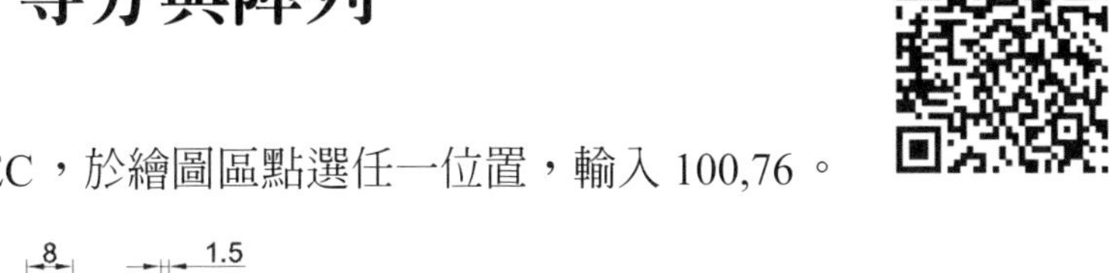

1. 輸入 REC，於繪圖區點選任一位置，輸入 100,76 。

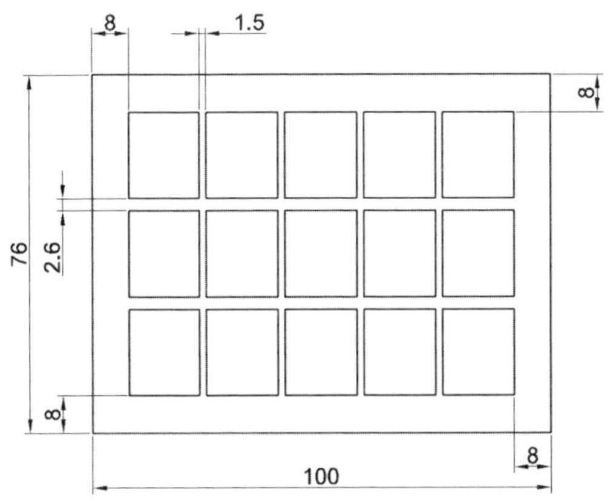

2. 輸入 O ，輸入偏移距離 8，選取矩形，移動滑鼠向內偏移，點擊左鍵確定。
3. 輸入 X，將偏移的矩形分解。
4. 輸入 O，偏移距離設爲 6（1.5 的距離總和），將右偏移線朝左偏移，點擊左鍵確定。
5. 輸入 O ，偏移距離設爲 5.2（2.6 的距離總和），將上偏移邊朝下偏移，點擊左鍵確定。

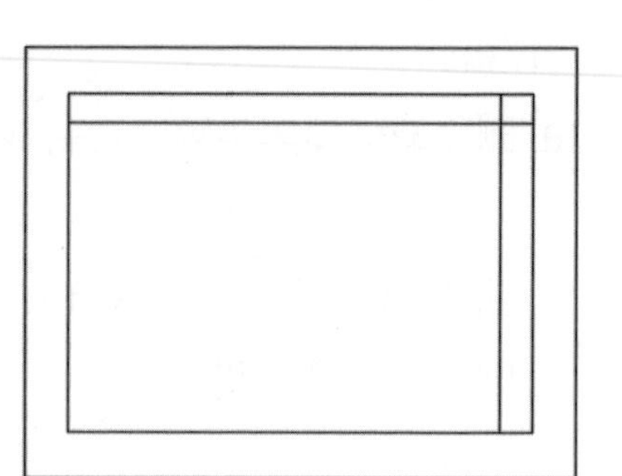

6. 輸入 TR ，按兩次 ENTER ，將左偏移線與下偏移線的上方及右方進行修剪。
7. 刪除直線 ABCD。
8. 輸入 SC ，選取左偏移線，縮放點爲左偏移線下端點，比例值爲 1/3 。

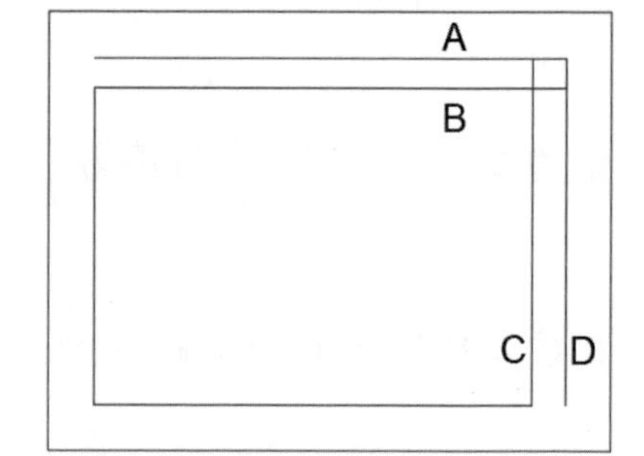

9. 按 ENTER ，選取下偏移線，縮放點爲左偏移線下端點，比例值爲 1/5 。
10. 輸入 L ，選取垂直線上端點，滑鼠水平朝右後，爲了得到長度，可以移動滑鼠與下偏移線的右端點碰觸（非點擊），再垂直拉回水平位置，將會出現追蹤鎖點綠虛線，此時再點擊左鍵確認長度，再移動滑鼠朝下與水平線右端點接合，按 ESC 離開。
11. 輸入 O ，偏移距離設爲 2.6，將短水平線朝上偏移，按 ENTER 離開。

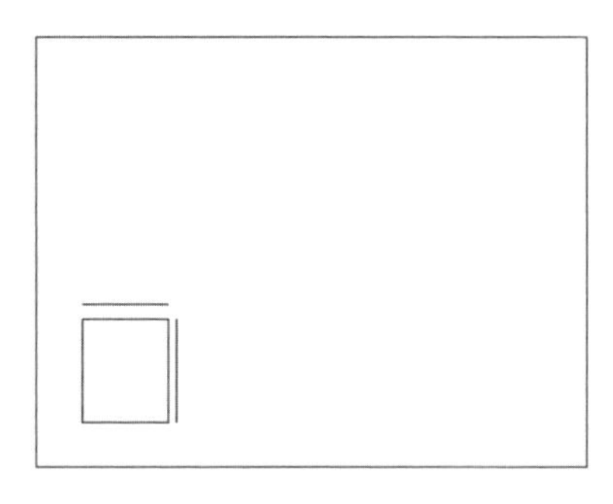

12. 再按 ENTER 鍵，輸入偏移距離爲 1.5，將短垂直線朝右偏移。
13. 窗選小矩形，輸入 ARRAYCLASSIC，點選矩形陣列，列數爲 3，行數爲 5，點選兩種偏移按鈕，抓取 A 點與 B 點，B 點的抓取可以移動滑鼠與上偏移線右端及右偏移線的上端點碰觸（非點擊），再拉回到水平位置將會出現追蹤鎖點綠虛線，此時再點擊左鍵確認，按下確定按鈕。

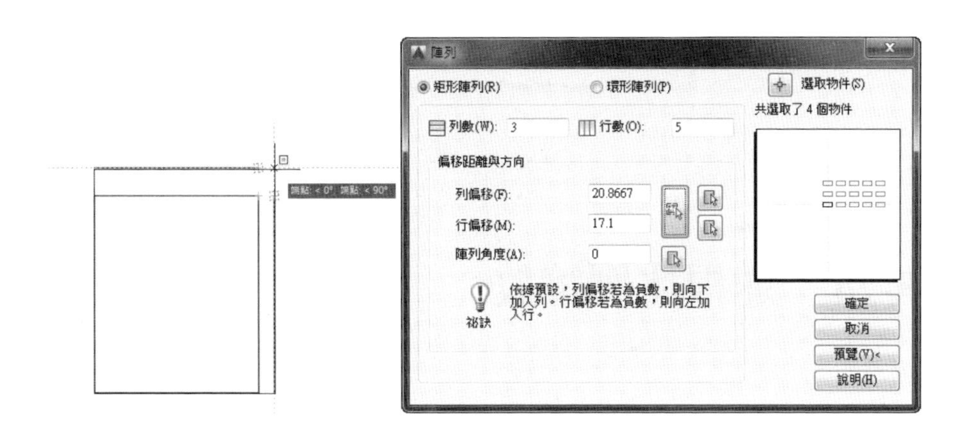

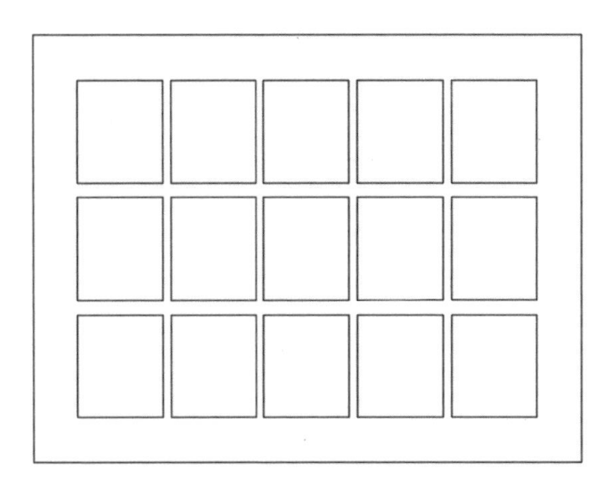

14. 輸入 OVERKILL，窗選整個圖形後按 ENTER，於對話框中直接按下確定按鈕，刪除重複的線段。

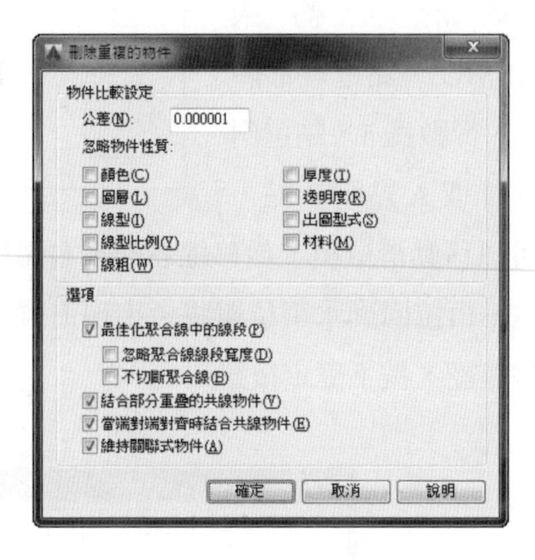

15. 完成。

8-24 連桿比例縮放

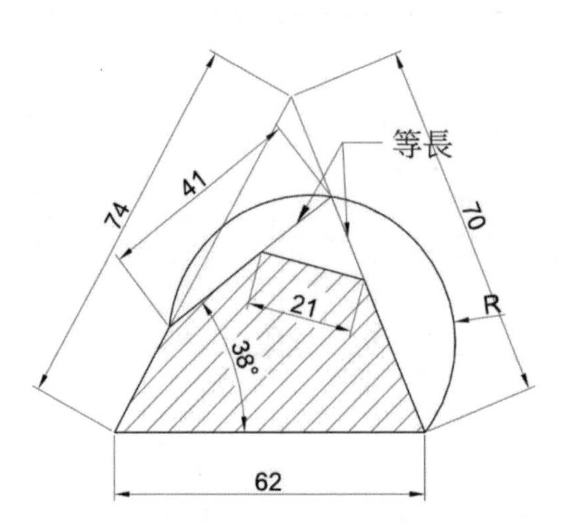

1. 輸入 L，於繪圖區中任意點擊一點，再將滑鼠水平移動，出現基準線後輸入 62，按 ESC 鍵離開。
2. 輸入 C，點擊水平線左端點，輸入 74，畫一圓。
3. 按 ENTER 鍵，點擊水平線右端點，輸入 70，畫一圓。
4. 輸入 L，點擊水平線左端點，再點擊兩圓之上交點，再點擊水平線右端點，按 ESC 鍵離開。
5. 按 ENTER 鍵，點擊水平線左端點，輸入 @20<38（20 為參考長度），按 ESC 鍵離開。
6. 刪除兩圓。
7. 輸入 EX，選擇右斜線為延伸邊界，按 ENTER 後，點選 38 度斜線（偏右側）以進行延伸，按 ESC 鍵離開。
8. 輸入 SC，選擇 38 度斜線，再指定三角形頂點為縮放點，輸入 R，點選 38 度斜線左端點，再點擊 38 度斜線右端點，輸入 41。
9. 輸入 C，以 A 點為中心點畫一半徑為 15 的圓（此圓半徑為參考用，目的在取等長之用）。
10. 輸入 L，先後點擊線與圓的兩個交點，按 ESC 鍵離開。
11. 刪除圓。
12. 輸入 SC，選擇剛完成的斜線，再指定 A 點為縮放點，輸入 R，點選該斜線左端點及右端點，輸入 21。

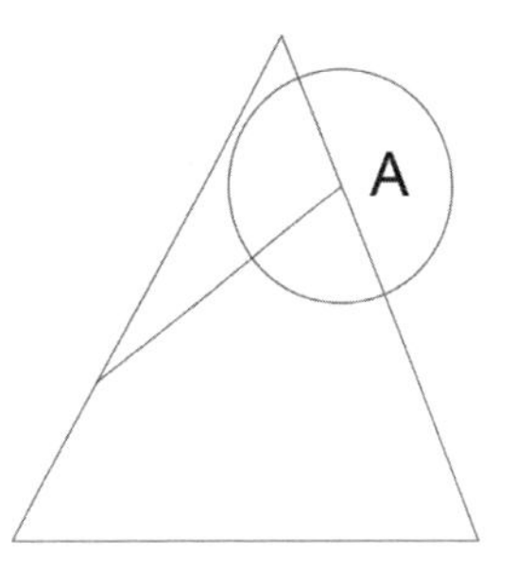

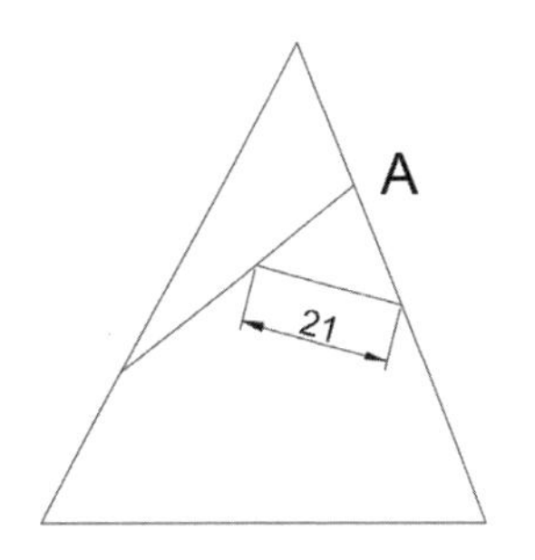

13. 使用 3 點畫弧，依序點選 B、A、C 點。

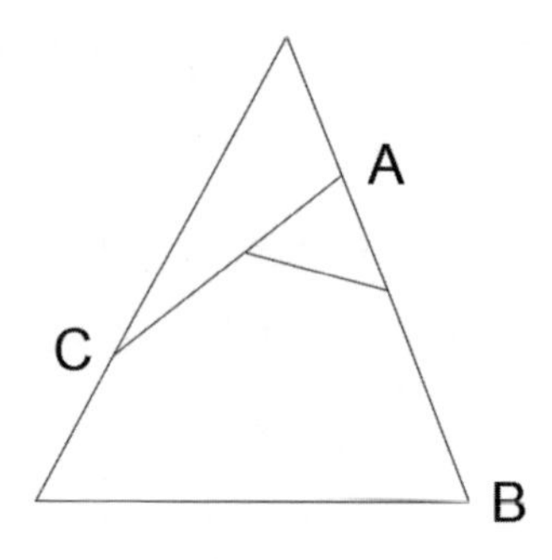

14. 使用 LI 指令，列出 R 值大小（28.4570）。

```
AutoCAD 文字視窗 - D1.dwg
編輯(E)
指令:
指令: _.erase 找到 3 個

指令:
指令:
指令: _arc 指定弧的起點或 [中心點(C)]:
指定弧的第二點或 [中心點(C)/終點(E)]:
指定弧的終點:
指令: LI
LIST
選取物件: 找到 1 個

選取物件:

                  弧          圖層:「Dim」
                              空間: 模型空間
                  處理碼 = 6754
              中心點 點，  X=1477.3325  Y=-597.3895  Z=    0.0000
               半徑   28.4570
               起點 角度    322
               終點 角度    174
           長度  105.1774

指令:
```

8-25 比例縮放

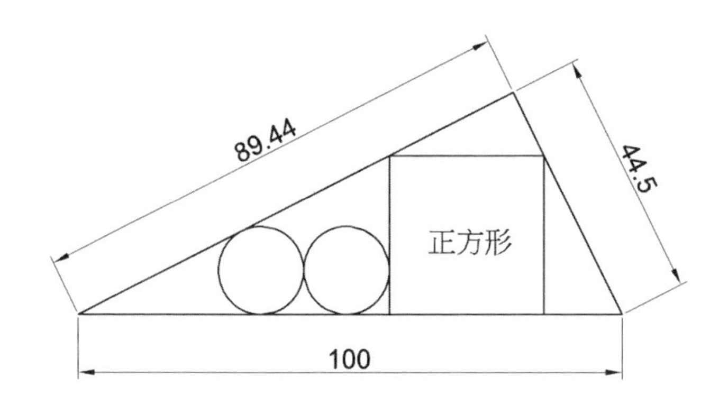

1. 輸入 L ，在繪圖區中任意點擊一點，將滑鼠水平移動輸入 100，按 ESC 離開。
2. 輸入 C，點選線段左端點，輸入 89.44 。
3. 按下 ENTER，點選線段右端點，輸入 44.5 。
4. 輸入 L ，點選線段左端點，再將滑鼠移動至兩圓的上交點，再點選水平線段右端點，按 ESC 離開。
5. 選取兩圓，按 DEL 鍵刪除。
6. 輸入 C，輸入 T，點選銳角的兩直線後輸入半徑 5 (參考用)。
7. 輸入 CO ，先選取圓，再點選圓的左四分點，移動至圓的右四分點處，按 ESC 離開。
8. 輸入 L，將滑鼠移動至右圓的右四分點，將滑鼠垂直向下移動，出現物件鎖點追蹤線碰觸水平線時點擊左鍵，再將滑鼠垂直上移碰觸斜線時點擊左鍵，按 ESC 離開。
9. 輸入 RO ，點選垂直線，點選線段的上端點作爲旋轉點，輸入 C ，輸入 90 。
10. 輸入 CO ，選取垂直線，點選垂直線的上端點，再點選旋轉線的右端點，按 ESC 離開。

11. 輸入 L，點取銳角交點，再點擊正方形的右上交點，按 ESC 離開。
12. 輸入 EX ，點選右斜線作爲邊界按 ENTER 後，點選步驟 11 的線段進行延伸，按 ESC 離開。

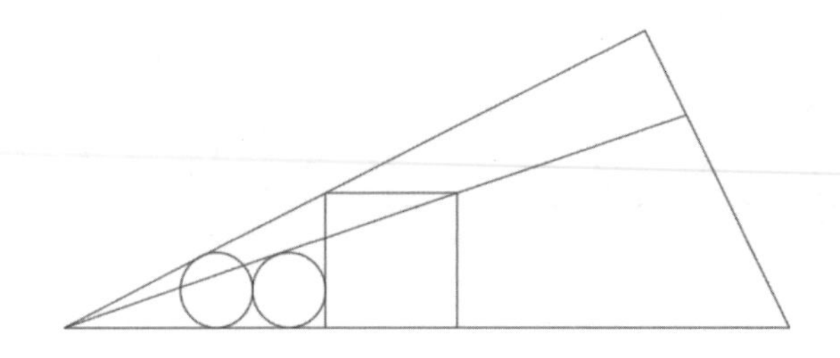

13. 輸入 SC ，選取步驟 6～10 的物件，點選銳角交點作爲縮放點，輸入 R ，點選銳角交點，再點擊正方形的右上交點，再將滑鼠移動至與右斜線相交處點擊完成。
14. 刪除步驟 11 的直線。

8-26　比例縮放

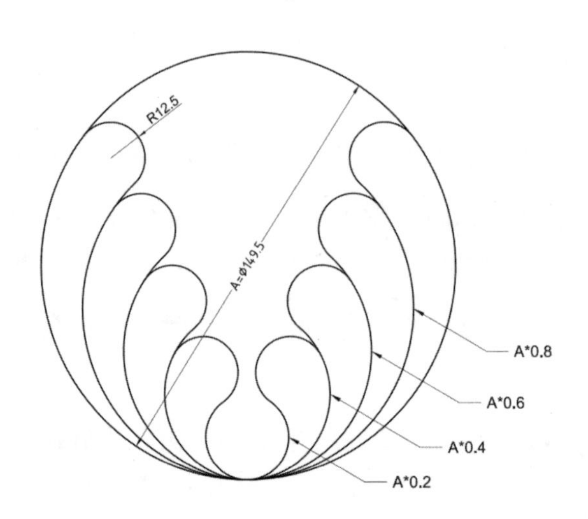

1. 輸入 C，於繪圖區中任意點選一點，輸入半徑 2（參考用）。
2. 按下滑鼠右鍵（等同於按 ENTER 鍵），輸入 2P，點選圓的下四分點，再將滑鼠垂直移動向上輸入 8；按下滑鼠右鍵，輸入 2P，點選圓的下四分點，再將滑鼠垂直移動向上輸入 12；按下滑鼠右鍵，輸入 2P，點選圓的下四分點，再將滑鼠垂直移動向上輸入 16；按下滑鼠右鍵，輸入 2P，點選圓的下四分點，再將滑鼠垂直移動向上輸入 20。
3. 輸入 SC，選取所有物件，點選圓的下四分點作爲縮放點，輸入 R，點選圓下四分點，再點擊最外圓上方四分點，輸入 149.5。
4. 輸入 C，輸入 T，依序點選相鄰兩圓，輸入半徑 12.5，完成切圓。
5. 重複步驟 4，完成所有右側切圓。
6. 輸入 MI，選取所有切圓，點選圓的下四分點，再將滑鼠垂直移動向上點擊，按 ENTER 保留原物件。

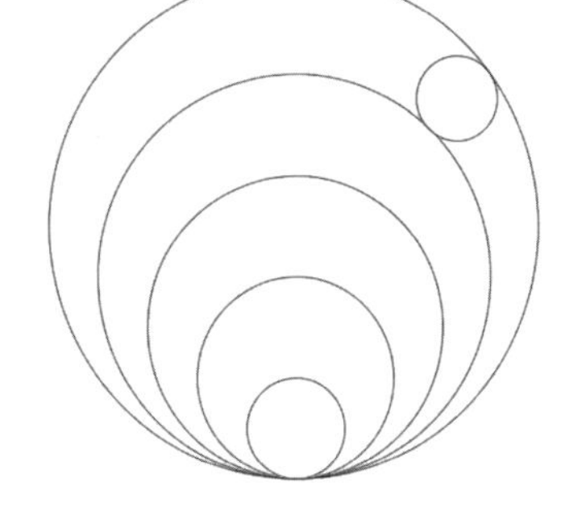

7. 輸入 TR，按兩次 ENTER，將圖形進行修整。

8-27 綜合應用

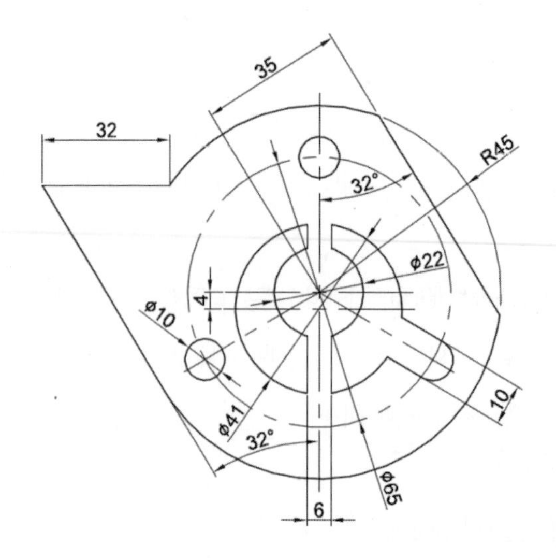

1. 輸入 L，於繪圖區中任意點擊一點，再將滑鼠水平往左移動，出現基準線後輸入 32，再輸入 @100<-58 按 ESC 鍵離開（100 爲參考長度），按 ESC 離開。
2. 輸入 C，以水平線右端點爲圓心畫一 R45 的圓。
3. 輸入O，輸入偏移位置45，將斜線朝右偏移點擊確定，按ESC離開。
4. 輸入 C，以圓與偏移線的交點爲圓心畫一 R45 的圓。
5. 輸入 O ，輸入偏移位置 35，將偏移線再朝右偏移，點擊確定，按 ESC 離開。
6. 刪除步驟 2 與步驟 3 的物件，輸入 TR，按兩次 ENTER，修剪圖形。

7. 輸入 C，以 R45 圓的圓心爲中心點畫一 R32.5 的圓。
8. 按下 ENTER 鍵，以該圓頂部四分點爲圓心，畫一半徑爲 5 的圓。
9. 按下 ENTER 鍵，以 R45 圓的圓心爲中心點畫一 R11 的圓。
10. 按下 ENTER 鍵，輸入 TK，將滑鼠垂直向下追蹤，輸入 4，結束追蹤按 ENTER，輸入 20.5 的圓。
11. 點選 R5 的圓準備進行陣列，輸入 ARRAYCLASSIC，點選環形陣列，點選中心點按鈕，點擊 R45 的中心點，輸入項目總數爲 3，布滿角度爲 360 度。

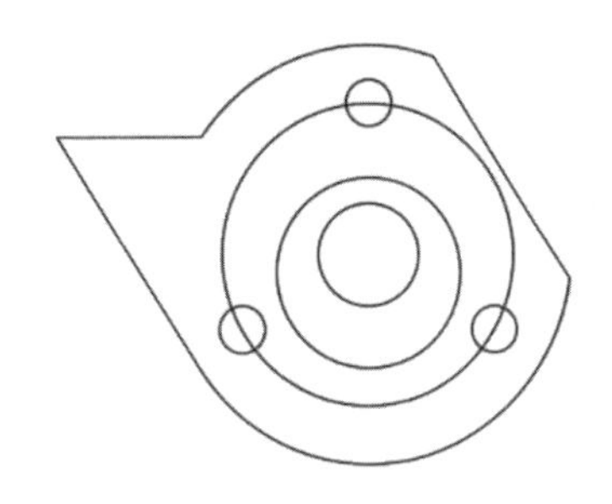

12. 刪除步驟 7 的圓。
13. 輸入 ML，按 J 歸零後，輸入 S，設定比例爲 6，點選 R45 的頂部四分點以及底部四分點，按 ESC 離開。
14. 按 ENTER 鍵，輸入 S，設定比例爲 10，點選右下方 R5 圓的圓心，再點選 R45 的圓心點，按 ESC 離開。
15. 輸入 X，選取兩條多線進行分解。
16. 輸入 TR，按兩次 ENTER，將多餘線與弧進行修剪或刪除，按 ESC 離開。

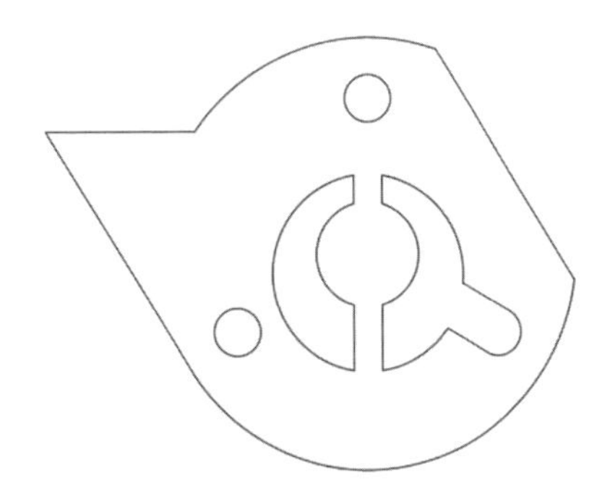

8-28 綜合應用

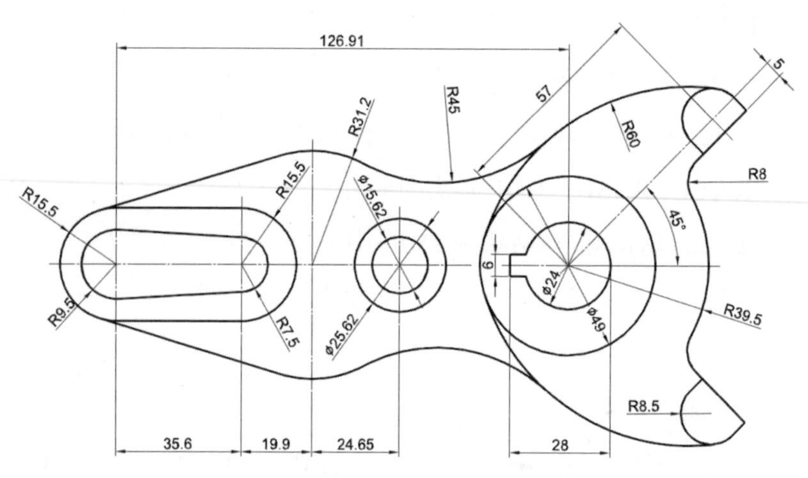

1. 輸入 C ，於繪圖區中任意點擊一點，輸入 9.5，按 ENTER ，再抓取圓中心點，輸入 15.5。
2. 按 ENTER ，輸入 TK ，抓取同心圓中心點，滑鼠往右水平移動，出現追蹤線時輸入 35.6，按 ENTER 結束追蹤，再按 ENTER（半徑相同）。
3. 按 ENTER，再抓取圓中心點，輸入 7.5。
4. 按 ENTER ，輸入 TK ，抓取前步驟之同心圓中心點，滑鼠往右水平移動，出現追蹤線時輸入 19.9，按 ENTER 結束追蹤，輸入 31.2。
5. 按 ENTER ，輸入 TK ，抓取前步驟之圓中心點，滑鼠往右水平移動，出現追蹤線時輸入 24.65，按 ENTER 結束追蹤，輸入 D ，輸入 15.62，按 ENTER，再抓取圓中心點，輸入 D，輸入 25.62。
6. 按 ENTER ，輸入 TK ，抓取步驟 1 之圓中心點，滑鼠往右水平移動，出現追蹤線時輸入 126.91，按 ENTER 結束追蹤，輸入 12，按 ENTER ，再抓取圓中心點，輸入 D ，輸入 49，按 ENTER ，再抓取圓中心點，輸入 39.5 。

7. 輸入 L ，輸入 TAN ，點取左 R15.5 圓，輸入 TAN ，點取 R31.2 圓，按 ESC 離開。
8. 按 ENTER，點取左 R15.5 圓頂四分點，點取右 R15.5 圓頂四分點，按 ESC 離開。
9. 按 ENTER，輸入 TAN，點取左 R9.5 圓，輸入 TAN ，點取 R7.5 圓，按 ESC 離開。
10. 按 ENTER，點取最右圓的圓心，輸入 @57<45，按 ESC 離開。
11. 輸入 C ，點選線段右端點，輸入 8.5 。
12. 輸入 O ，輸入 5，點選 45 度線，向右下方偏移，點擊確認，按 ESC 離開。
13. 輸入 ML ，輸入 J 並歸零，輸入 S ，輸入 17，點取兩線的右端點後，按 ESC 離開。
14. 輸入 EX ，點選多線後按 ENTER ，再將偏移線延伸至多線。

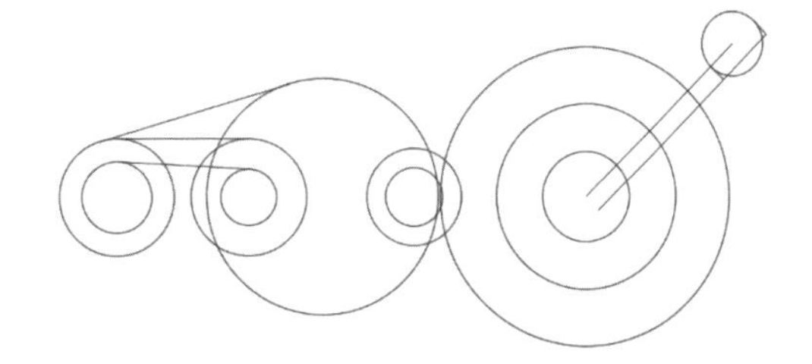

15. 輸入 C ，輸入 T ，點選 R8.5 圓上方，點選直徑 49 圓的左方，輸入半徑 60 。

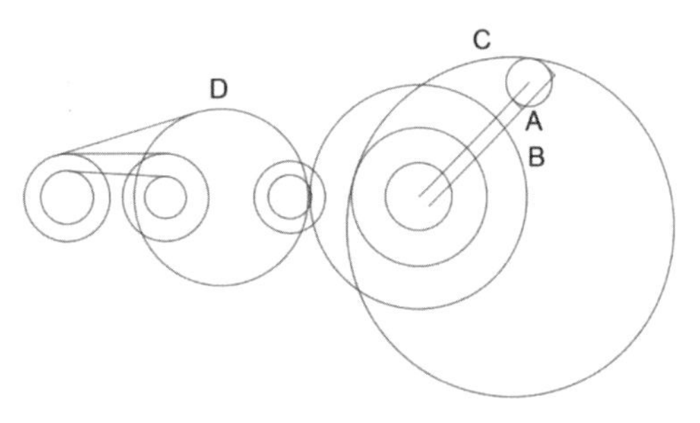

16. 輸入 F，輸入 R，輸入 8，點選 A、B，按 ENTER，輸入 R，輸入 45，點選 C、D。
17. 輸入 MI，將上半部新增物件窗選起來，再點選 R60 圓後按 ENTER，點選任兩同心圓中心鏡射，按 ENTER 保留原物件。

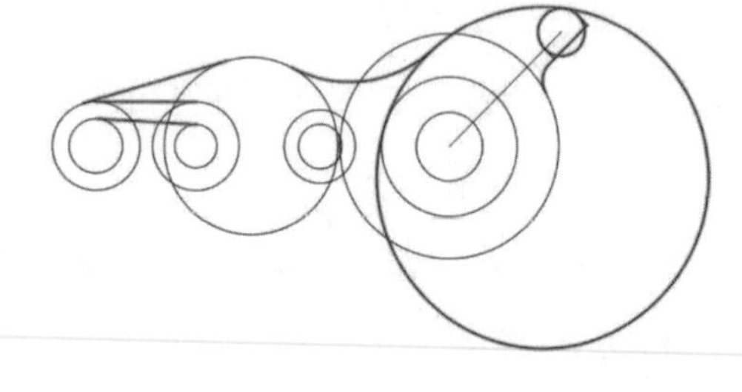

18. 輸入 TR 後按 ENTER，進行修整並刪除修整後的多餘物件。

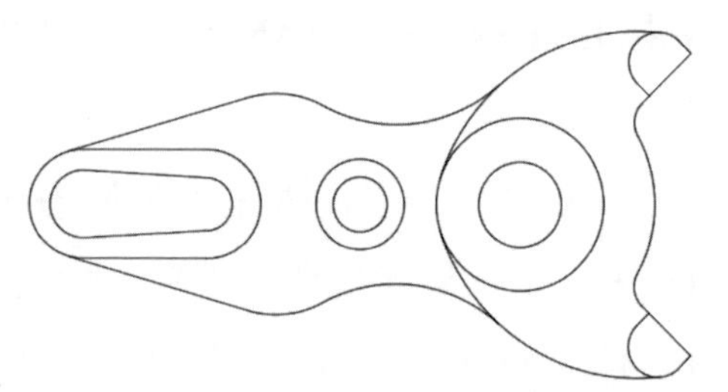

19. 輸入 ML，輸入 S，輸入 6，點選直徑 24 的圓右四分點，將滑鼠朝左水平移動輸入 28，按 ESC 離開。
20. 輸入 L，分別點選多線的左邊端點，按 ESC 離開。
21. 輸入 TR 後按 ENTER，進行修整，按 ESC 離開。

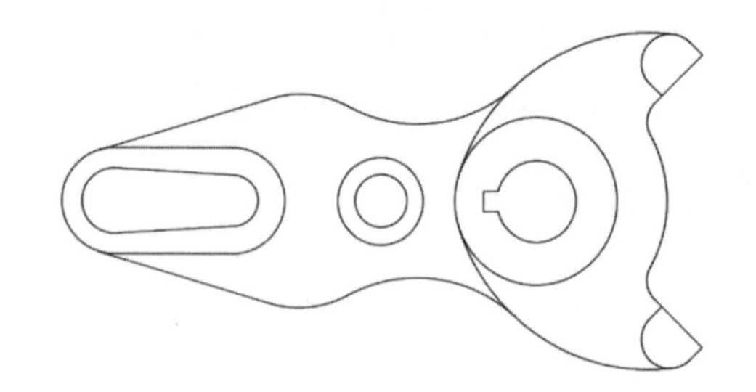

8-29　綜合應用

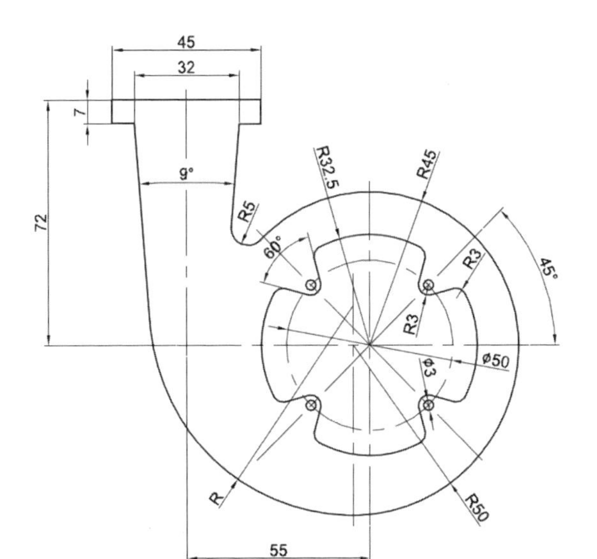

1. 輸入 REC，於繪圖區中任意點擊一點，再輸入 45,7。
2. 輸入 ML，輸入 J 歸零後，輸入 S，設定比例為 32，點擊矩形上水平線的中點，將滑鼠垂直移動向下，輸入 72，按 ESC 鍵離開。
3. 輸入 X，選取所有圖形，按下 ENTER 進行分解。
4. 輸入 RO，點選右垂直線，以 A 為旋轉中心點，輸入 -4.5 度。
5. 按 ENTER，點選左垂直線，以 B 為旋轉中心點，輸入 4.5 度。
6. 輸入 C，輸入 TK，點選矩形上水平線的中點做為追蹤起點，將滑鼠垂直向下追蹤輸入 72，移動滑鼠向右輸入 55，按 ENTER 結束追蹤，

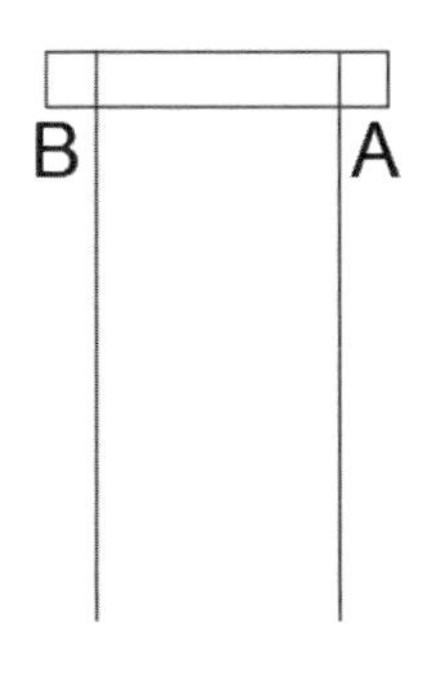

輸入半徑 45。

7. 按 ENTER ，輸入 TK ，點選圓心做爲追蹤起點，將滑鼠向左追蹤輸入 5，按 ENTER 結束追蹤，輸入半徑 50。

8. 輸入 L，畫一垂直線，通過 R50 的圓心，垂直向下長度設爲 60，按 ESC 離開。

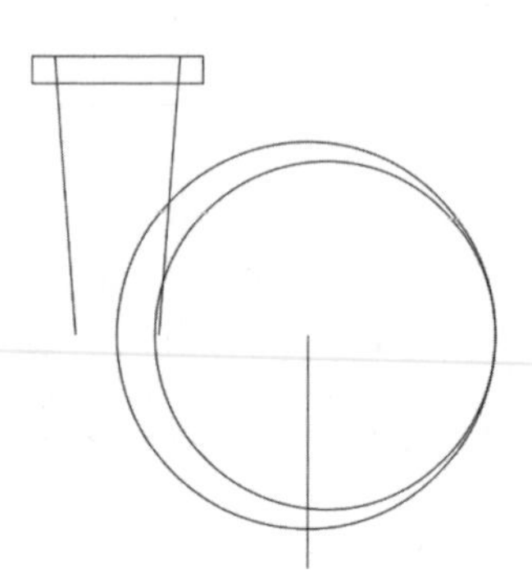

9. 輸入 TR ，按兩次 ENTER ，將多餘線段與弧線進行修剪，按 ESC 離開。

10. 使用 3 點畫圓，第一點選 A 端點，輸入 TAN ，點選 B 線，輸入 PER ，點選 C 線。

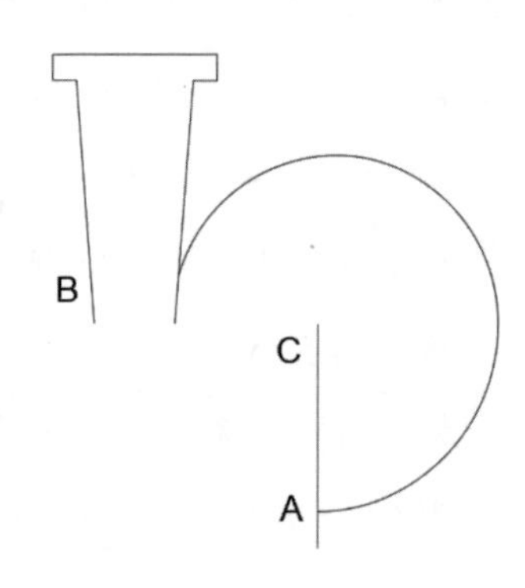

11. 輸入 TR ，按兩次 ENTER ，將多餘線段與弧線進行修剪，按 ESC 離開。

12. 刪除步驟 8 的直線。

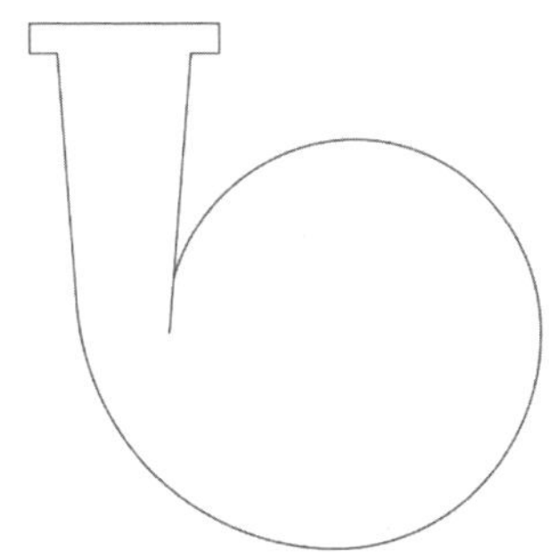

13. 輸入 F，輸入 R，輸入 5，點選 A 及 B。
14. 輸入 C，以 R45 的圓心爲中心點，輸入半徑 32.5，按 ENTER ，再以同圓心畫一半徑 25 的圓。

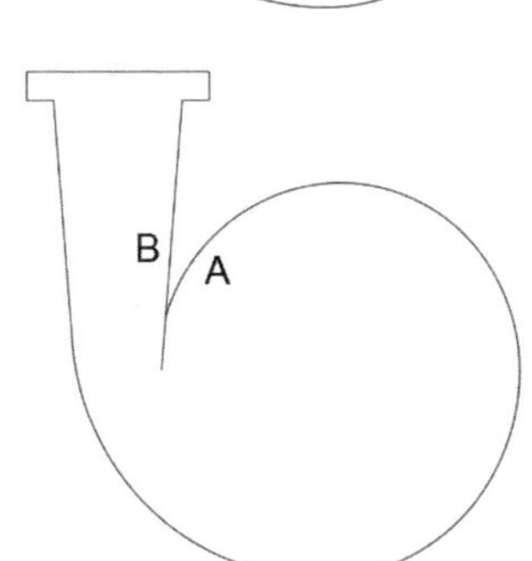

15. 按 ENTER，於 25 半徑的圓上四分點處爲圓心畫一半徑 3 的圓，按 ENTER ，再以同圓心畫一半徑 1.5 的圓。

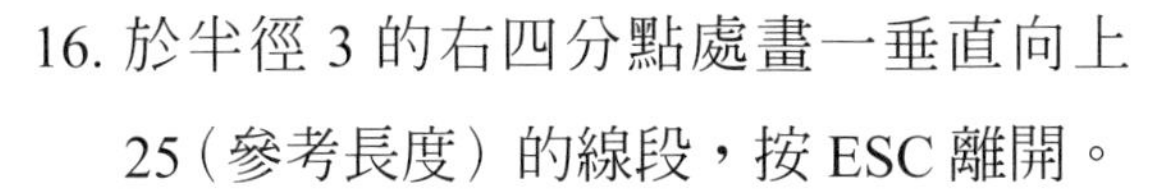

16. 於半徑 3 的右四分點處畫一垂直向上 25（參考長度）的線段，按 ESC 離開。

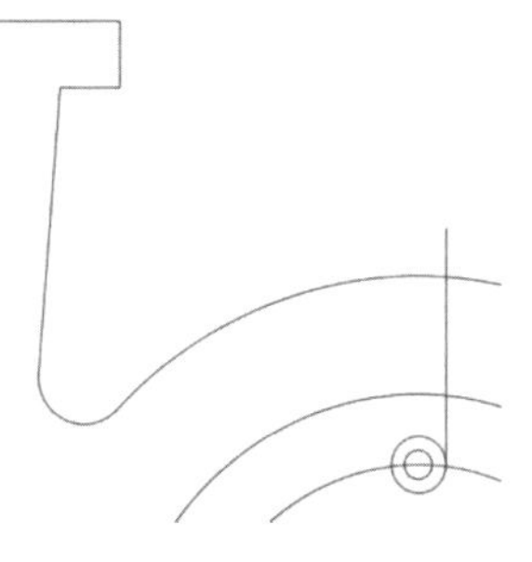

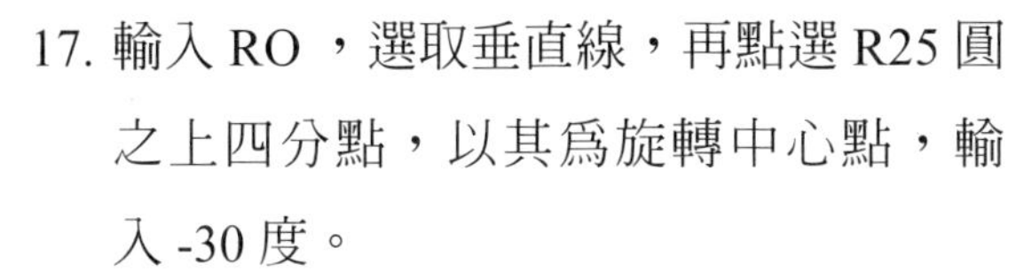

17. 輸入 RO ，選取垂直線，再點選 R25 圓之上四分點，以其爲旋轉中心點，輸入 -30 度。

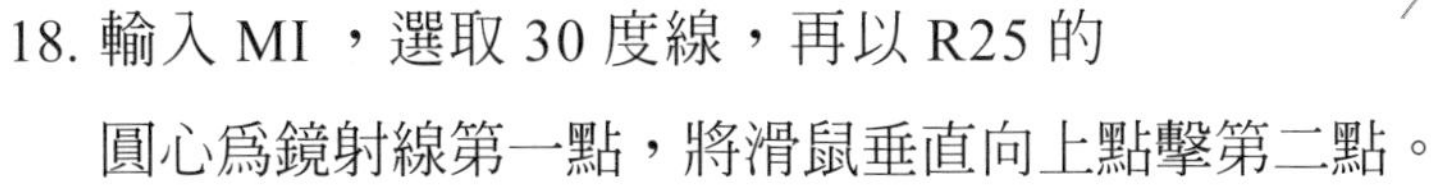

18. 輸入 MI ，選取 30 度線，再以 R25 的圓心爲鏡射線第一點，將滑鼠垂直向上點擊第二點。
19. 輸入 F ，輸入 R ，半徑設爲 3，輸入 M ，點選 R32.5 的圓及 30 度線，完成兩側倒圓，按 ESC 鍵離開。

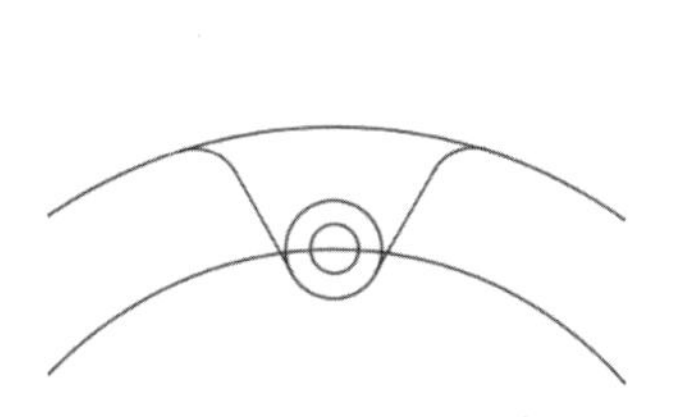

20. 刪除 R25 的圓。
21. 輸入 RO，窗選旋轉物件，點選 R32.5 圓心點，做爲旋轉中心點，輸入 -45 度。
22. 輸入 TR ，按兩次 ENTER ，將多餘弧線進行修剪，按 ESC 離開。
23. 窗選要進行陣列的物件後，輸入 ARRAYCLASSIC ，點選環形陣列，點選中心點按鈕，點擊 R32.5 中心點，輸入項目總數爲 4，布滿角度爲 360 度。
24. 輸入 TR 按兩次 ENTER，將多餘弧線進行修剪，按 ESC 離開。

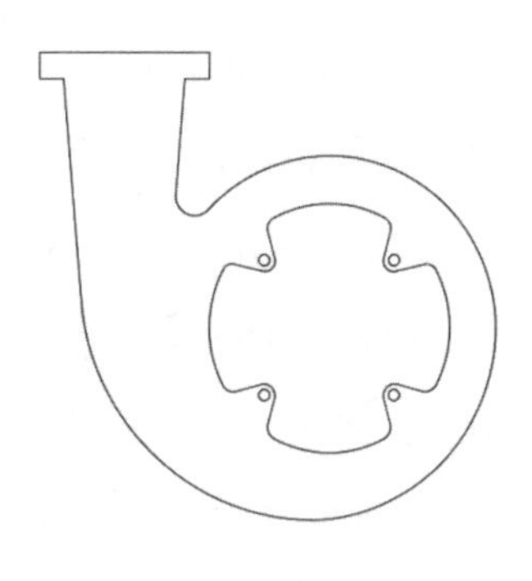

25. 輸入 H ，樣式設爲 LINE ，角度輸入 45，比例設爲 1，點擊要進行剖面區域中任一點後完成圖形的剖面繪製。
26. 輸入 LI，點選剖面線。列示出扣除內孔之面積。

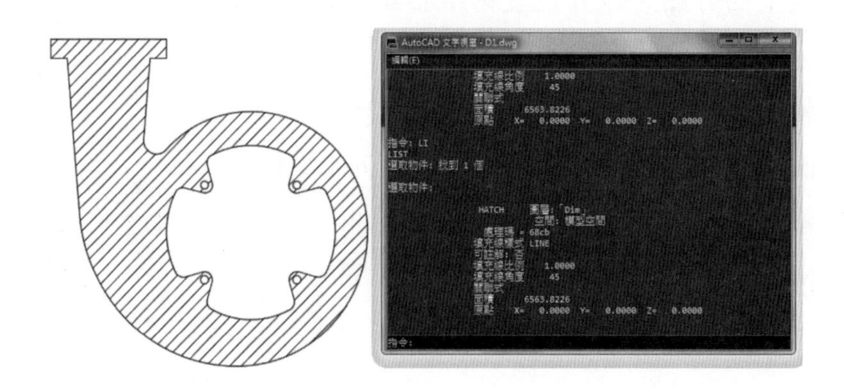

8-30 圖層應用

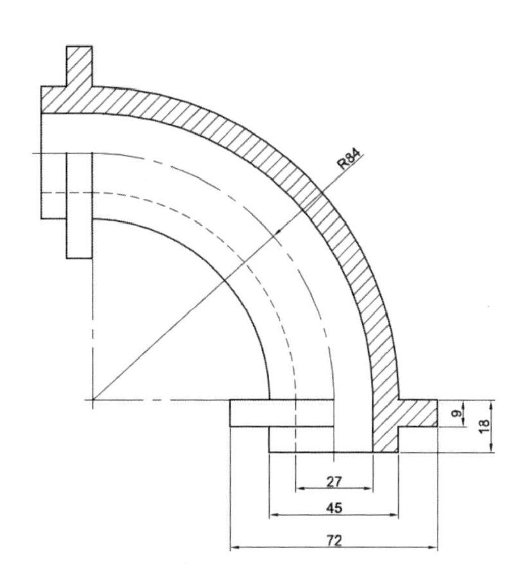

1. 點選圖層性質按鈕，於對話框中點擊 新圖層按鈕，根據下表建立並定義各圖層的顏色、線型、線粗等基本屬性。

名稱	顏色	線型	線粗	備註
0	白	Continuous	0.5	系統內建圖層
Center	綠	Center2	0.15	
Defpoints	白	Continuous	預設	系統內建圖層
Dim	白	Continuous	0.15	
Hidden	洋紅	Hidden2	0.3	

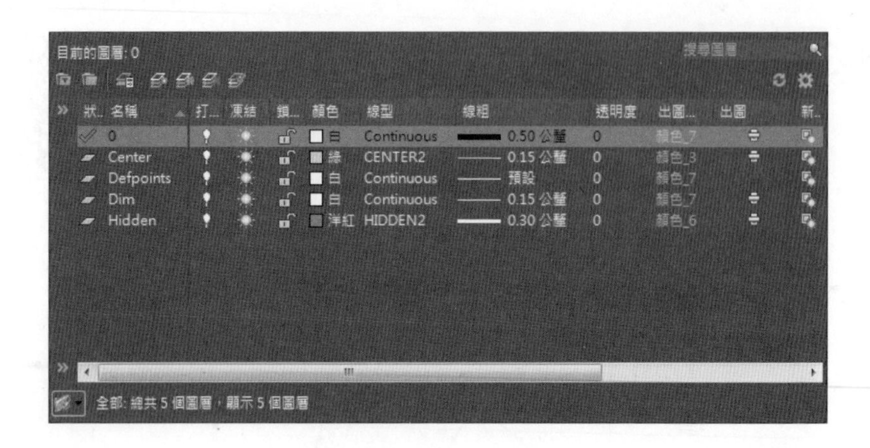

2. 確認工具列性質中的圖層均為 ByLayer。

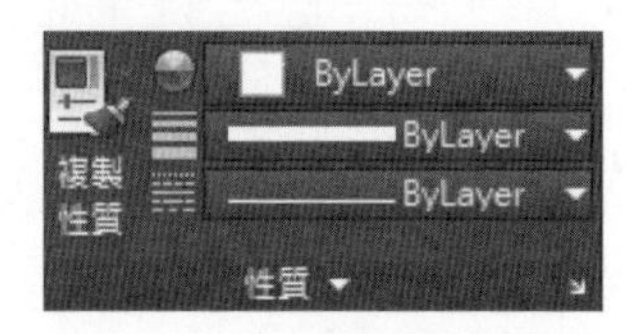

3. 設定圖層為 0，輸入 REC，點擊繪圖區中任一點，輸入 72,9。
4. 輸入 ML，輸入 J 並歸零後，輸入 S，輸入 45，點選矩形下方水平線中點，並將滑鼠垂直下移輸入 9，按 ESC 離開。
5. 按下 ENTER，輸入 S，輸入 27，點選矩形上方水平線中點，並將滑鼠垂直下移輸入 18，按 ESC 離開。
6. 輸入 L，點選多線 45 的左右兩端補上水平線，按 ESC 離開。
7. 按下 ENTER，點選上水平線中點以及下水平線中點，完成一垂直線，按 ESC 離開。
8. 輸入 A，點擊矩形上方水平線中點，輸入 C，將滑鼠水平移至左側，輸入 84，將滑鼠垂直向上點擊，完成一圓弧。
9. 窗選步驟 3～7 所有圖形，輸入 MI，點選圓弧中心點，將滑鼠往右上移動，當角度鎖定 45 度時點擊確認鏡射軸，按 ENTER。

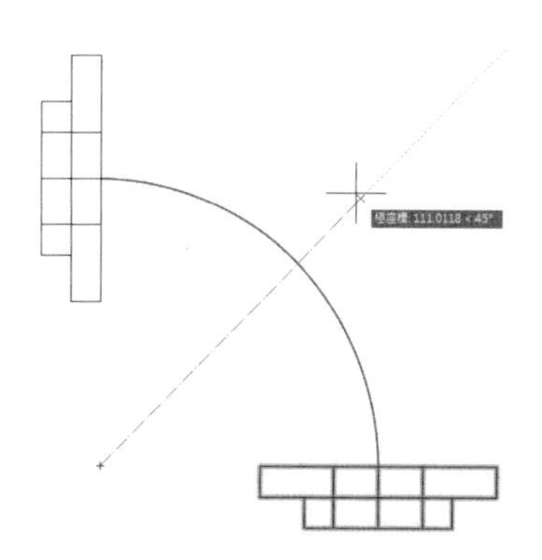

10. 輸入 O ，輸入 13.5，點選圓弧，將其朝外偏移，再點選圓弧將其朝內偏移，按 ESC 離開。
11. 輸入 ENTER ，輸入 22.5，同樣點選 R84 圓弧，將其朝外偏移，再點選圓弧，將其朝內偏移，按 ESC 離開。
12. 輸入 X ，窗選整個圖形，並按 ENTER。
13. 輸入 TR，按 ENTER 兩次，將多餘的線段進行修整，按 ESC 離開。

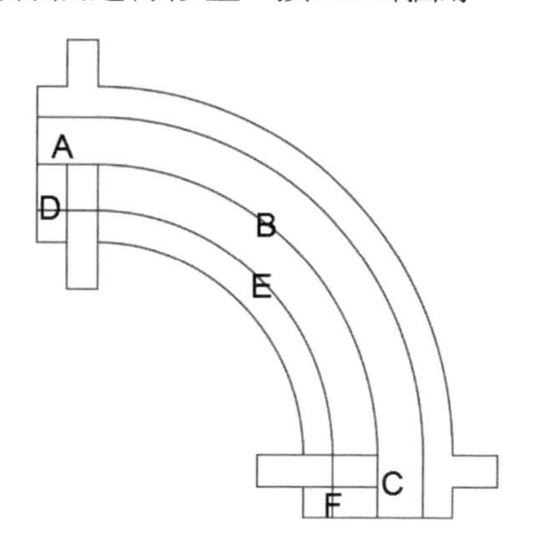

14. 點選 A 、B 、C 物件，點選圖層的 Center 圖層後，按 ESC 離開。
15. 點選 D 、E 、F 物件，點選圖層的 Hidden 圖層後，按 ESC 離開。
16. 點擊圖層至 Dim 圖層（設為工作圖層）。
17. 輸入 H ，設定樣式為 LINE ，設定角度為 45，點擊 G 中任一點，按 ESC 離開。

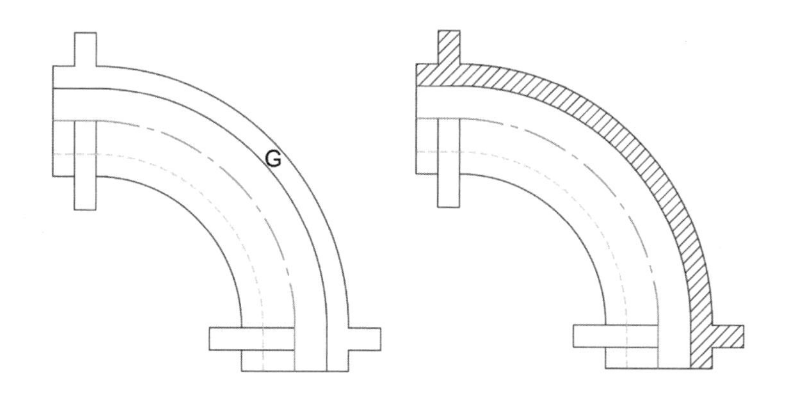

18. 輸入 LEN ，輸入 DE ，輸入 3，點選中心線下緣，以及水平中心線左側，按 ESC 離開。

19. 點選註解的線性標註 按鈕，點取工作圖中的線段端點，再擺放至適當位置。

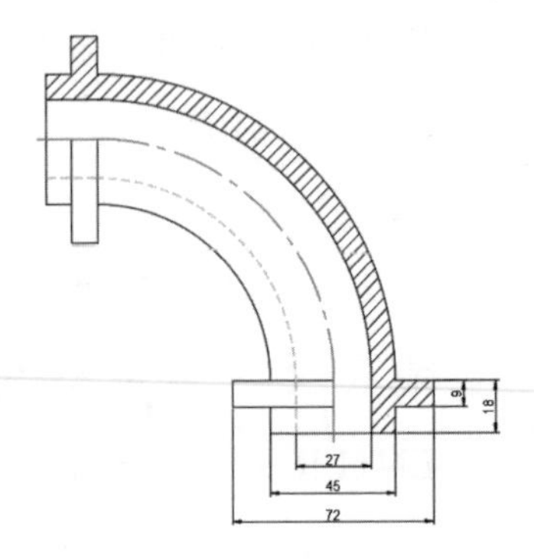

20. 點選註解的半徑標註 按鈕，點取工作圖中的圓弧，再擺放至適當位置。

21. 點擊圖層至 Center 圖層（設爲工作圖層）。

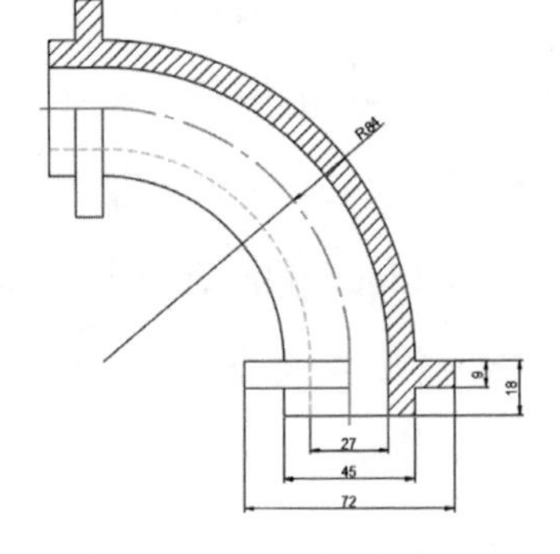

22. 輸入 L，依序抓取 a 、圓心點、b 點完成圖形，按 ESC 離開。

23. 輸入 LEN ，輸入 DE ，輸入 3，分別點選兩中心線左、下緣，按 ESC 離開，完成圖形。

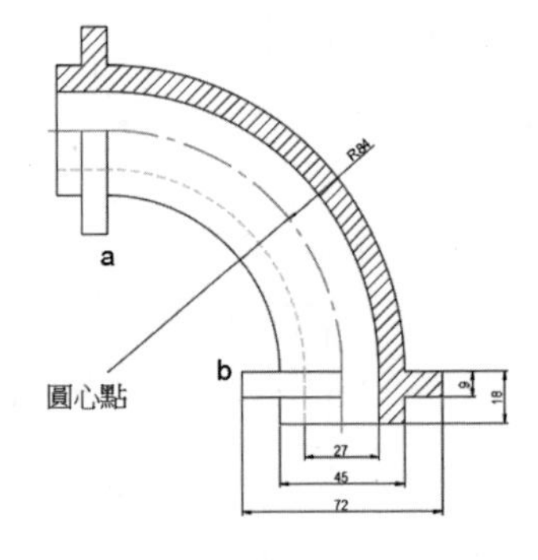

8-31 圖層應用

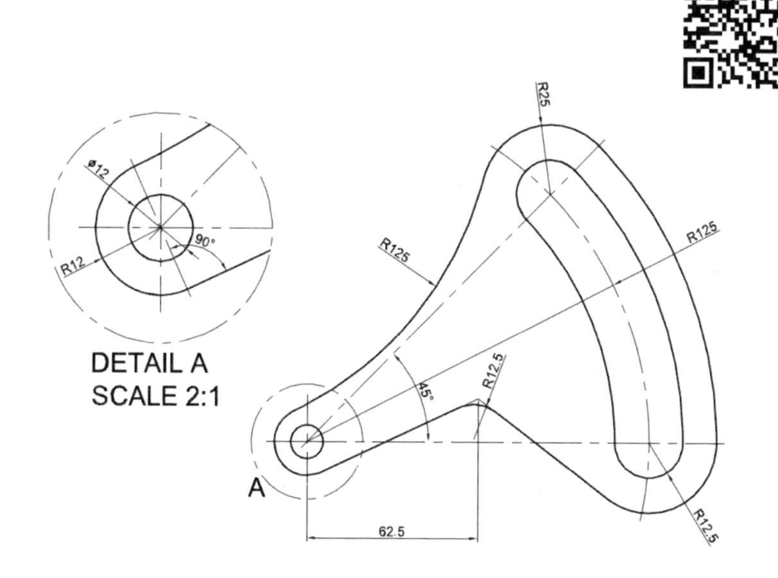

1. 先確認圖層之設定，以第 0 圖層繪製輪廓；輸入 C，於繪圖區中任意點擊一點做為中心點，輸入 6，按 ENTER ，選取中心點，輸入 12 。
2. 按 ENTER ，輸入 TK ，選取中心點，將滑鼠往右水平移動，出現追蹤線輸入 125，結束追蹤按 ENTER，輸入 12.5，按 ENTER，選取中心點，輸入 25 。
3. 輸入 RO ，選取右側同心圓，點擊左同心圓的中心，輸入 C ，輸入 45 。
4. 輸入 C ，點擊左同心圓的中心做為圓心點，輸入 TAN ，點取 R25 的右圓弧，按 ENTER ，抓取同一中心點位置，輸入 TAN ，點取 R12.5 的右圓弧；按 ENTER ，抓取同一中心點位置，輸入 TAN ，點取 R12.5 的左圓弧。

5. 輸入 TR ，選取 R25 的兩圓按 ENTER，將圖形修整至下圖，按 ESC 離開。

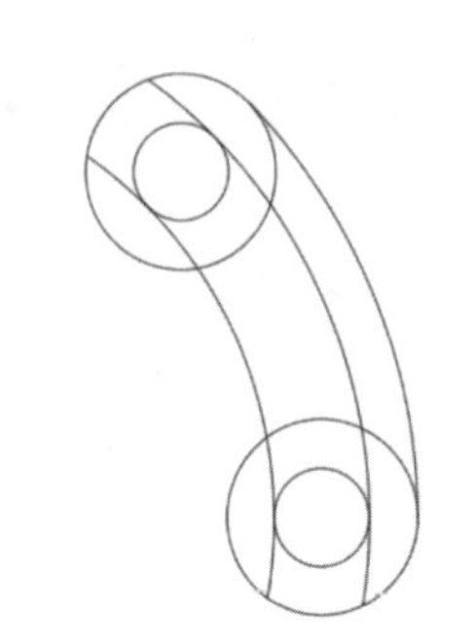

6. 輸入 TR，按兩次 ENTER，將圖形修整至下圖，按 ESC 離開。

7. 輸入 F ，輸入 R ，輸入 125，分別點選上圓弧與左圓。

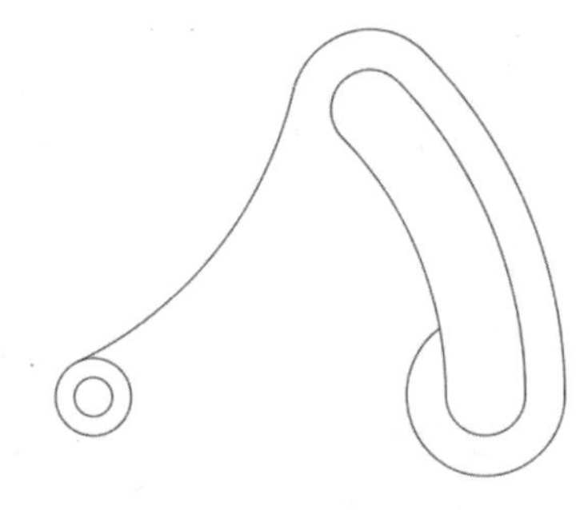

8. 輸入 L ，輸入 TK ，點選左同心圓中心點，再將滑鼠水平移動，出現追蹤線時輸入 62.5，結束追蹤按 ENTER ，再將滑鼠垂直朝上輸入 20 畫一直線（參考用），按 ESC 離開。

9. 按 ENTER，點選 A 點（切點），再點選圓心點，按 ESC 離開。

10. 輸入 EX ，點選左外圓按 ENTER 做爲延伸邊界，再點選步驟 9 的線段進行延伸，按 ESC 離開。

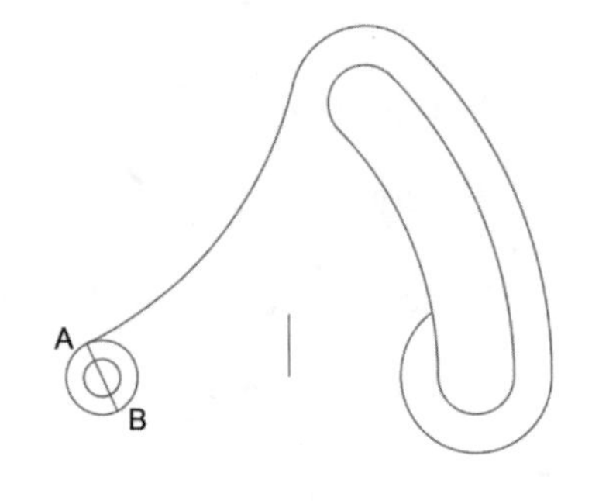

11. 輸入 RO，點選 B 點，點選延伸的線段，輸入 -90。

12. 輸入 EX ，點選垂直線後按 ENTER 做爲延伸邊界，再點選旋轉的線段進行延伸，按 ESC 離開。

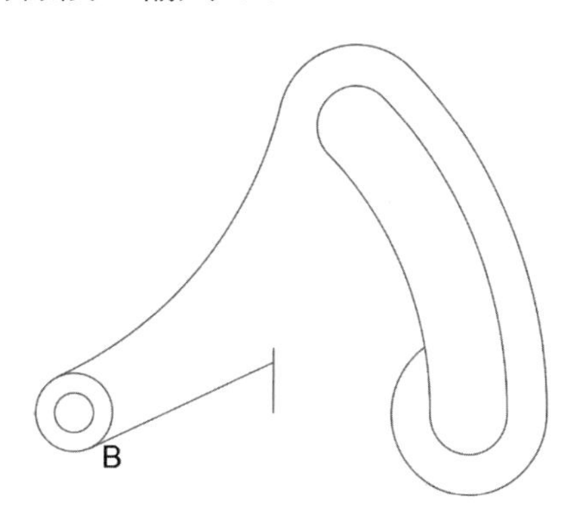

13. 刪除垂直線，輸入 L ，點選線段端點，輸入 TAN ，點選右下圓弧。

14. 輸入 TR，按兩次 ENTER，將兩側圓弧修整，按 ESC 離開。

15. 輸入 F ，輸入 R ，輸入 12.5，點選兩直線完成倒圓。

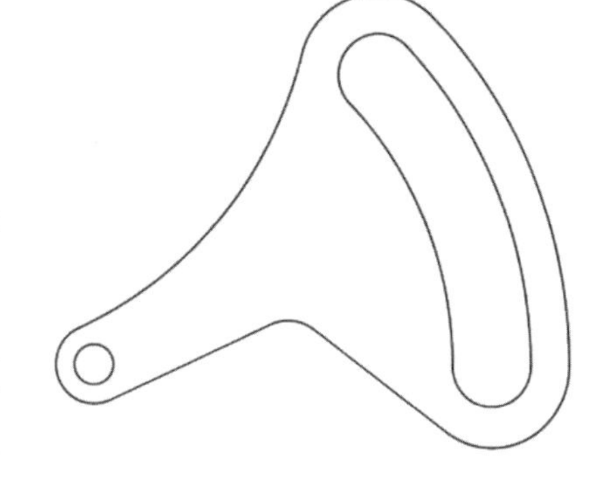

16. 切換圖層至 Center ，輸入 C ，點選左同心圓中心點，輸入半徑 20（參考用）。

17. 輸入 L ，依照工作圖完成各直線的繪製，輸入 C ，完成 R125 圓，使用 TR 指令修整。

18. 使用 EX 指令，將直線延伸至適當之邊線處。

19. 輸入 LEN，輸入 DE ，輸入 3，依工作圖點選中心線將其延伸出物件外部。

20. 輸入 CO ，框選圖形，點取左圓中心，將圖形複製移動到左上角適當位置。

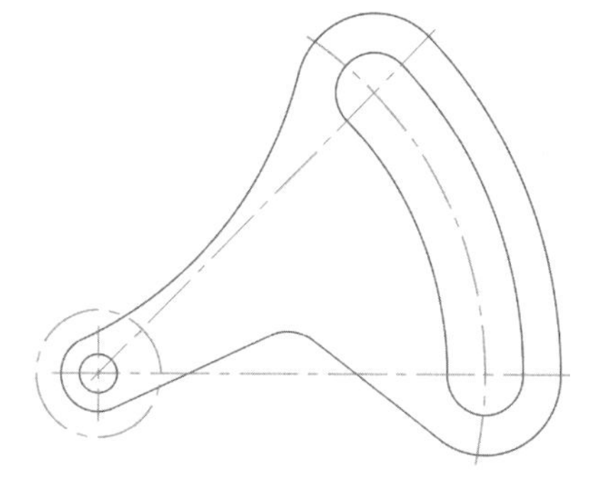

21. 輸入 TR，點選外圓後按 ENTER，將圖形修整，按 ESC 離開。
22. 輸入 SC ，窗選複製的所有圖形，以複製圖形的圓心點為中心放大 2 倍。

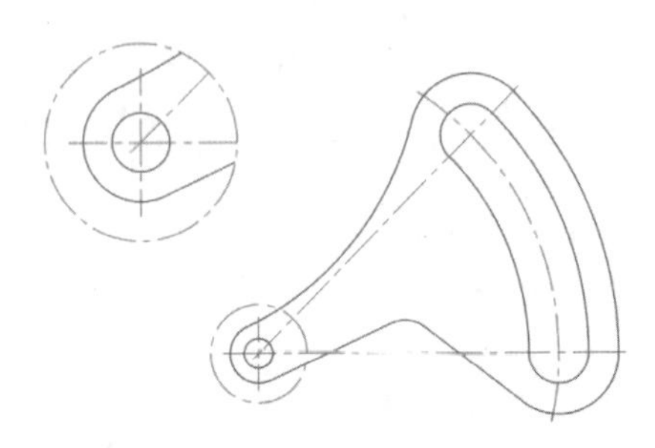

23. 將圖層切換至 DIM ，使用 角度 、 半徑 、 完成下圖所示之標註。

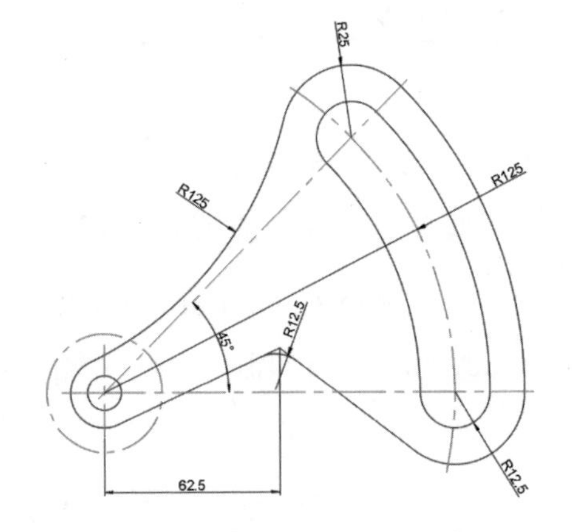

24. 點擊 多行文字，於要輸入文字區的地方點取文字框左下角，再拉出文字輸入範圍，輸入文字「A」後按 ESC，儲存變更離開。
25. 重複前一步驟輸入「DETAIL A」按 ENTER 換行，再輸入「SCALE 2：1」後按 ESC，儲存變更離開。
26. 輸入 D，於標註型式管理員對話框中點擊新建。新型式名稱設為 2X ，啓始於 ISO-25，點擊繼續按鈕，量測比例設為 0.5，按確定按鈕。

27. 點擊新建，起始於 2X ，用於直徑標註，點擊繼續按鈕，於字首輸入 %%C，按確定按鈕，關閉標註型式管理員對話框。

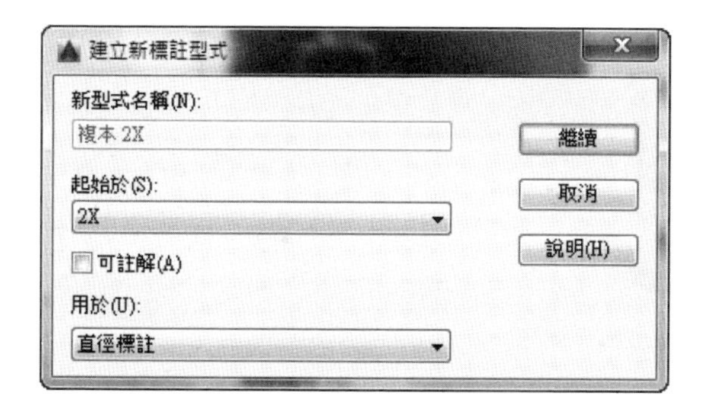

28. 確認標註型式為 2X ，使用 角度 、 半徑 、 直徑 完成下圖所示之標註。

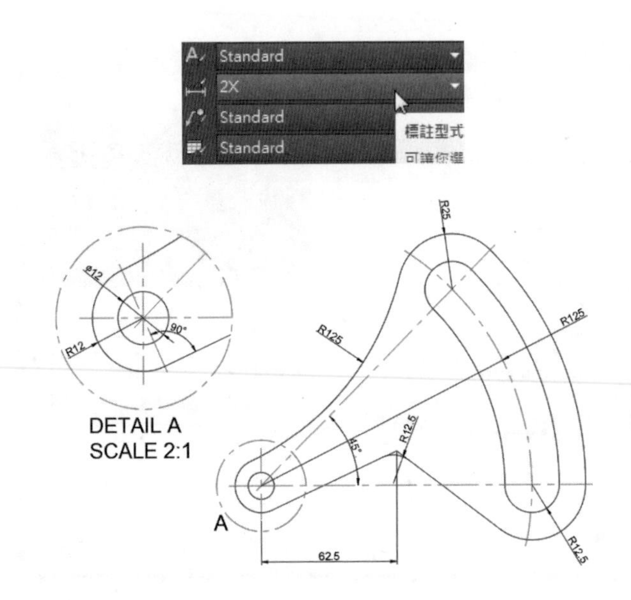
Standard
2X
Standard
Standard
標註型式
可讓你選
R25
R125
R125
R12.5
45°
R12.5
62.5
A
DETAIL A
SCALE 2:1
R12
90°

8-32 3D 實體練習 1

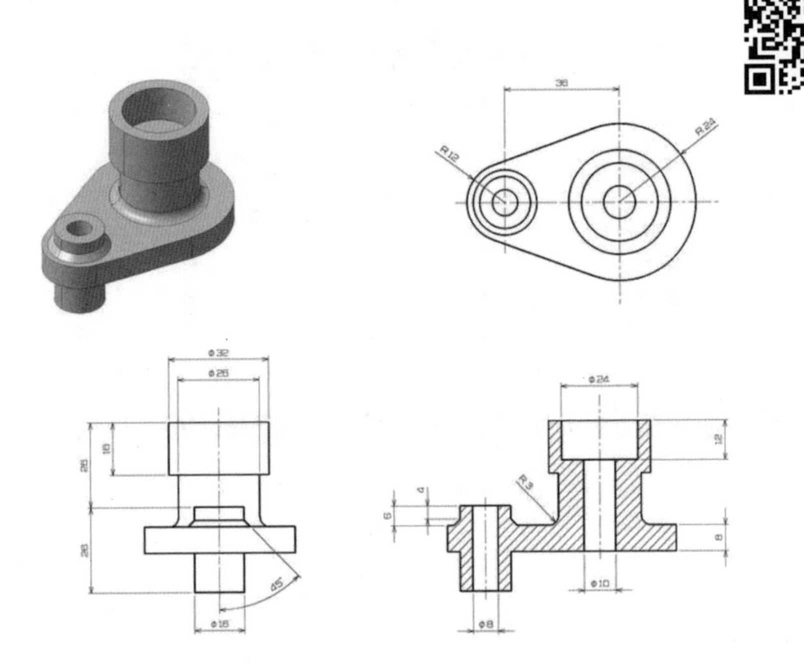

1. 確認繪圖區左上方點選方位設定設爲上。

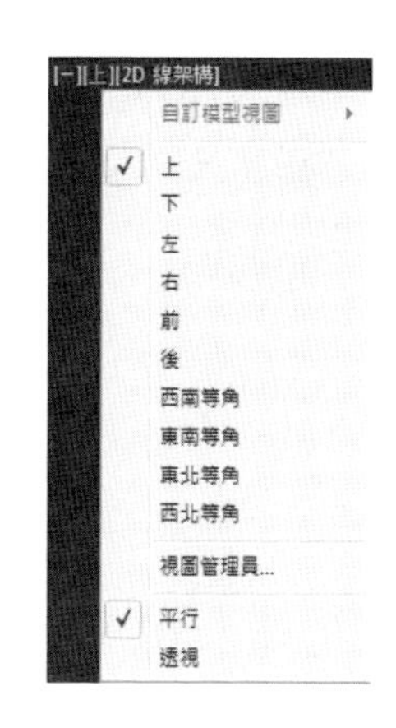

2. 輸入 C，於繪圖區中任意點擊一點，輸入半徑 12，按 ENTER，以該圓中心點爲圓心，輸入 8，按 ENTER，再以該圓中心點爲圓心，輸入 4，按 ENTER，輸入 TK，點選同心圓中心點，將滑鼠水平朝右（出現追蹤線）輸入 36，按 ENTER 結束追蹤，輸入 24，按 ENTER，以該圓中心點爲圓心，輸入 5 畫圓。
3. 輸入 L，輸入 TAN，點選左圓上方，輸入 TAN，點選右圓上側，按 ESC 離開。
4. 輸入 MI，點選切線，點選兩同心圓中心點，按 ENTER。
5. 輸入 TR，點選兩條切線後按 ENTER，點選內部弧線。

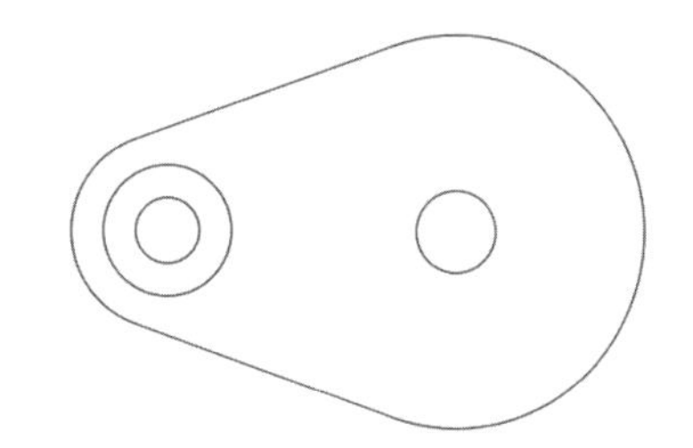

6. 輸入 L，於圖形旁任意點擊一點，畫出下圖之圖形。

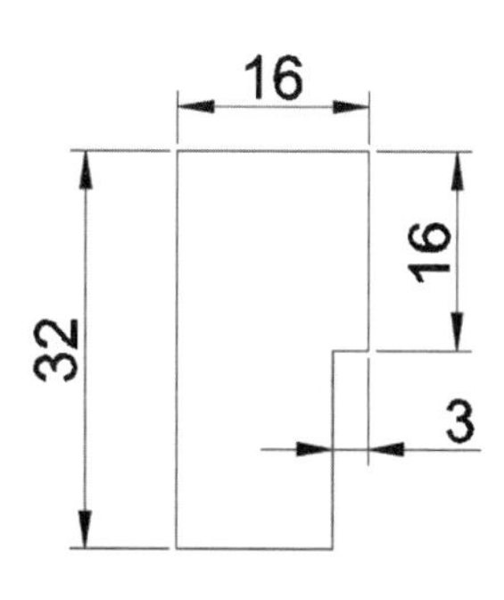

7. 點選 REG，窗選所有圖形，按 ENTER，建立 5 個面域。
8. 輸入 -VP，輸入 1,-1,1，回到東南等角。

9. 輸入 ROTATE3D，點選步驟 6 的圖形，輸入 X，點擊圖形中左下角點，輸入 90 度。

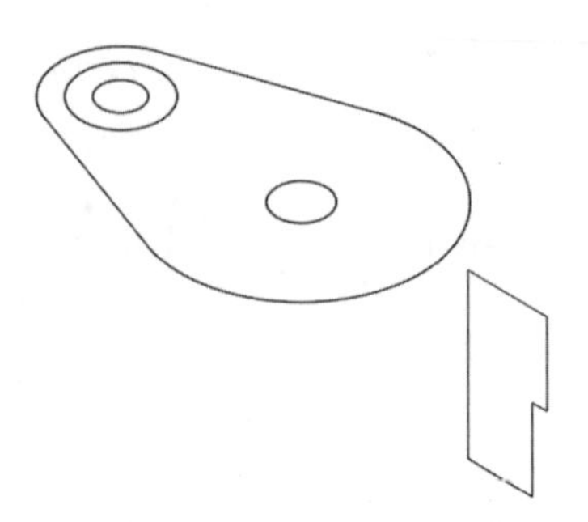

10. 輸入 REV，點選該圖形，點擊左邊直線兩端點作爲旋轉軸，按 ENTER。

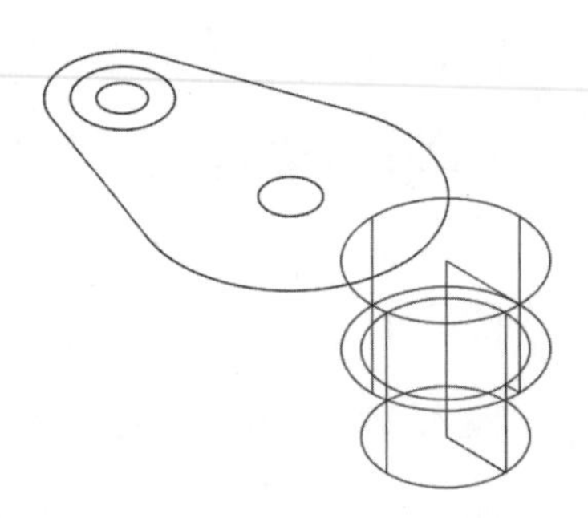

11. 輸入 EXT，點選平板輪廓，將滑鼠向上引伸，輸入 8。

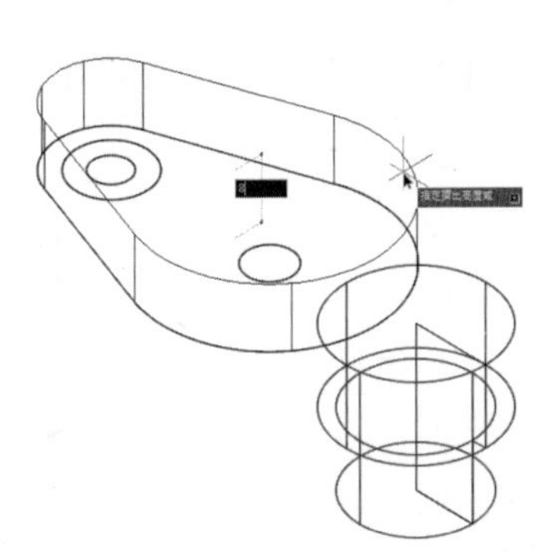

12. 輸入 MOVE，點選旋轉體，鎖定旋轉體底圓圓心點，將其移動至平板頂面大圓弧的圓心。

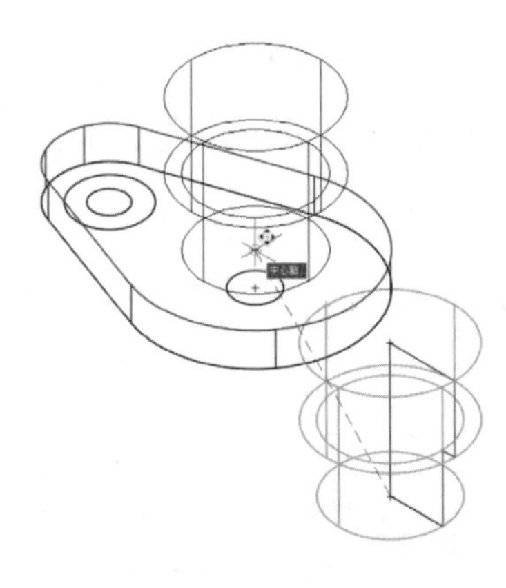

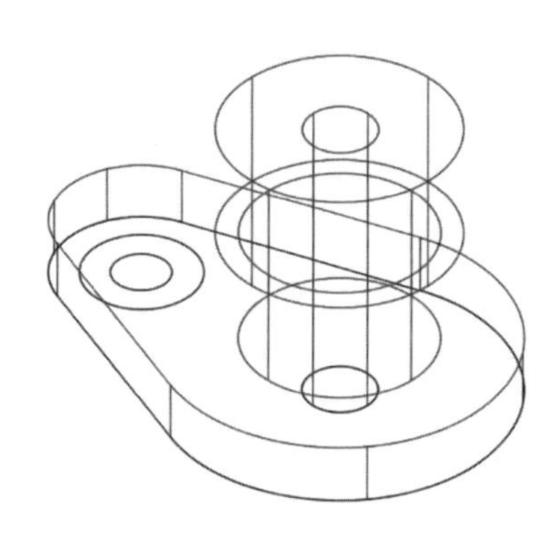

13. 輸入EXT，點選平板輪廓R5的圓，將滑鼠向上引伸至旋轉體頂圓中心。
14. 輸入 C ，選取頂圓中心點，輸入半徑 12。
15. 輸入 EXT ，點選該圓，將滑鼠向下引伸距離 12。
16. 輸入 MOVE ，按下 F8 正交功能鍵，將平板左側的兩個同心圓，以其中心點向上移動輸入 14。
17. 按下 F8 正交功能鍵，取消正交，輸入 EXT ，點選同心圓，將滑鼠向下引伸，輸入 26。

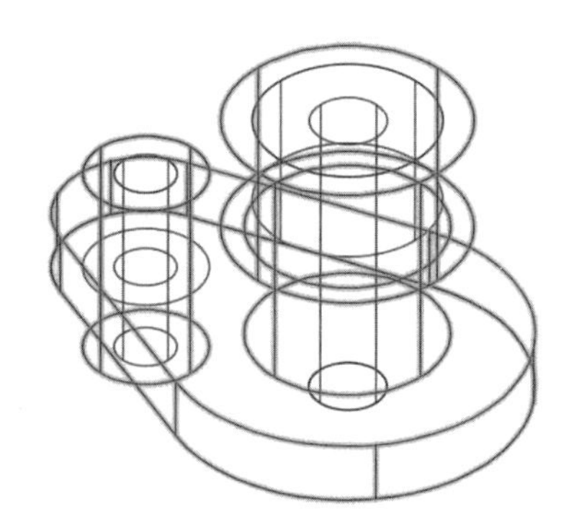

18. 輸入 UNI，點選旋轉體、平板與左側外圓柱後，按 ENTER。
19. 輸入 SU ，聯集的實體後，再窗選將所有圖形後按 ENTER。

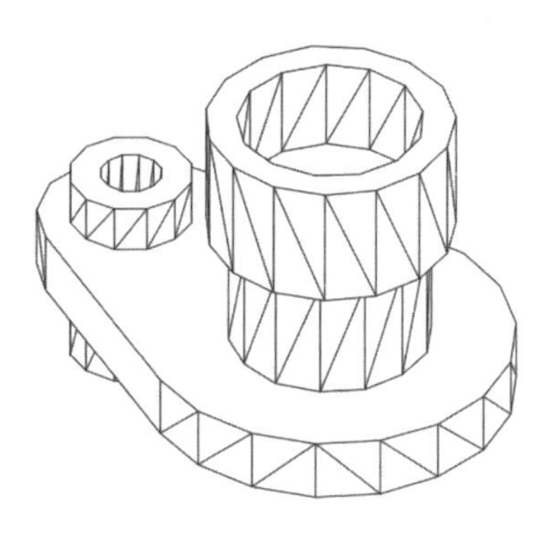

20. 輸入 HI 檢視結果。
21. 輸入 3DO ，點選螢幕中一點進行 3D 旋轉，按 ESC 離開。
22. 輸入SHA，輸入H，進行隱藏顯示。
23. 輸入 UCS ，輸入 CEN ，點選頂圓後將座標設置於頂圓中心，設定 X 軸向，設定 Y 軸向。

24. 輸入 F，點選右圓柱與平板之弧線，輸入 3，按 ENTER 離開。
25. 輸入 CHA ，點選左圓柱與平板之弧線處，按 ENTER ，輸入 2，輸入 2，點選倒角邊。
26. 輸入 AA ，輸入 O ，點選該實體可以查詢表面積。輸入 MASSPROP ，點選實體按 ENTER 後，可以查詢體積、形心等性質，按 ENTER 離開。

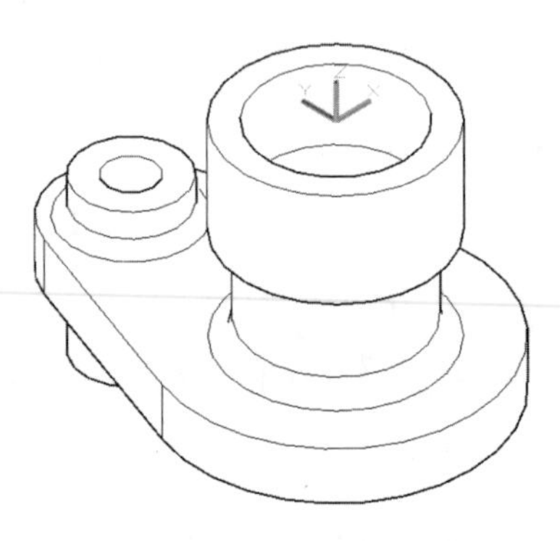

8-33 3D 實體練習 2

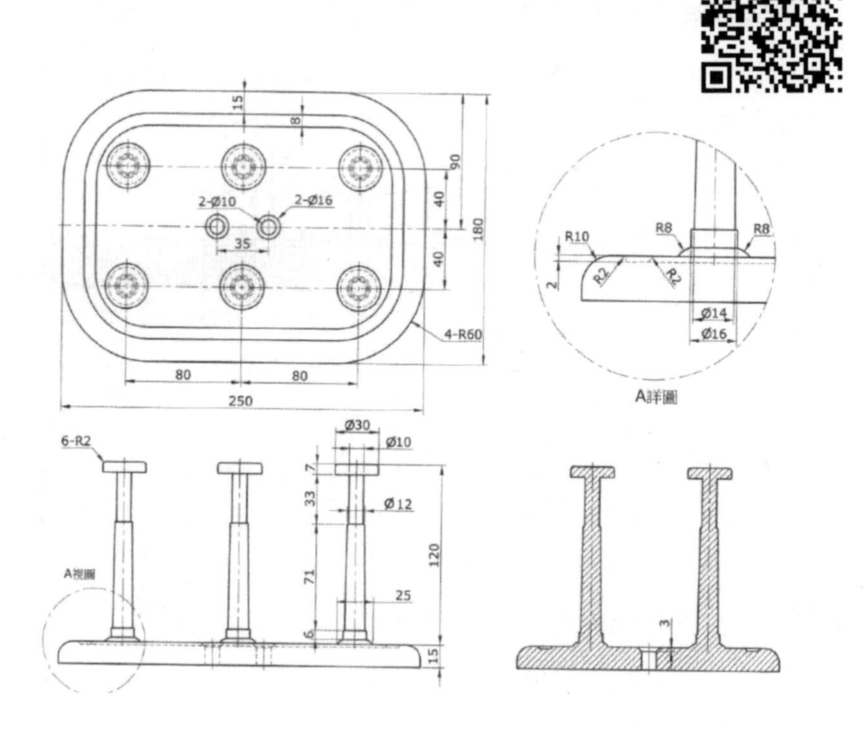

1. 於上視圖將下列 2D 圖形繪製完成，並使用 BO 指令，將邊界聚合起來。

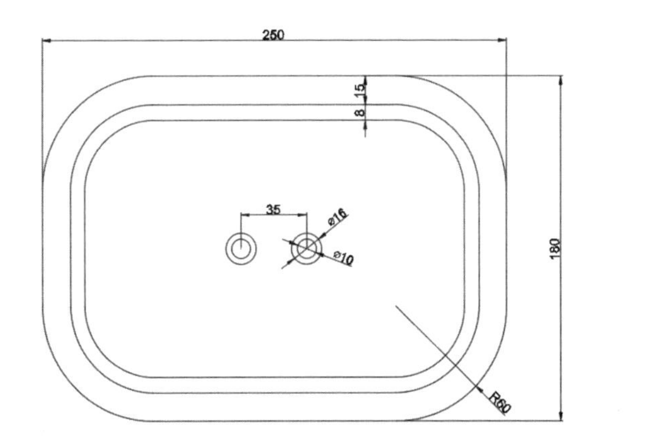

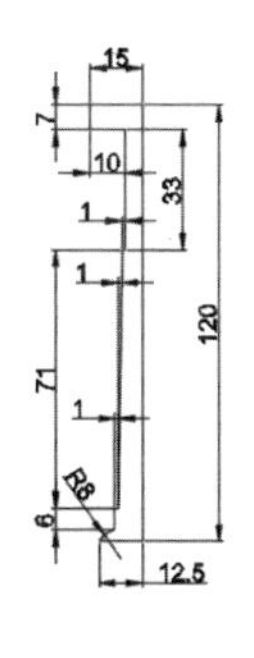

2. 輸入 REG ，點選內部兩個迴圈 1、2 建立面域。

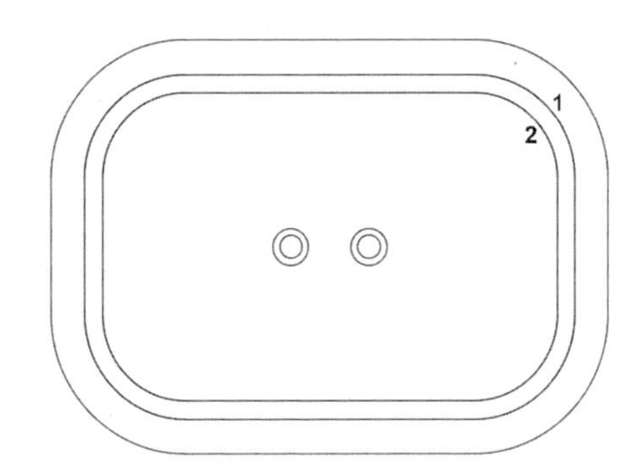

3. 輸入 SU ，點選迴圈 1 按 ENTER ，再點選迴圈 2 按 ENTER，建立一交集面域。
4. 點選繪圖區左上方方位設定設為東南等角。
5. 輸入 EXT ，點選外部迴圈與兩個直徑 10 的圓，將其朝下伸長 15 。

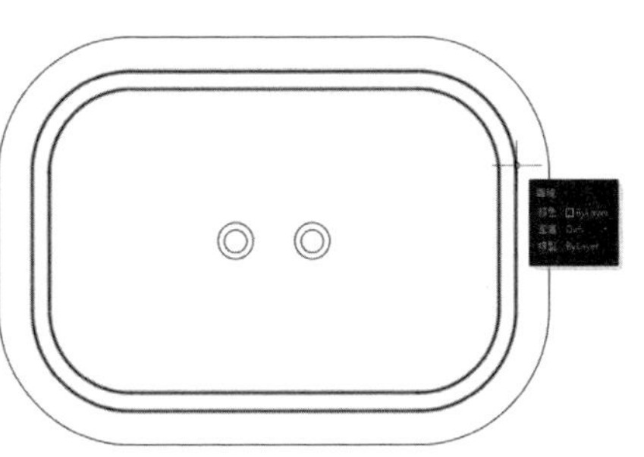

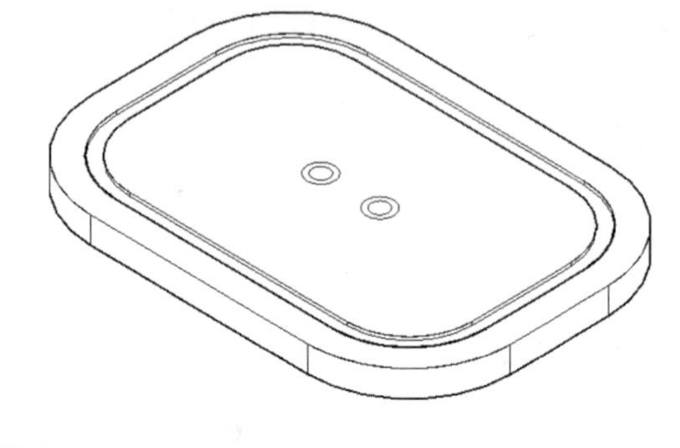

6. 輸入 PRESSPULL，點選交集面域，將其朝下伸長 2，將交集面域刪除。
7. 輸入 SU，點選實體按 ENTER，框選全部實體，按 ENTER。
8. 輸入 ROTATE3D，窗選 2D 物件，點選 X，點擊底部線段中點，輸入 90。將原本 2D 線段與弧刪除。
9. 輸入 REV，點選 2D 聚合線，點選中心垂直線兩端點，旋轉 360 度。
10. 輸入 M，點選旋轉體，點擊底部中心點，輸入 TK，輸入 M2P，依序點選直徑 16 的兩個圓心，再將滑鼠朝 -Y 方向移動 40，朝 X 方向移動 80，按 ENTER。

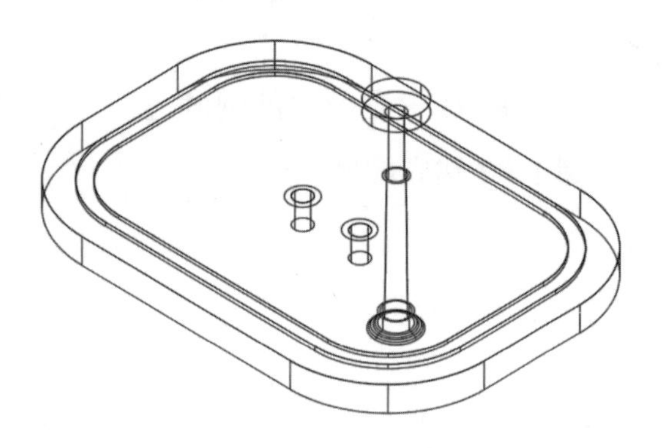

11. 輸入 AR，選取旋轉體，點擊 COL，輸入 3，輸入 -80，點擊 R，輸入 2，輸入 80，按 ENTER，按 ESC 離開。
12. 輸入 UNI，框選所有實體，按 ENTER。

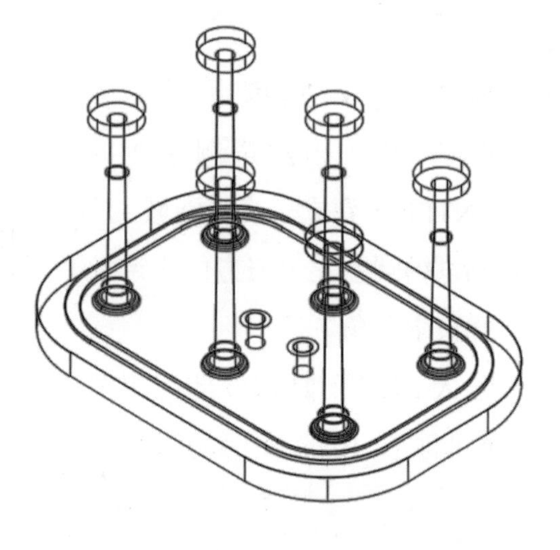

13. 輸入 CHA，點選第一條邊線按 ENTER，輸入 3，輸入 3，點選 2 條倒角邊線，按 ENTER。

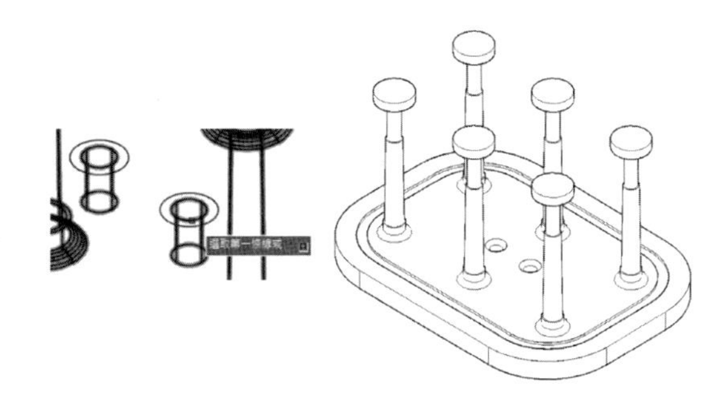

14. 輸入 F，選取第一個物件，選取外邊緣，輸入 10，輸入 L，按 ENTER。
15. 按 ENTER，選取第一個物件，選取溝槽上內邊緣，輸入 2，輸入 C，點選溝槽上內外兩條邊緣與 6 根圓柱頂緣，按 ENTER。

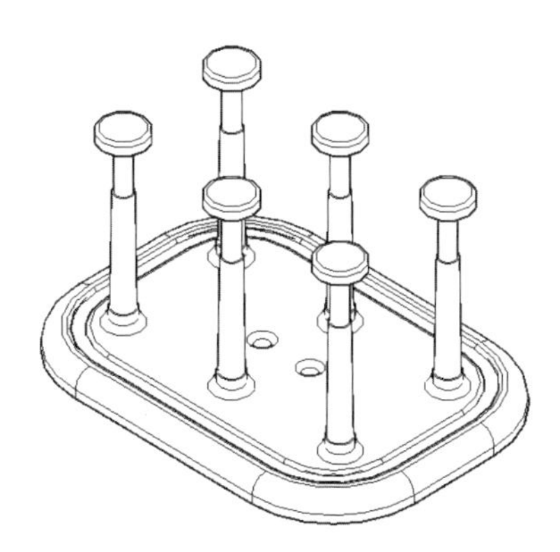

8-34 3D 實體練習 3

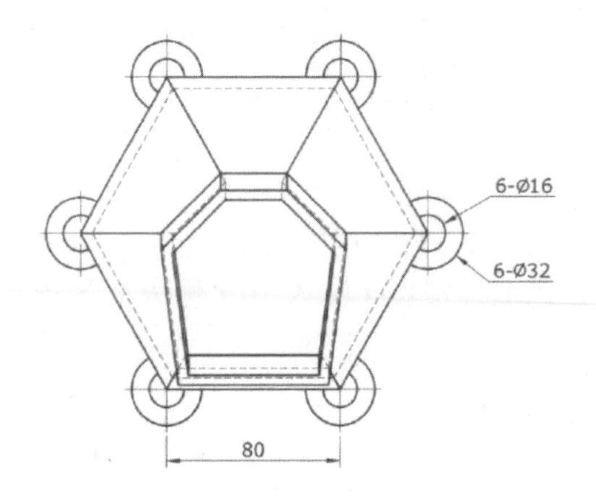

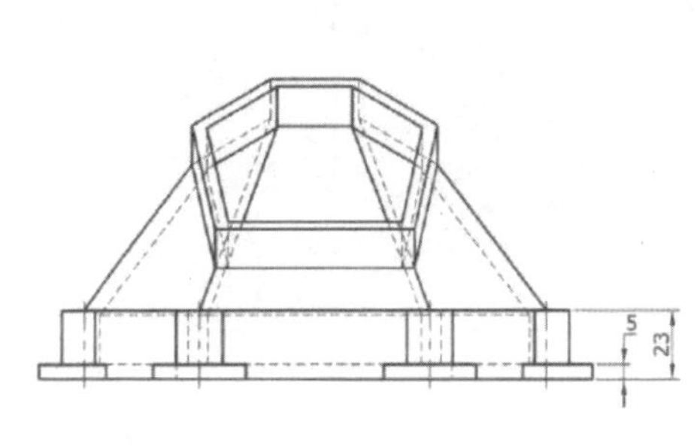

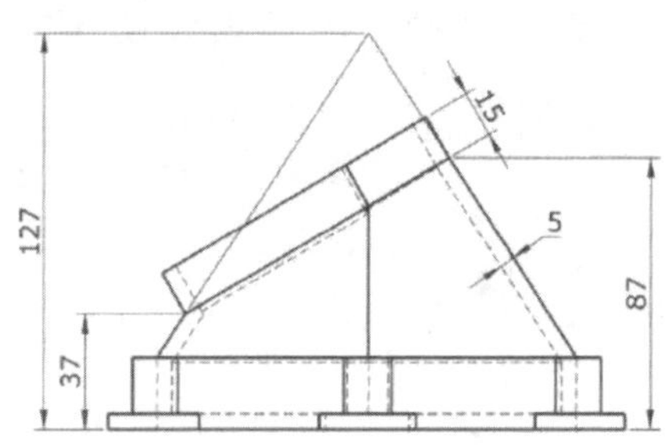

1. 於上視圖將下列 2D 圖形繪製完成，並使用 BO 指令，將邊界聚合起來。
2. 確認繪圖區左上方點選方位設定設爲東南等角。
3. 輸入 PRESSPULL ，點選本體輪廓，將其往上拖拉輸入 23 。
4. 點擊內圈聚合線，將其往上拖拉輸入 23 。

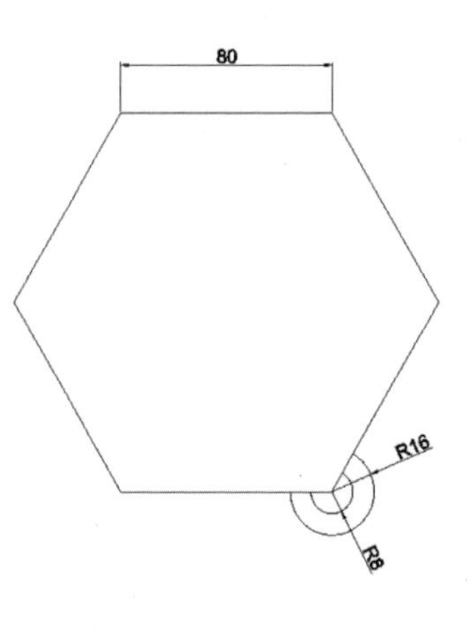

5. 點選外圈聚合線，將其往上拖拉輸入 5。

6. 輸入 UNI，將所有步驟 4 與 5 的實體聯集起來。

7. 確認繪圖區方位設定設爲上。

8. 點選聯集實體，輸入 ARRAYCLASSIC ，點選環形陣列，點取多邊形中心點，輸入數量 6。

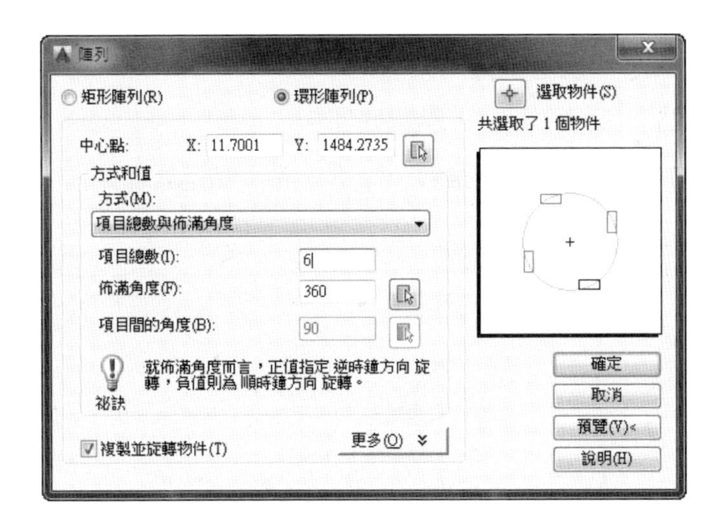

9. 確認方位設定設爲東南等角。

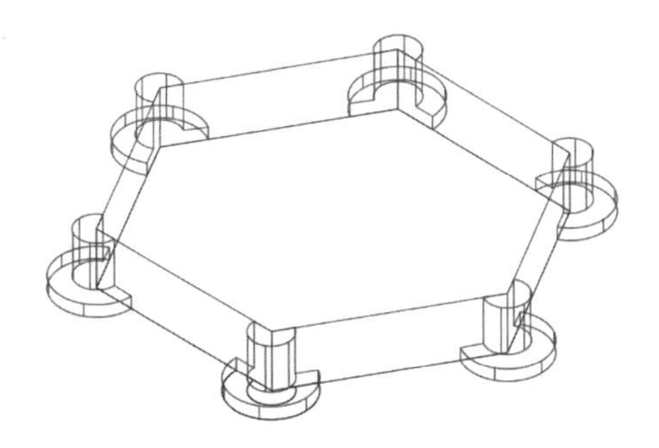

10. 輸入 PYR ，輸入 S ，輸入 6，輸入 E ，抓取頂部多邊形任一直線之兩端點，輸入高度 104。
11. 輸入 SL ，點選角錐體，點選 XY ，輸入 0,0,37，按 ENTER 保留兩邊。
12. 按 ENTER ，點選上方角錐體，點選 XY，輸入 0,0,87，點擊底部。
13. 按 ENTER，點選上方錐體，點選 3 點，點選底部保留。

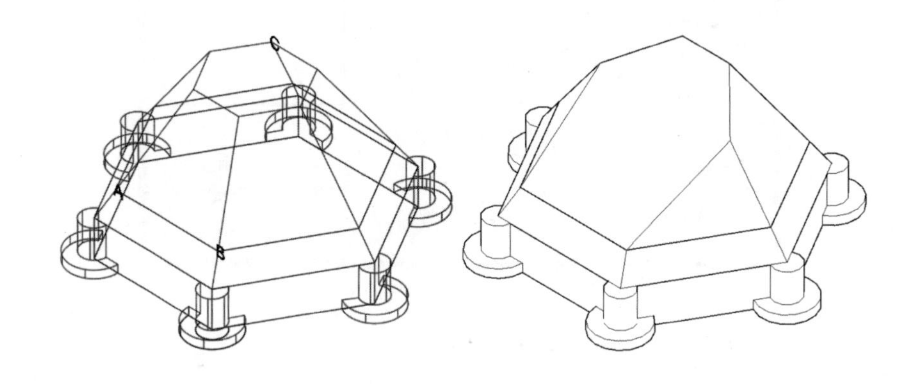

14. 輸入 PRESSPULL ，點擊斜面，將其拉伸 15。
15. 輸入 UNI ，將 1、2、3 實體聯集起來。
16. 按一下常用標籤頁中的實體編輯區 ⇨ 實體編輯下拉式功能表薄殼 指令。

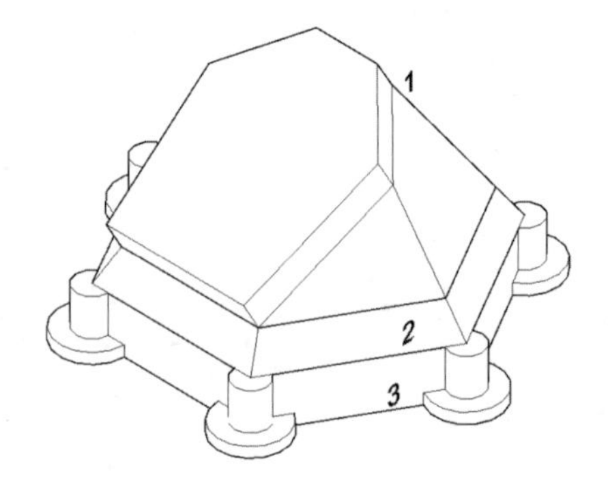

17. 選取聯集實體，點選頂部平面按 ENTER，輸入 5，按 ENTER 後按 ESC 離開。
18. 輸入 UNI ，將所有實體聯集起來。

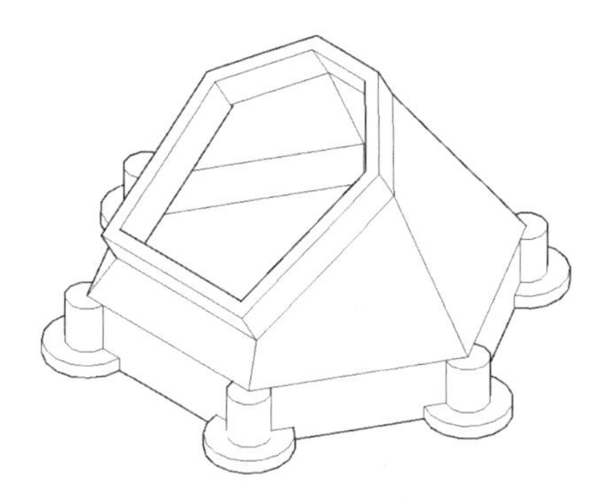

8-35 3D 實體練習 4

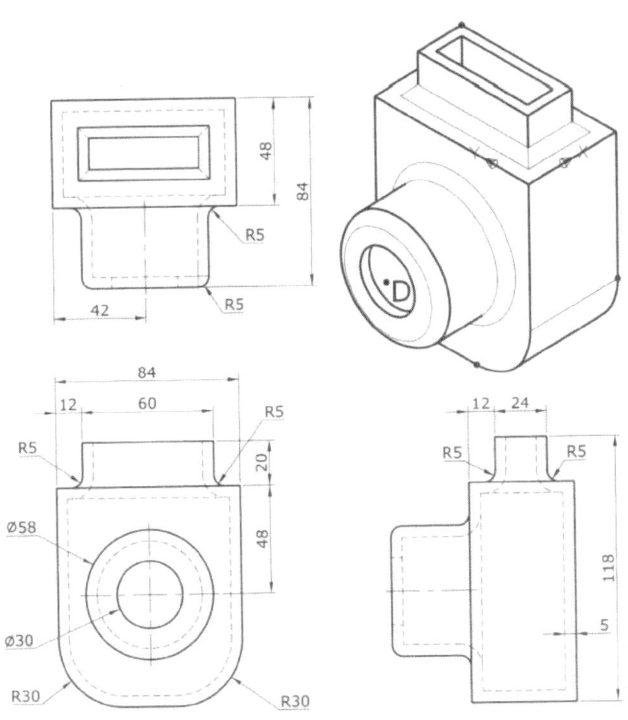

1. 於上視圖將下列 2D 圖形繪製完成，並使用 BO 指令，將邊界聚合

起來。

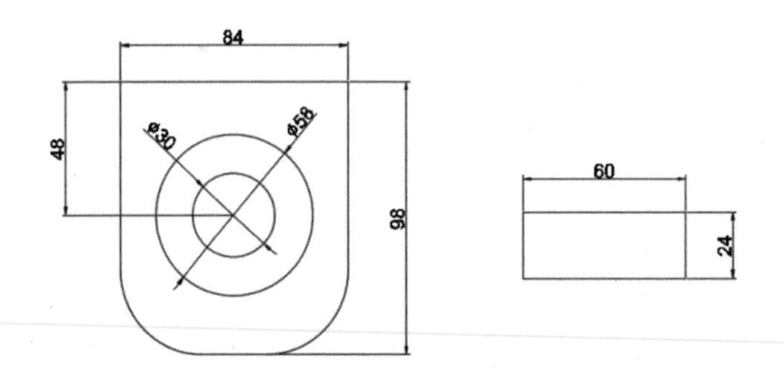

2. 確認繪圖區左上方點選方位設定設爲東南等角。
3. 輸入 ROTATE3D，點選本體物件，點選 X，點擊線段中點，輸入 90。將原本 2D 線段與弧刪除。

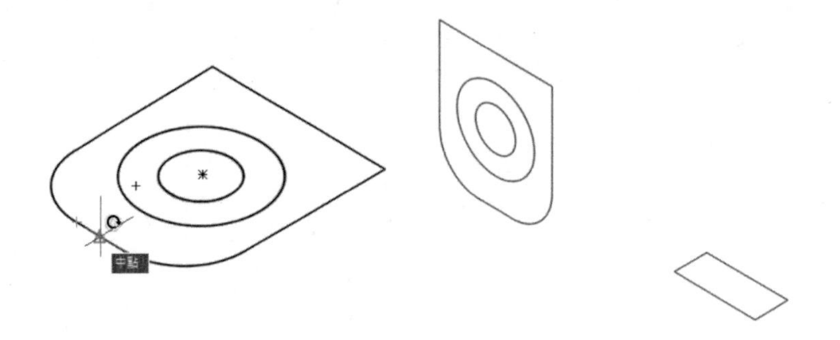

4. 輸入 EXT，點選本體輪廓，將其往後拖拉輸入 48。
5. 按 ENTER，點選 58 直徑圓，往前拖拉 36。
6. 輸入 M，將 30 直徑圓中心搬移至圓柱體端面中心點。

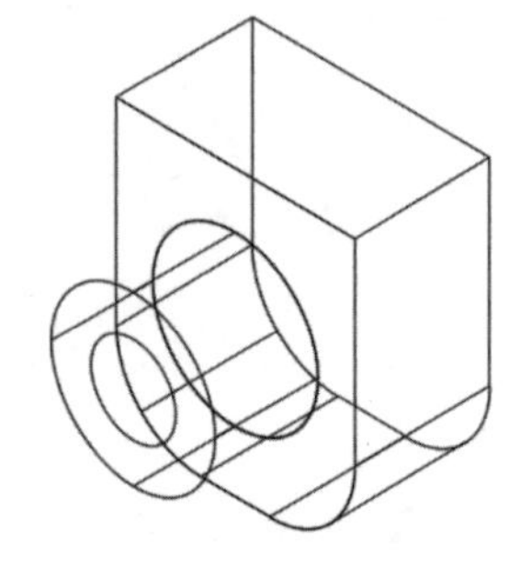

7. 按 ENTER，將矩形中心搬移至頂面中心。

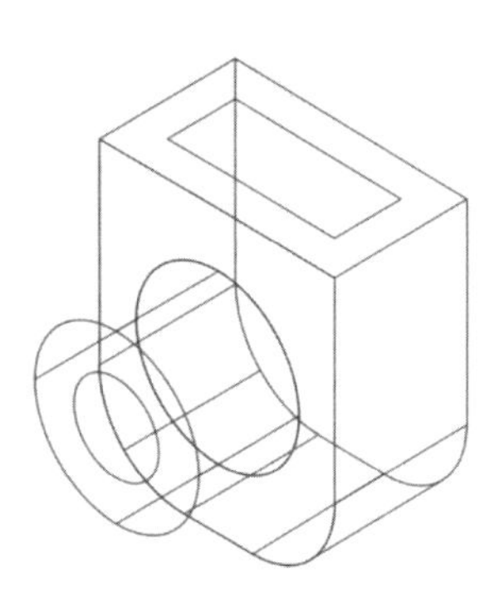

8. 輸入 EXT ，點選矩形輪廓，將其往上拖拉輸入 20。
9. 輸入 UNI，將所有實體聯集起來。

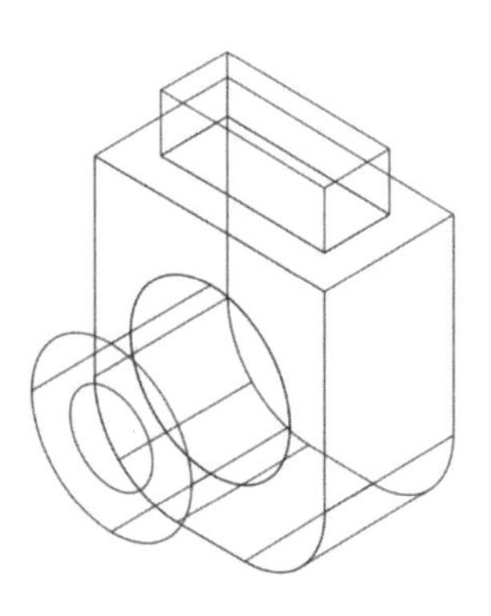

10. 輸入 F ，選取第一個物件，選取圓柱邊緣，輸入 5，再繼續點選所有倒圓的邊緣，按 ENTER。

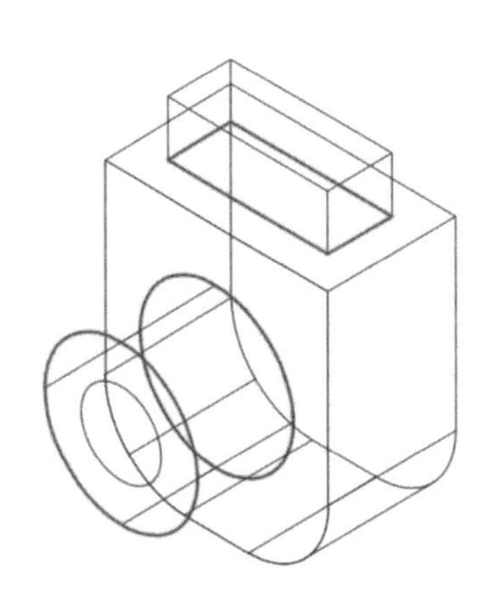
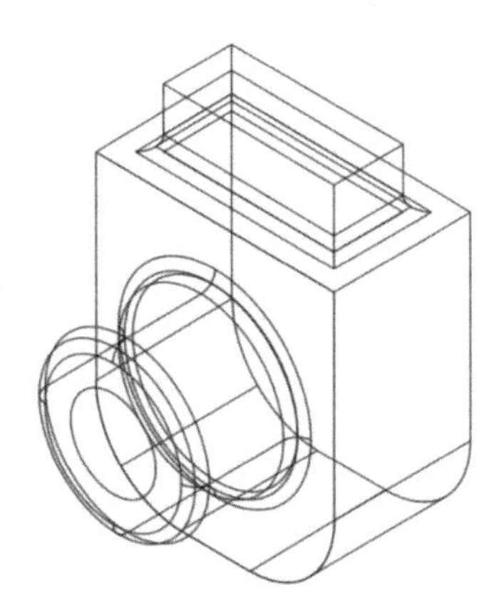

11. 按一下常用標籤頁中的實體編輯區 ⇨ 實體編輯下拉式功能表薄殼 指令。

12. 選取實體，點選頂部平面，輸入 5，按 ENTER 後按 ESC 離開。輸入 SHA，輸入 H。
13. 輸入 EXT，點選 30 直徑圓，將其向實體內側延伸輸入 10。

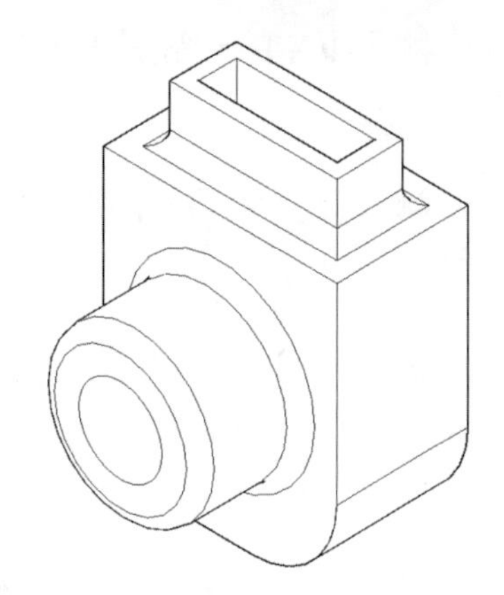

14. 輸入 SU，點選實體，按 ENTER，再點選步驟 13 的圓柱體，按 ENTER，進行差集運算。
15. 完成。

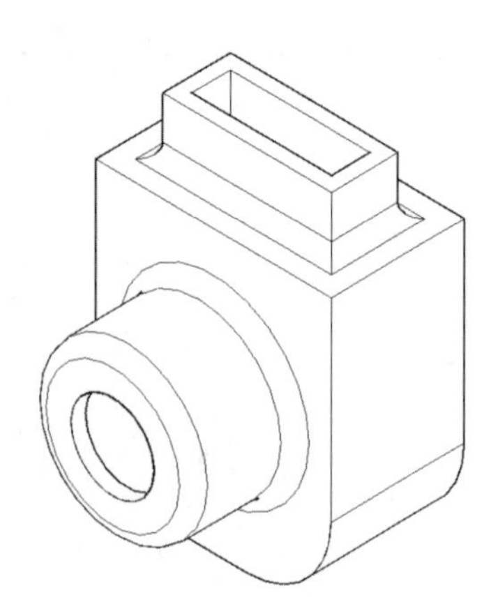

8-36　3D 實體練習 5

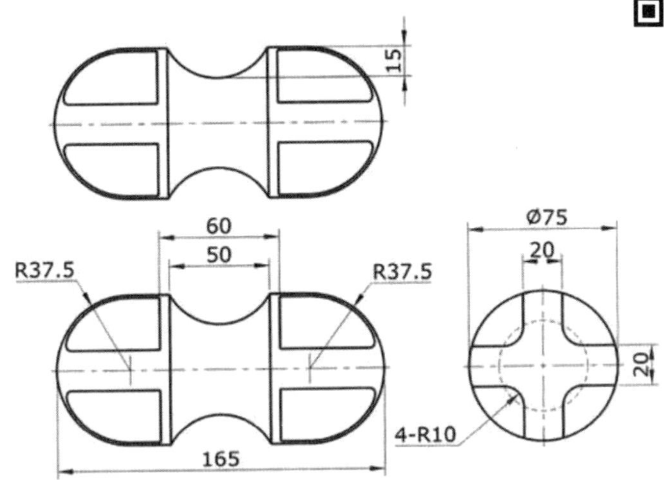

1. 於上視圖將下列 2D 圖形繪製完成，並使用 BO 指令，將邊界聚合起來。

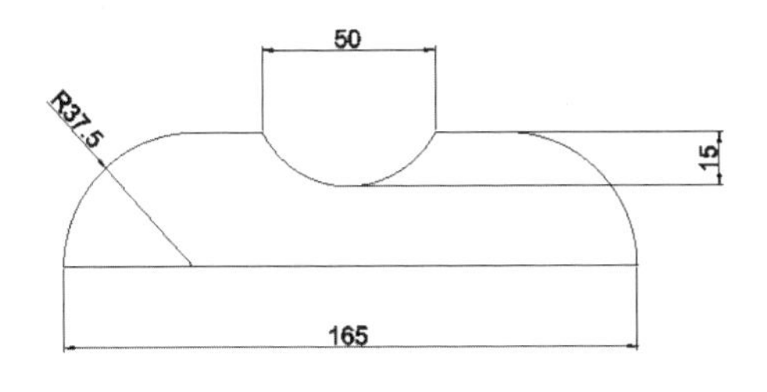

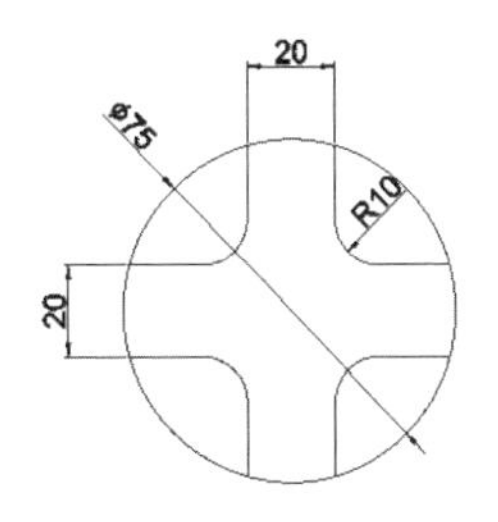

2. 確認繪圖區左上方點選方位設定設爲東南等角。

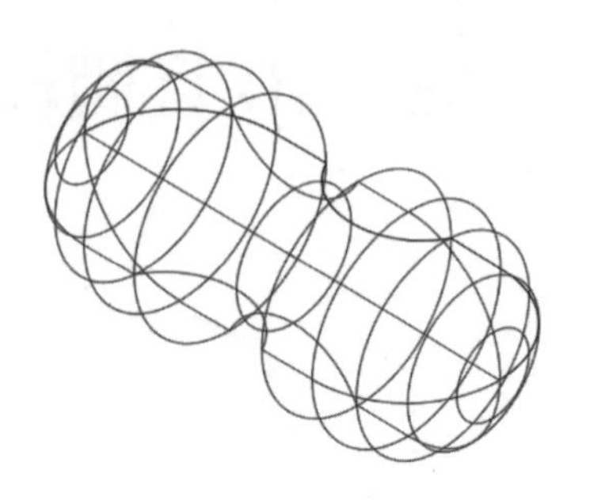

3. 輸入 REV ，點選旋轉物件，點選水平線兩端點，按 ENTER 接受 360。
4. 輸入 ROTATE3D ，窗選 2D 物件，點選 Y，點擊圓中心點，輸入 90。

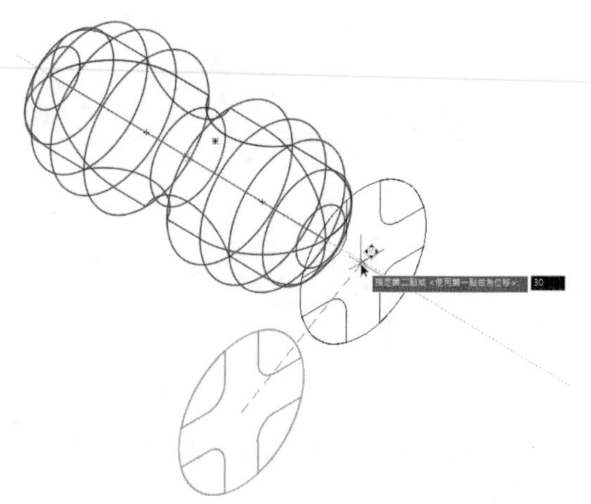

5. 輸入 M，窗選 2D 聚合線，點擊圓中心點，將滑鼠移至旋轉體中心，再向前移動輸入 30。
6. 輸入 EXT ，點選 4 個聚合線，向前引伸，距離爲 52.5。
7. 點選繪圖區左上方方位設定設爲上。

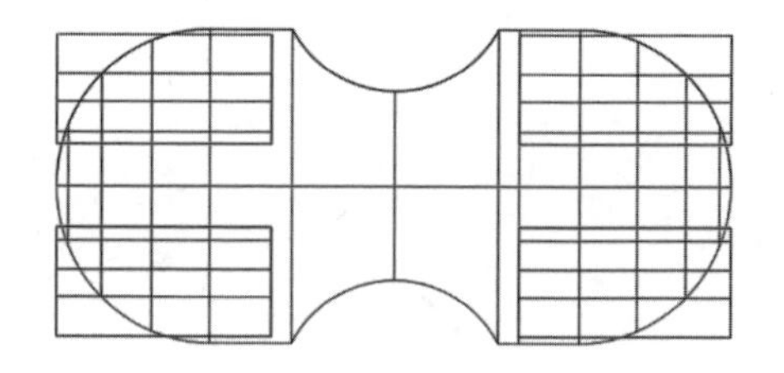

8. 輸入 MI ，選取前一步驟的引伸實體，點選旋轉體中心，再將滑鼠垂直向上點擊，完成鏡射。
9. 點選繪圖區左上方方位設定設爲東南等角。
10. 輸入 SU ，點選旋轉實體，按 ENTER ，再窗選所有實體按 ENTER，完成。

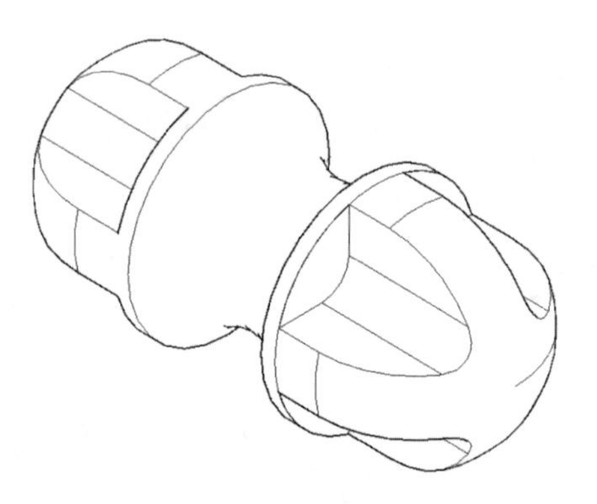

8-37　3D 實體練習 6

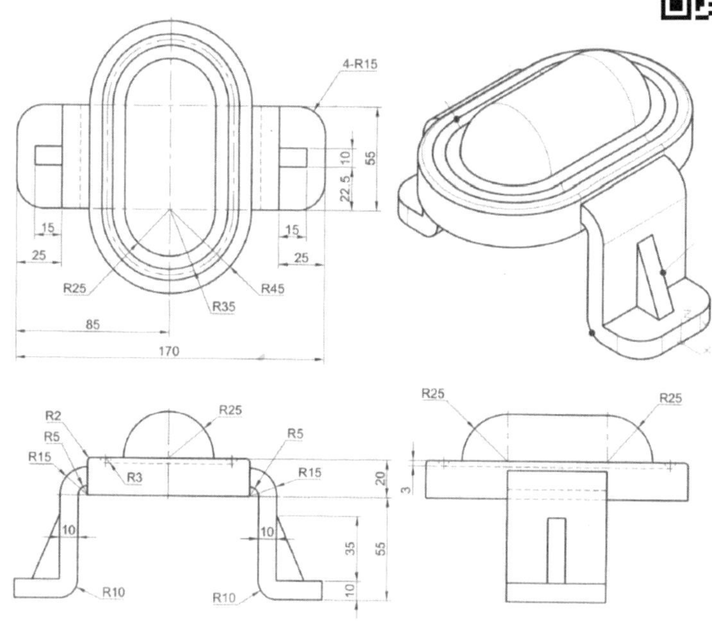

1. 確認繪圖區左上方點選方位設定設爲上。
2. 於繪圖區中畫出下圖所示的圖形。

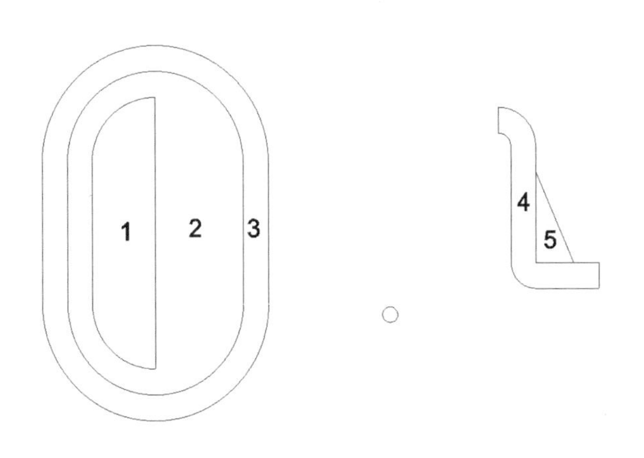

3. 輸入 BO ，點選 1、2、3、4、5 區。
4. 繪圖區左上方點選方位設定設爲東南等角。

5. 輸入 REV，點選最內圈物件，點選中間線段作爲旋轉軸，輸入 180，必要時可以反轉。

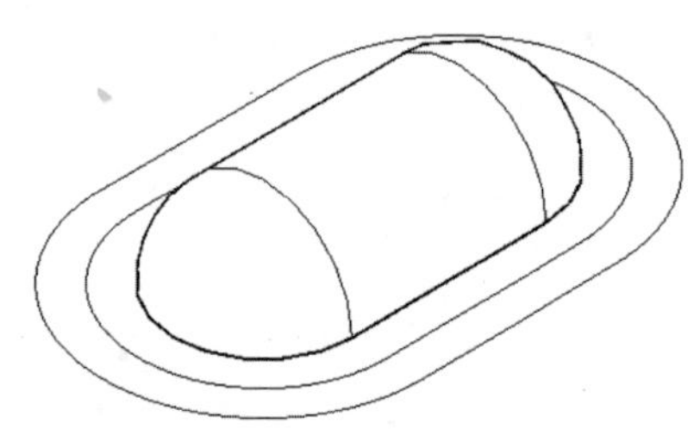

6. 輸入 SWEEP ，點選半徑 3 的圓按 ENTER ，再點選第 2 圈作爲軌跡線，按 ENTER 。

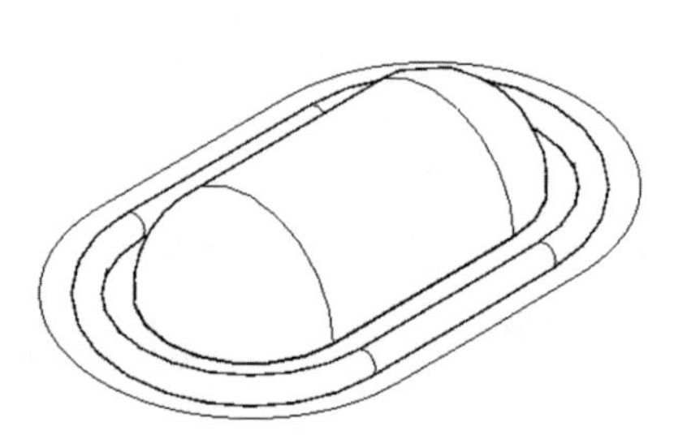

7. 輸入 EXT ，點選最外圈按 ENTER ，將其垂直下拉，輸入距離 20 。

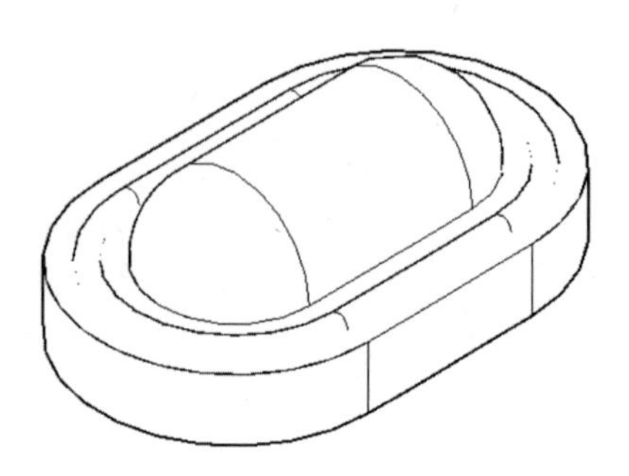

8. 輸入 SU，點選拉伸實體，再點選掃描物件。

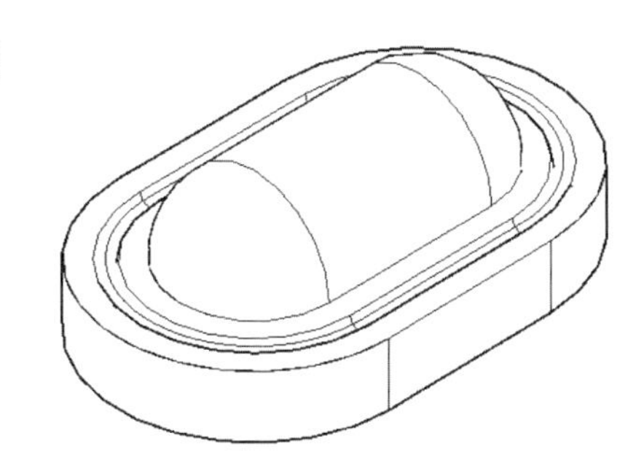

9. 輸入 ROATE3D，框選平面圖形後，輸入 X，點選底部線段端點，輸入 90。

10. 輸入 EXT，點選最外輪廓按 ENTER，將其朝左延伸，輸入距離 55。

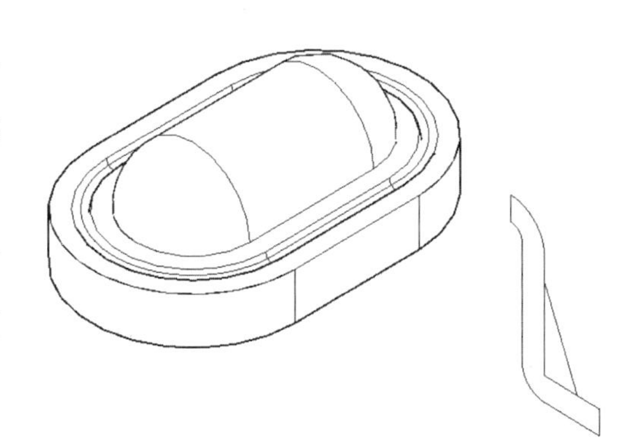

11. 輸入 EXT，點選三角輪廓按 ENTER，將其朝左延伸，輸入距離 10。

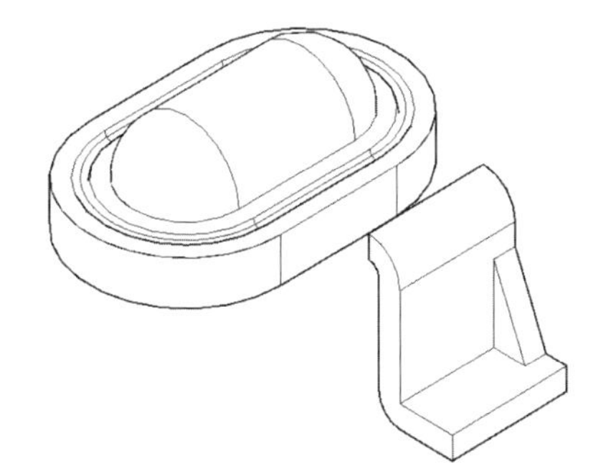

12. 輸入 SHA，輸入 2，輸入 M，點選三角形塊後按 ENTER，點擊垂直面底線的中點，再點擊步驟10物件內轉角線段的中點。

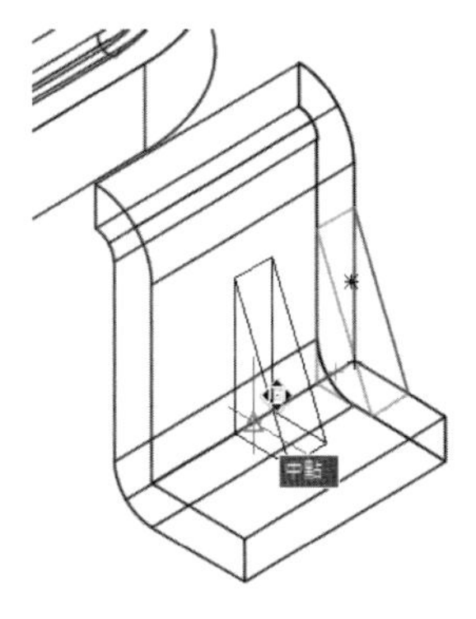

13. 輸入 M ，框點垂直架的兩個物件，點選下水平線段的中點，再點選步驟 8 線段的中點。

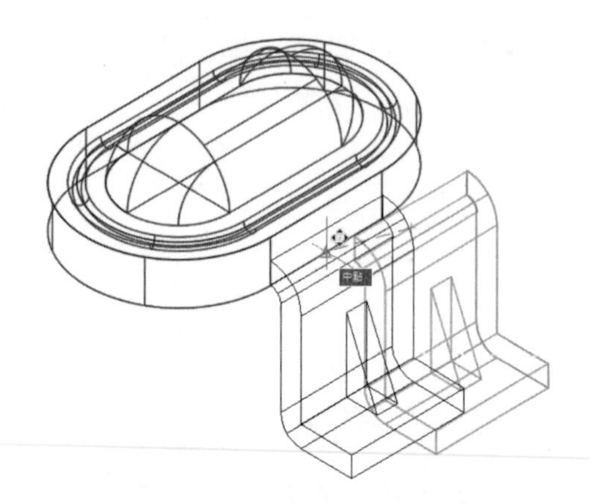

14. 輸入 MI ，框選垂直架的兩個物件，再點選頂部外圓中點。
15. 輸入 UNI，框選全部物件後按 ENTER。
16. 輸入 F ，點選整個物件，輸入 15，點選四條垂直邊線進行倒圓。

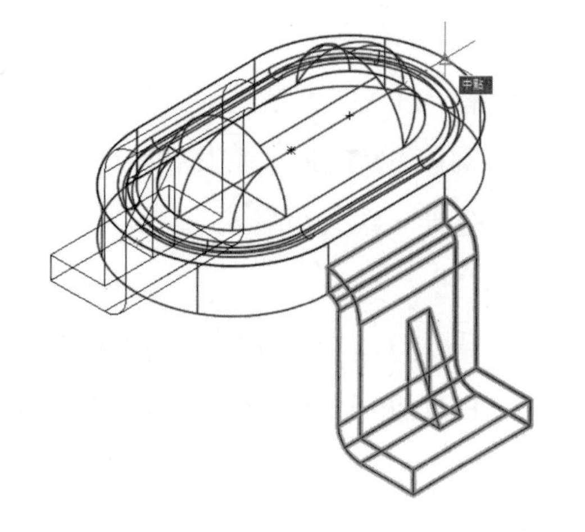

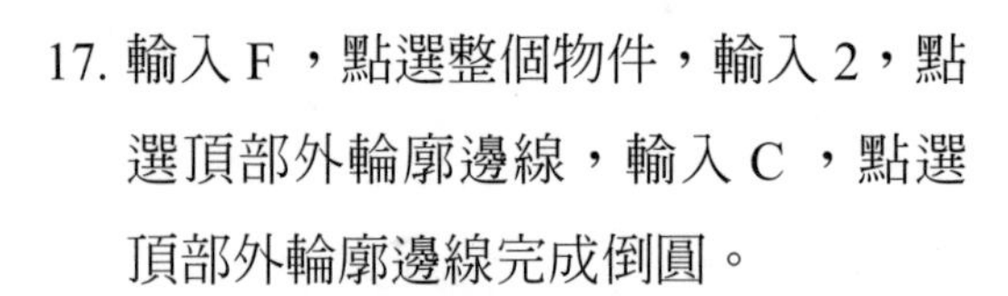

17. 輸入 F ，點選整個物件，輸入 2，點選頂部外輪廓邊線，輸入 C ，點選頂部外輪廓邊線完成倒圓。

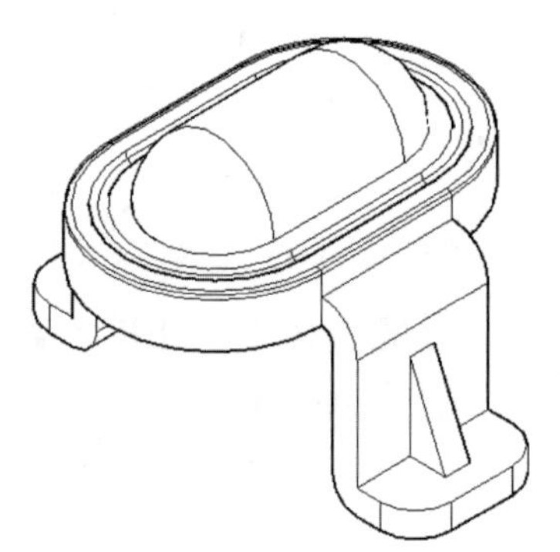

8-38　3D 實體練習 7

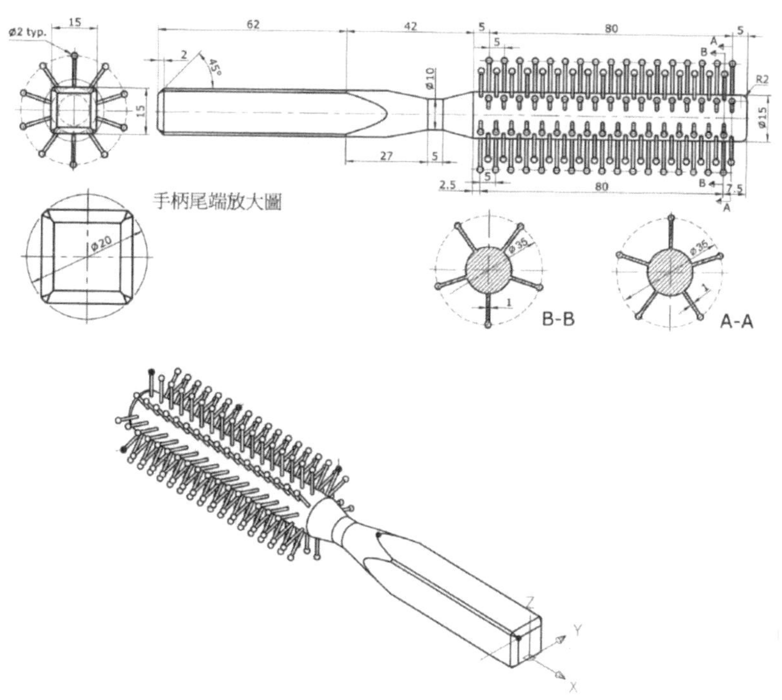

1. 確認繪圖區左上方點選方位設定設為上。
2. 根據工作圖面完成下列圖形，並以 BO 將圖形建成聚合物件。

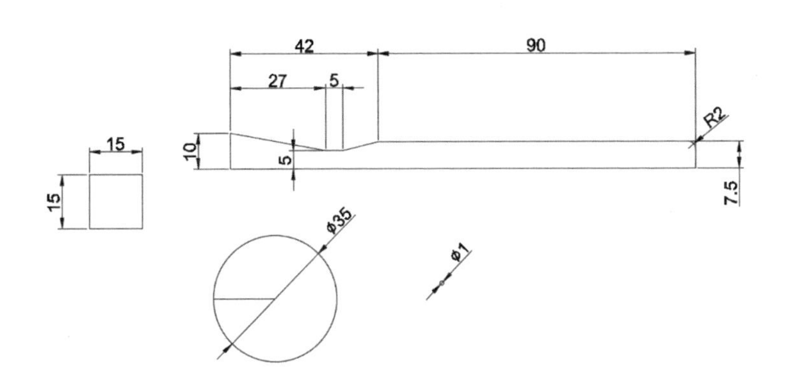

3. 確認繪圖區左上方點選方位設定設為東南等角。
4. 輸入 REV，點擊欲進行旋轉的輪廓物件，點擊水平中心線兩端點，按 ENTER（預設 360）。
5. 輸入 ROTATE3D，選取其他 2D 圖素，輸入 Y，點選矩形體任一點輸入 90。
6. 輸入 M，點擊矩形中心，再點擊旋轉體中心左端面中心。
7. 輸入 EXT，點擊矩形按 ENTER 後，移動滑鼠朝前點擊旋轉體中心右端面中心。
8. 輸入 INTERSECT，點擊矩形體與旋轉體，按 ENTER，刪除矩形。

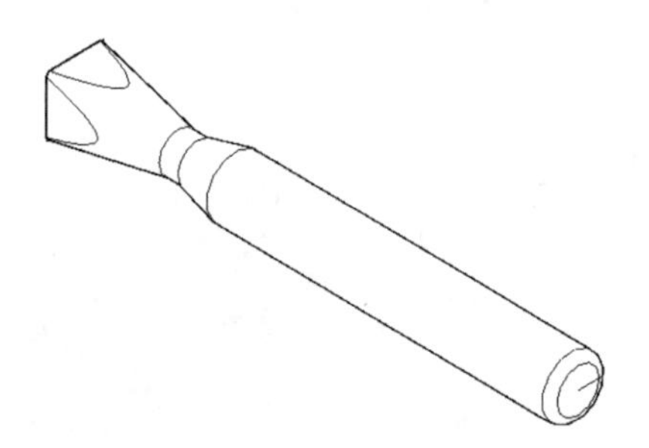

9. 輸入 3DO，將圖形旋轉至看得見左端面為止。
10. 輸入 PRESSPULL，點擊左端面，將其延伸 62 長。

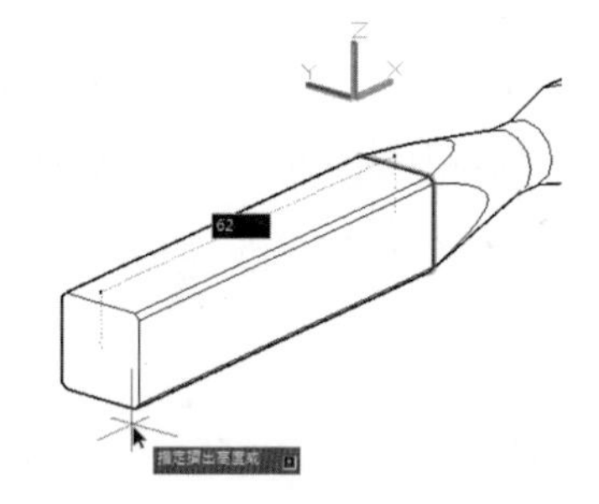

11. 輸入 CHA，點選第一條邊，按 N 選下一個，確認選到端面，輸入基準曲面倒角距離 2，其他曲面倒角距離 2，輸入 L，選取矩形面任一邊長按

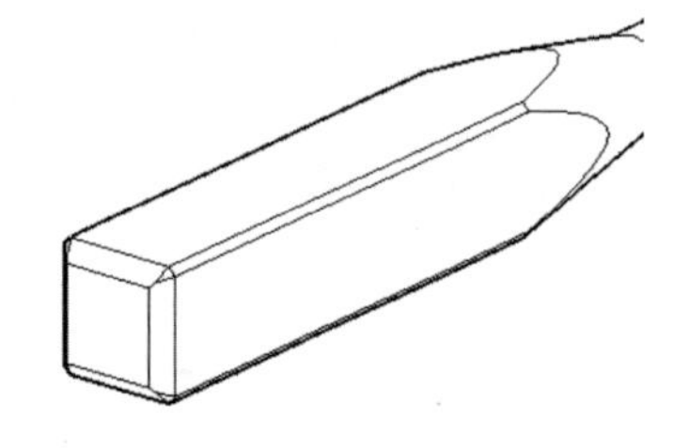

ENTER，完成倒角。

12. 輸入 SPHERE ，點擊圓的頂部四分點，輸入 1。再輸入SWEEP，點選小圓，再點選直線，完成掃描柱體，輸入 UNI ，將兩物體聯集起來。

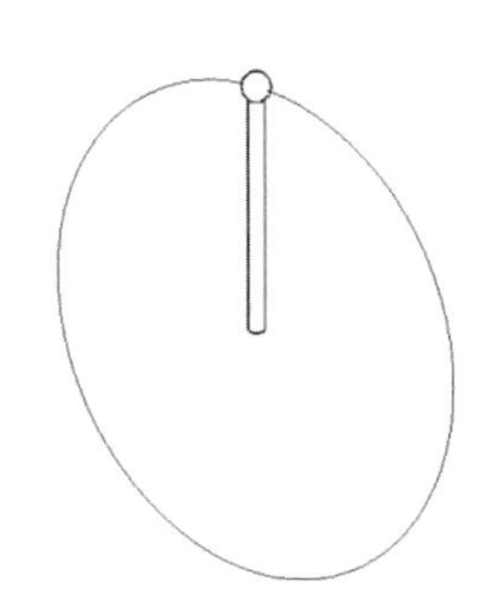

13. 輸入AR，點選聯集物件，輸入PO，輸入A，選取大圓圓心點，再沿著 180 度線點擊第二點，輸入 I，輸入 5，按 ENTER。
14. 輸入 UNI，將 5 個物體聯集起來。
15. 確認繪圖區左上方點選方位設定設為東南等角。
16. 輸入 CO ，點擊五星體，以圓弧中心點為複製起點，向後移動 2.5 的距離。
17. 輸入 ROTATE3D，點選複製物件，點選 X，點擊圓弧中心點，輸入 180。

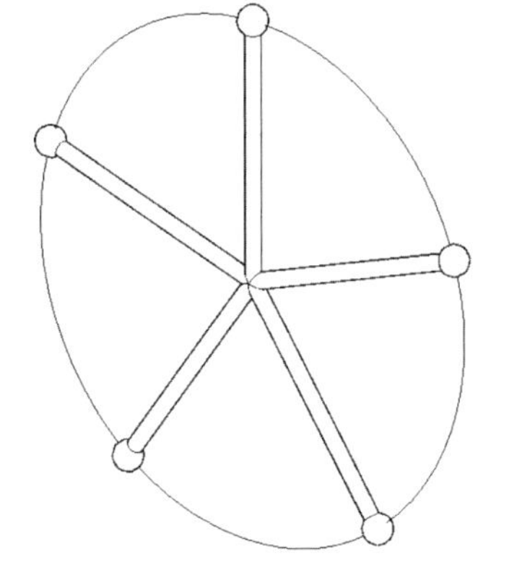

18. 輸入UNI，將這兩個五星體聯集起來。

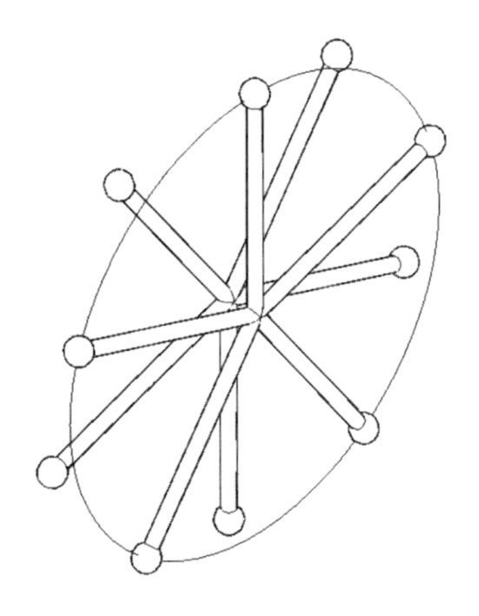

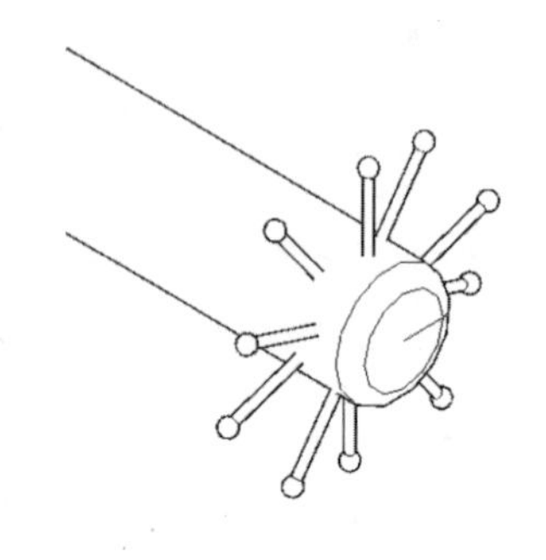

19. 輸入 M ，點擊大圓中心，再移動滑鼠碰觸旋轉體中心右端面中心後朝物體軸心後方移動，出現追蹤線後輸入 5，按 ENTER。
20. 輸入 AR ，點選五星物件，輸入 R ，輸入 COL，輸入 17，輸入 -5，輸入 R，輸入 1，按 3 次 ENTER。

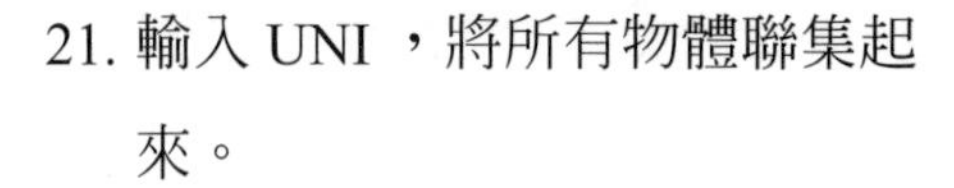

21. 輸入 UNI ，將所有物體聯集起來。

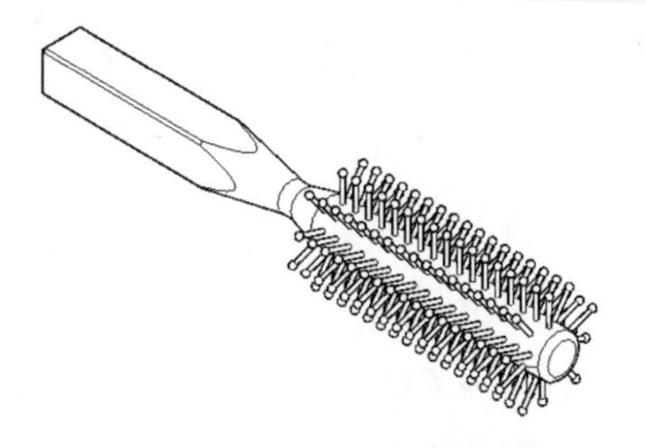

8-39　3D 實體練習 8

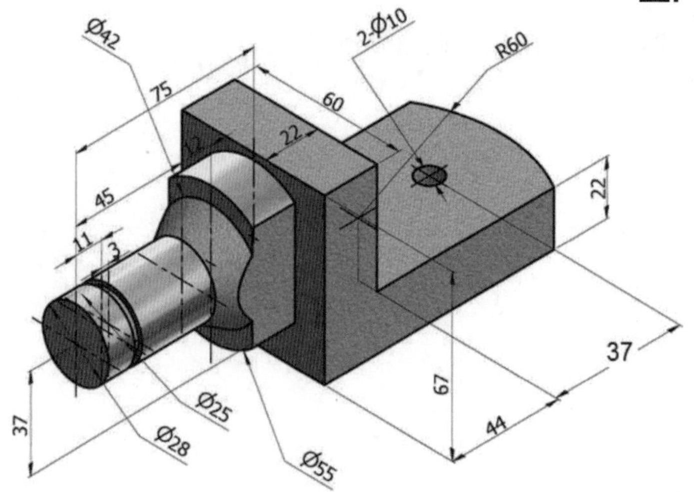

1. 點選繪圖區左上方方位設定設爲上。
2. 根據工作圖面完成下列圖形，並以 BO 將圖形建成聚合物件。

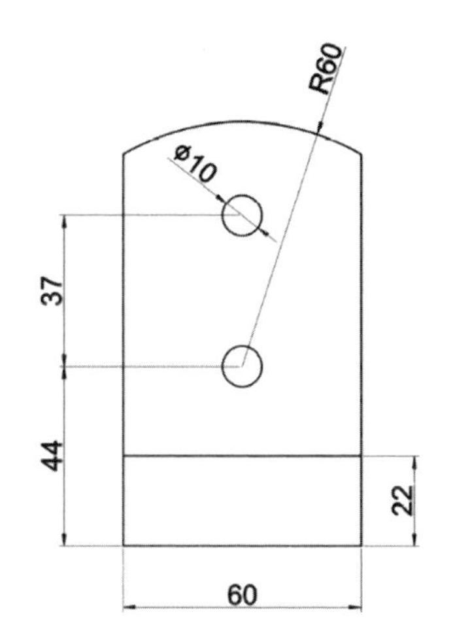

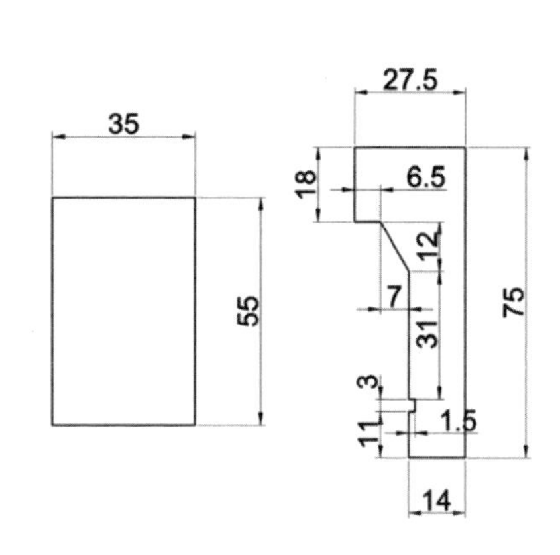

3. 確認繪圖區左上方點選方位設定設爲東南等角。
4. 輸入 EXT，點擊圖示 1（矩形）按 ENTER 後，移動滑鼠朝上輸入 67。
5. 按 ENTER 鍵，點擊圖示 2 的聚合線與兩個圓按 ENTER 後，移動滑鼠朝上輸入 22。

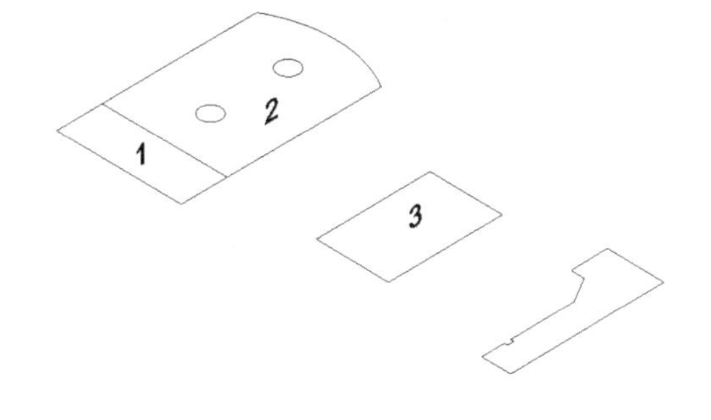

6. 輸入 SU，點選 2 的實體按 ENTER，再點選兩個圓柱後按 ENTER。
7. 輸入 UNI，框選所有實體按 ENTER。
8. 輸入 ROTATE3D，選取圖示 3，輸入 X，點選矩形體任一點輸入 90。

9. 輸入 REV，點擊欲進行旋轉的輪廓物件，點擊水平中心線兩端點，按 ENTER（預設 360）。
10. 輸入 M，點擊旋轉體右端面中心，再點擊矩形中心。
11. 輸入 EXT ，點擊矩形按 ENTER 後，移動滑鼠朝前至旋轉體左端面中心。
12. 輸入 INT，框選所有實體按 ENTER。
13. 輸入 L，點擊左側實體外底線中心點，將滑鼠垂直上移輸入 37。
14. 輸入 M ，點擊旋轉體右端面中心，再點擊線段上方端點。
15. 刪除線段。
16. 輸入 UNI，框選所有實體按 ENTER。
17. 完成。

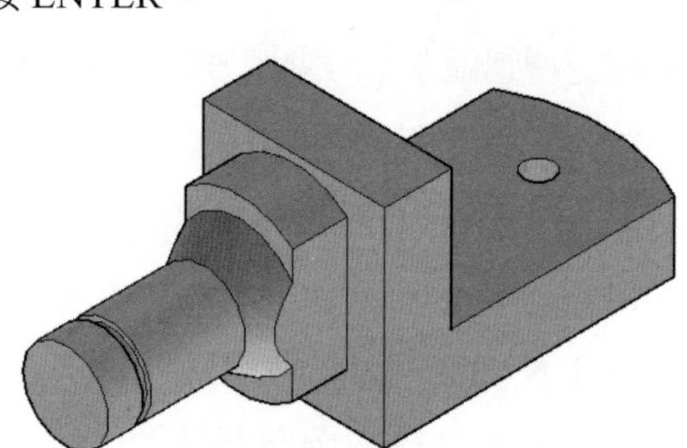

8-40　3D 實體練習 9

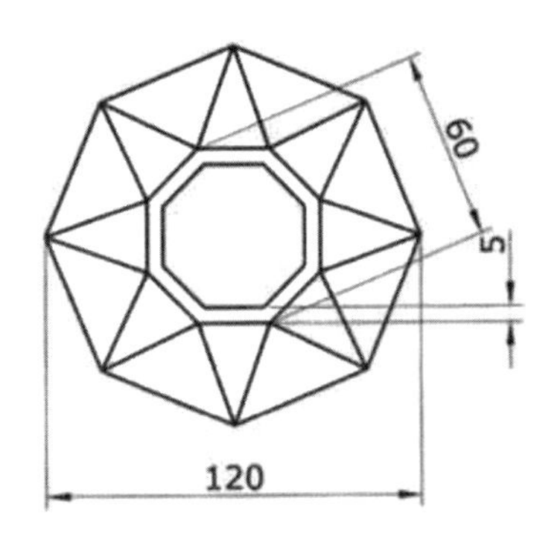

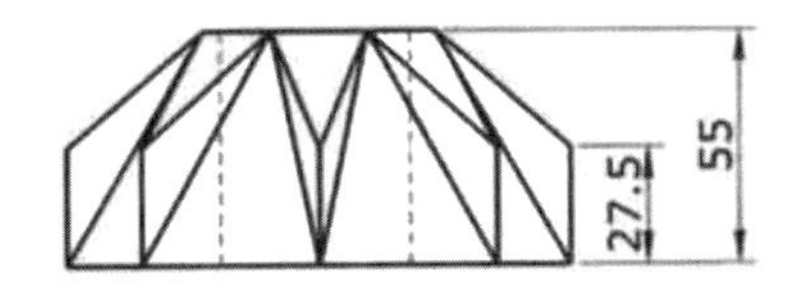

1. 點選繪圖區左上方方位設定設爲上。
2. 於繪圖區中畫出下圖所示的圖形。
3. 點選繪圖區左上方方位設定設爲東南等角。
4. 輸入 PRESSPULL ，將內外兩層多邊形體拉伸朝上 55 。

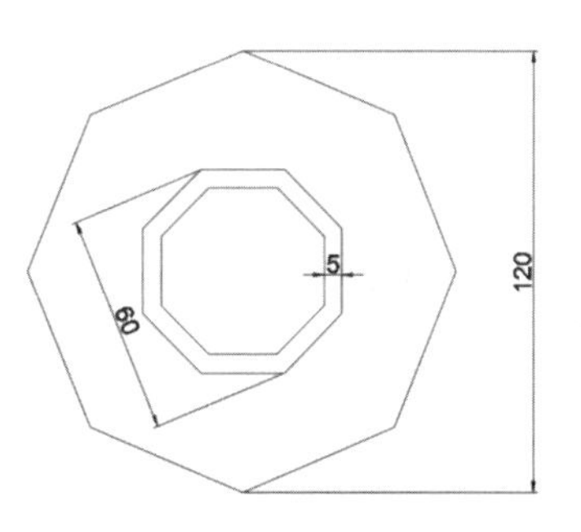

5. 輸入 UCS ，點擊 F ，點選圖示 1 的面，設爲使用者座標系。

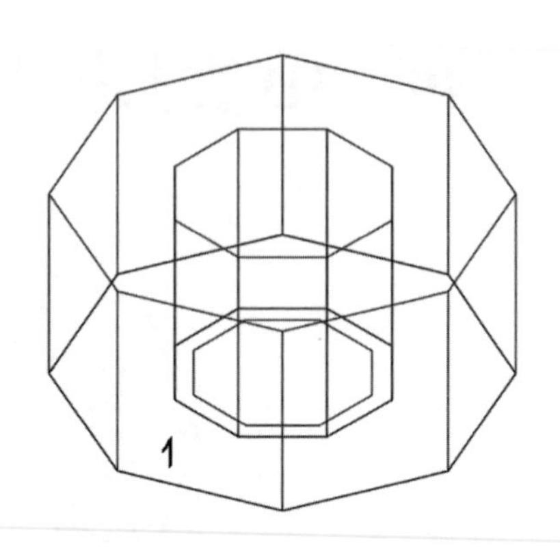

6. 輸入 REC，點選圖示 2 爲第一角點，圖示 3 爲第二角點。
7. 輸入 LOFT ，點選矩形，點擊 PO ，抓取上圖 4 的端點，按 ENTER 離開。
8. 點選繪圖區左上方方位設定設爲上。
9. 點選步驟 7 的實體，輸入 ARRAYCLASSIC ，點選環狀陣列，以多邊形中心爲陣列中心點，數量爲 8，按下確定按鈕。

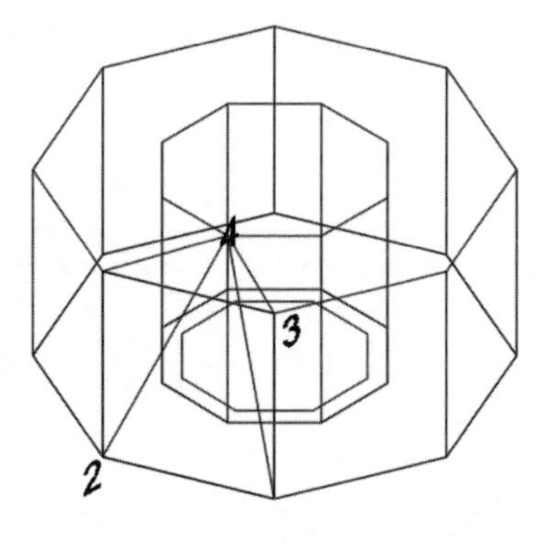

10. 點選繪圖區左上方方位設定設爲東南等角。
11. 輸入 SU ，點選多邊形實體按 ENTER ，窗選所有實體，按 ENTER。點選顯示模式爲隱藏線。
12. 點選顯示模式爲 2D 線架構，輸入 L，將滑鼠移至頂面點選端點 5 與端點 6，按 ESC 離開。

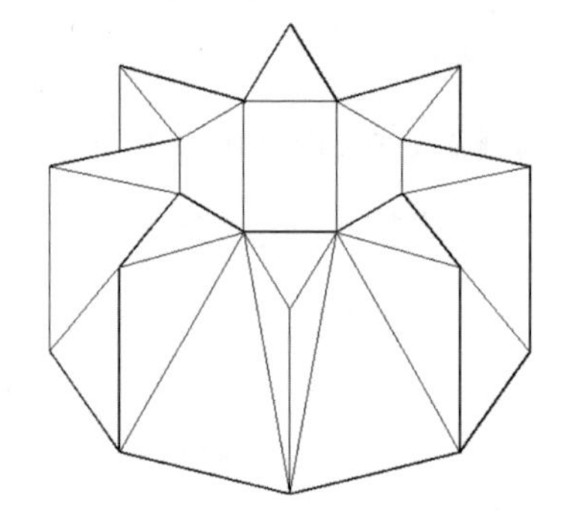

13. 按 ENTER ，將滑鼠移至側面（亮顯）點選端點 5 與端點 7，按 ESC 離開。
14. 按 ENTER，將滑鼠移至另一側面（亮顯）點選端點 6 與端點 7，按 ESC 離開。

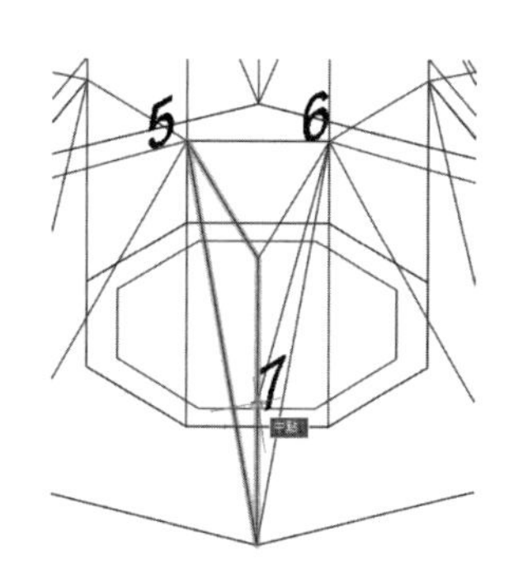

15. 輸入 REGION ，點選步驟 12-14 的 3 條線段後按 ENTER 建立面域。
16. 輸入 EXT ，點選面域，朝外引伸長度不拘。點選引伸的實體，輸入 ARRAYCLASSIC，按下確定按鈕。

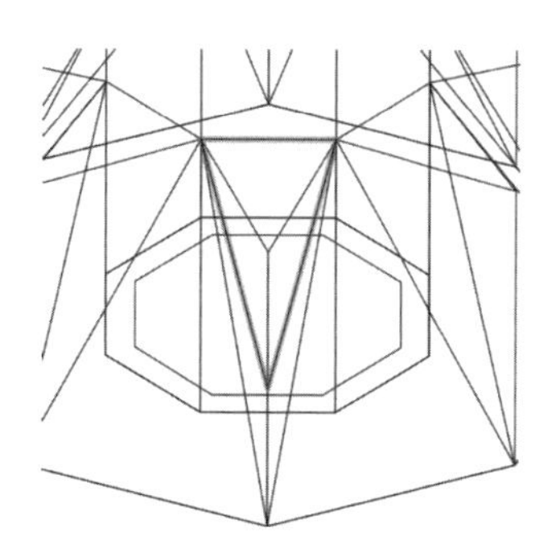

17. 輸入 SU ，點選多邊形實體按 ENTER ，窗選所有實體，按 ENTER。點選顯示模式爲隱藏線。

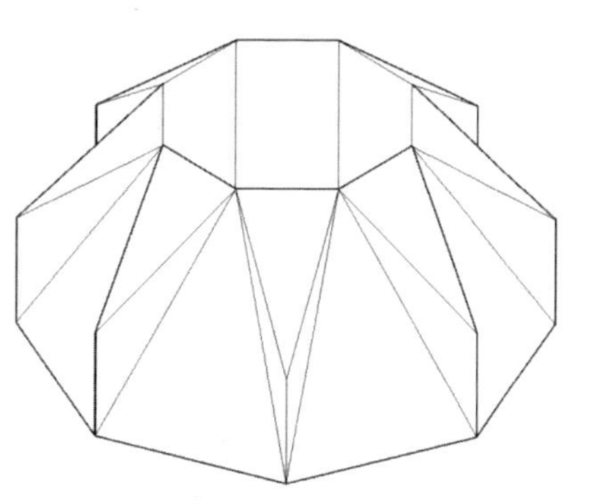

18. 點選顯示模式爲 2D 線架構，輸入 PRESSPULL ，點選最內兩圈，將圖形拉高 55。

19. 輸入 UNI ，窗選所有實體，
    按 ENTER。
20. 完成。

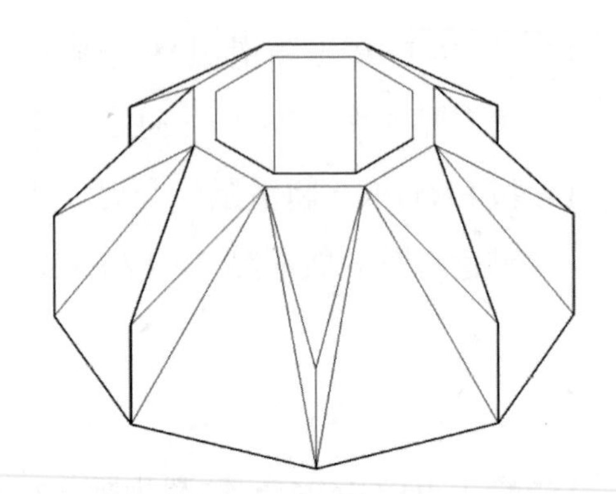

練功房

1. 請以直線、圓與弧及複製、移動、偏移、等分、修剪、延伸等指令完成下列各圖形。

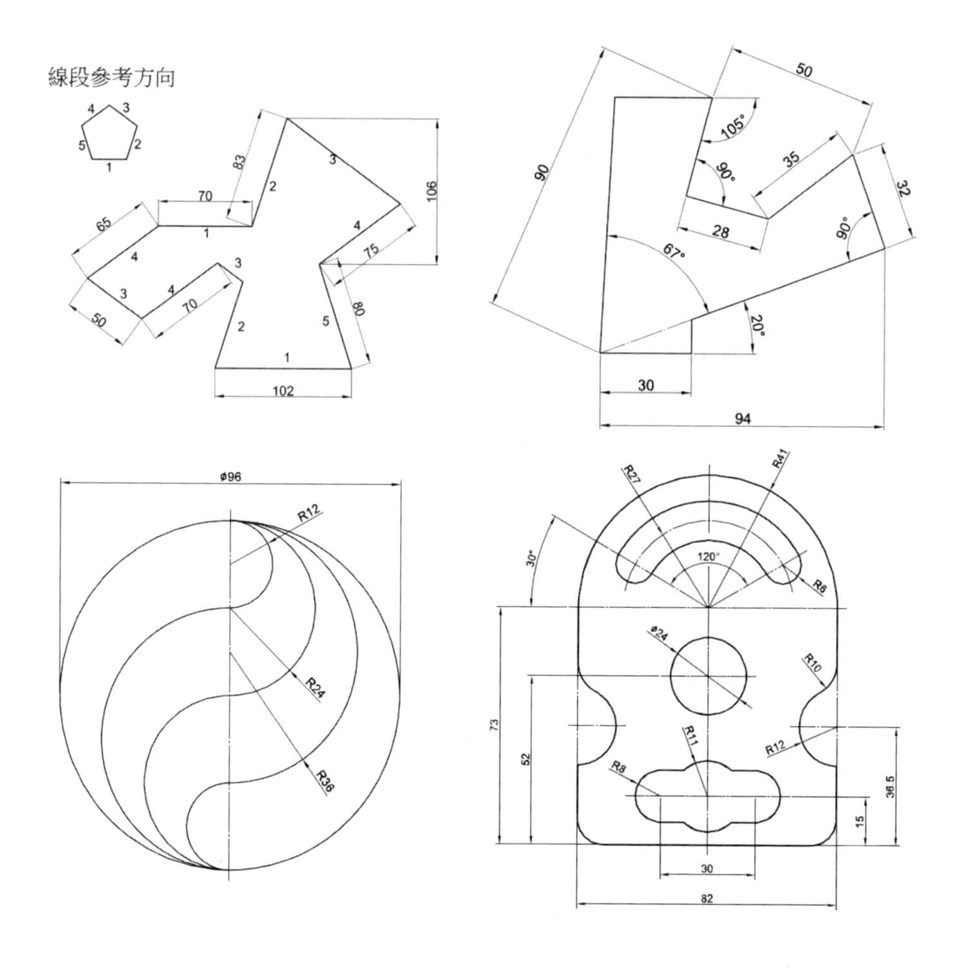

2. 請以直線、圓與弧及旋轉、修剪、倒圓角等指令完成下列圖形。

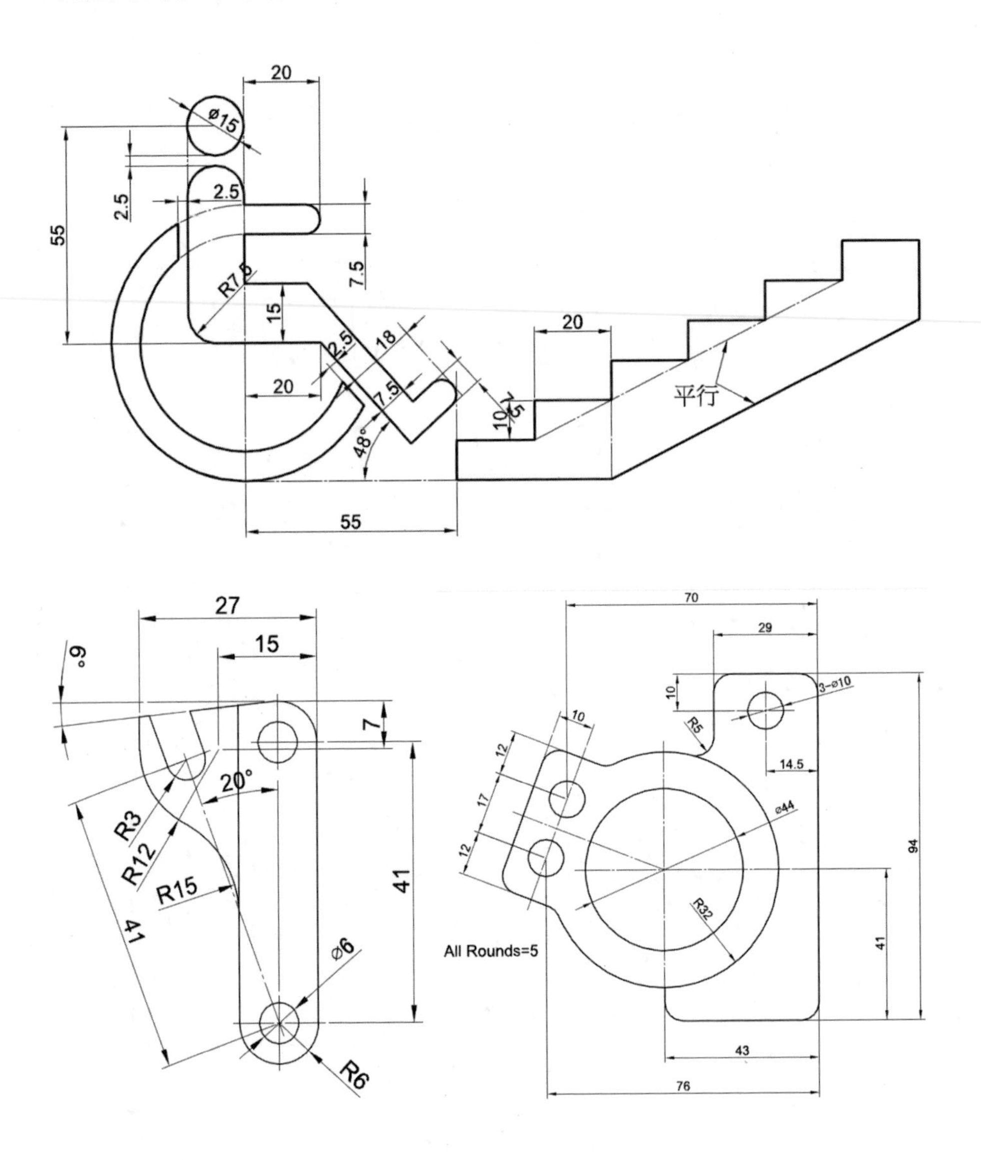

3. 請以直線、射線、圓與弧及比例、移動、陣列、等分、旋轉、修剪等指令完成下列各圖。

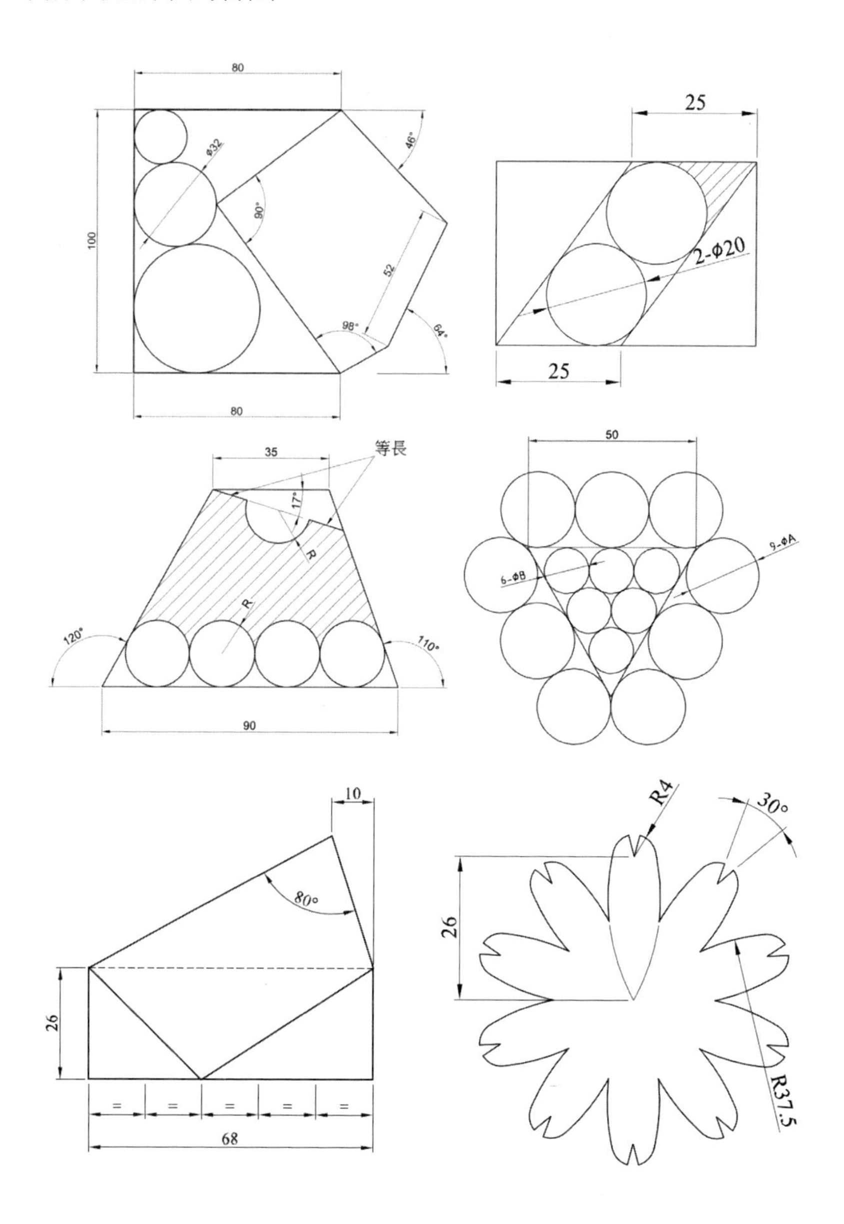

提示：同圓同弦之圓周角相等。

4. 請以直線、圓與弧及旋轉、修剪、倒圓角等指令完成下列圖形。

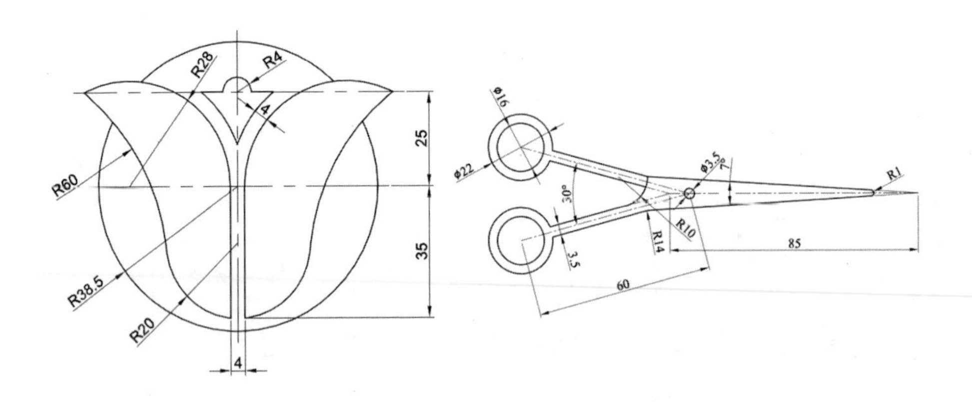

5. 請以直線、圓與弧及鏡射、偏移、修剪等指令完成下列圖形。

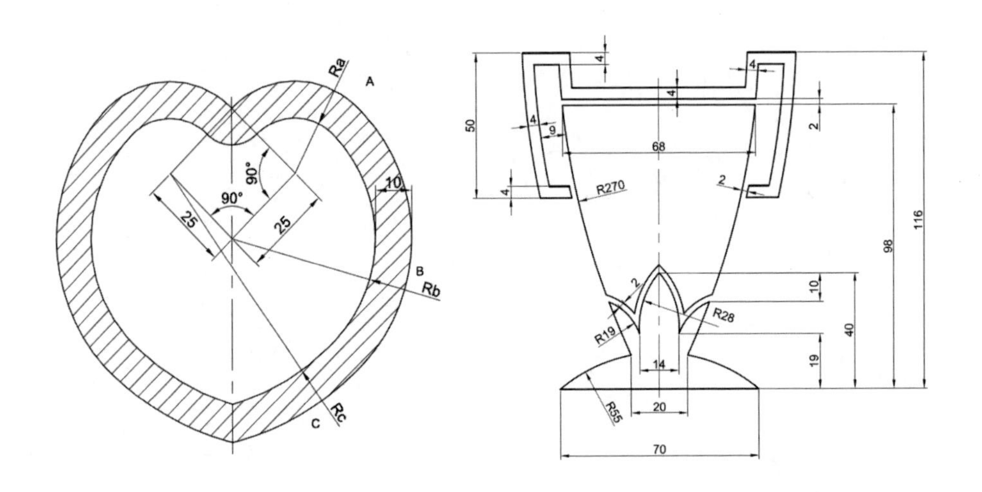

6. 請以直線、多邊形、圓與弧及比例、旋轉、修剪、倒圓角等指令完成下列圖形。

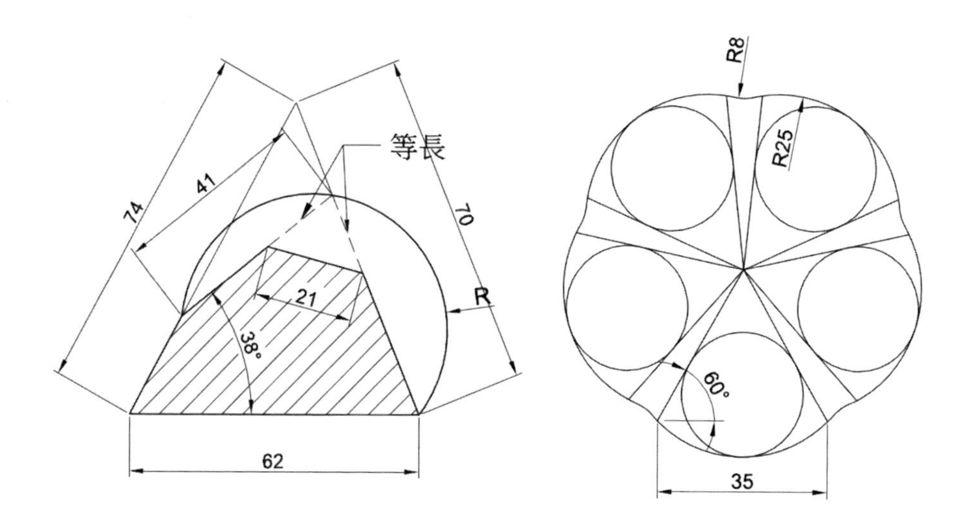

7. 請以直線、圓與弧及等分、PLine 、修剪、倒圓角等指令完成下列圖形。

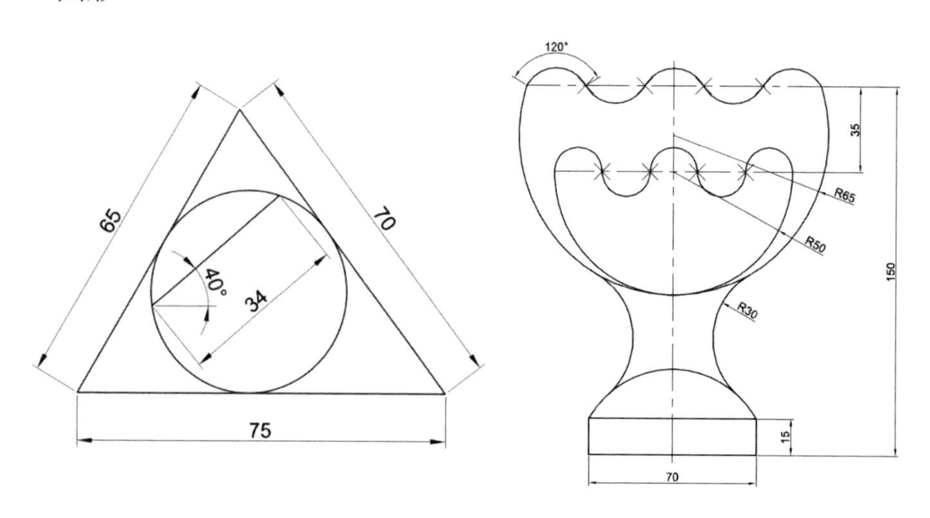

8. 請以直線、圓、橢圓、弧及陣列、旋轉、偏移、修剪、倒圓角等指令完成下列圖形。

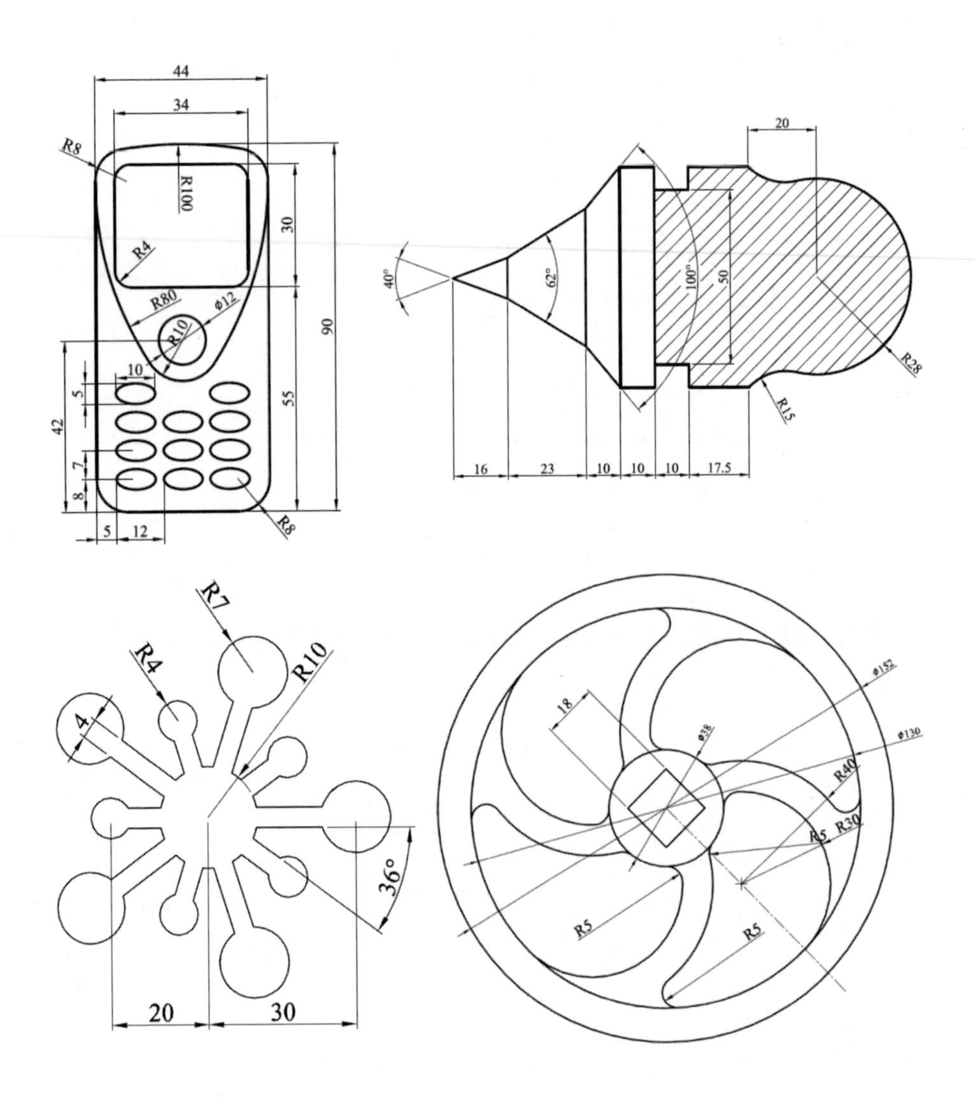

9. 請以多邊形、直線、圓與弧及比例、旋轉、偏移、修剪、倒圓角、陣列等指令完成下列各圖形。

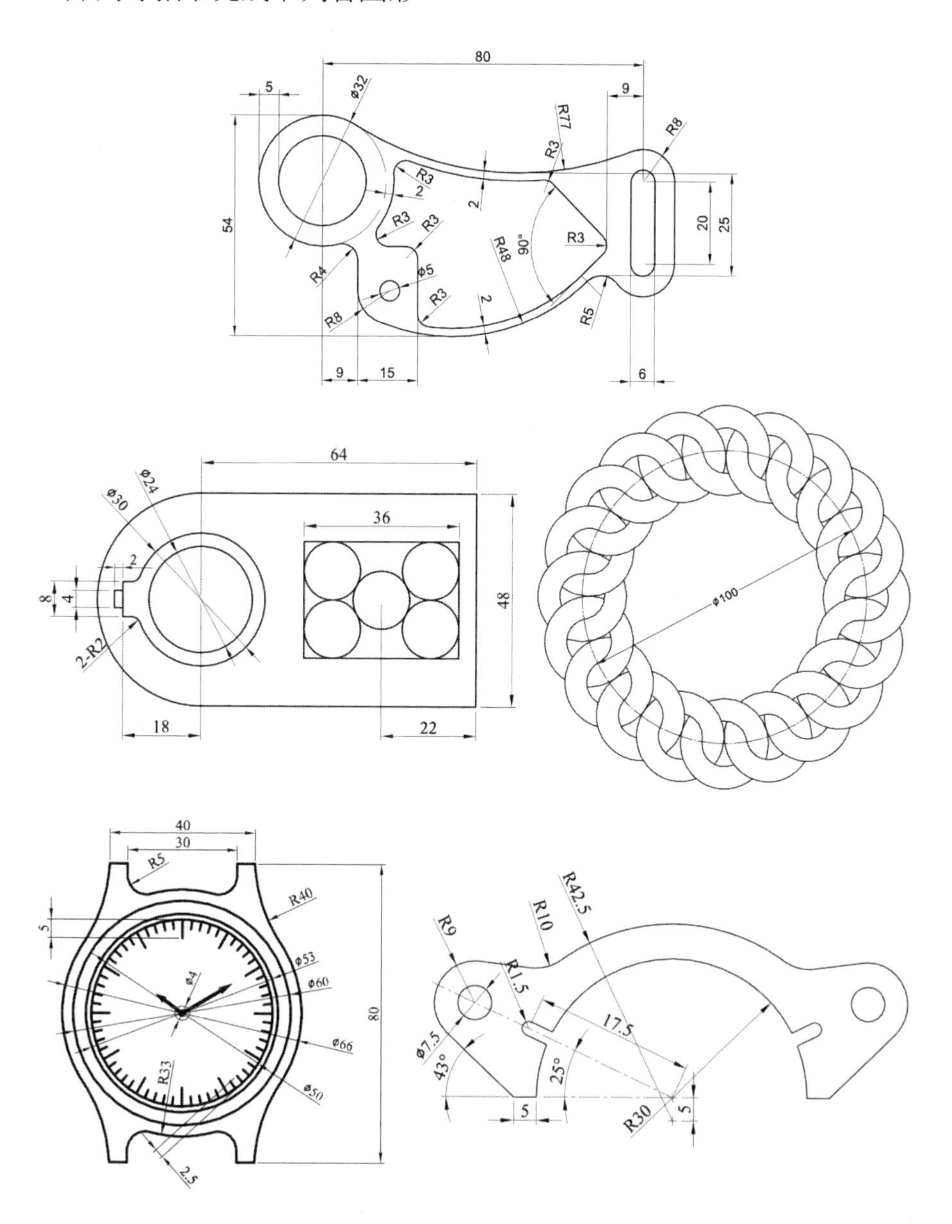

10. 請以直線、多線、圓與弧及複製、陣列、偏移、修剪、倒圓角等指令完成下列圖形。

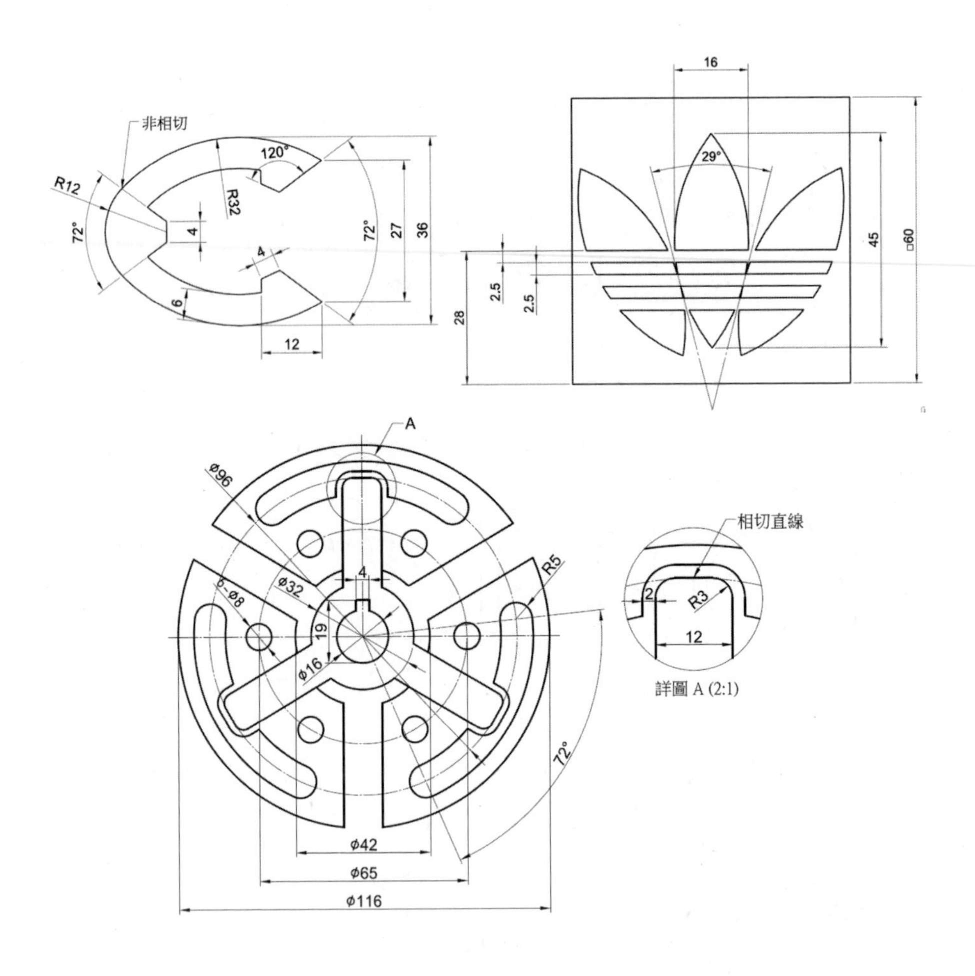

11. 請以直線、多線、多邊形、圓與弧及複製、陣列、對齊、偏移、修剪、倒圓角等指令完成下列各圖形。

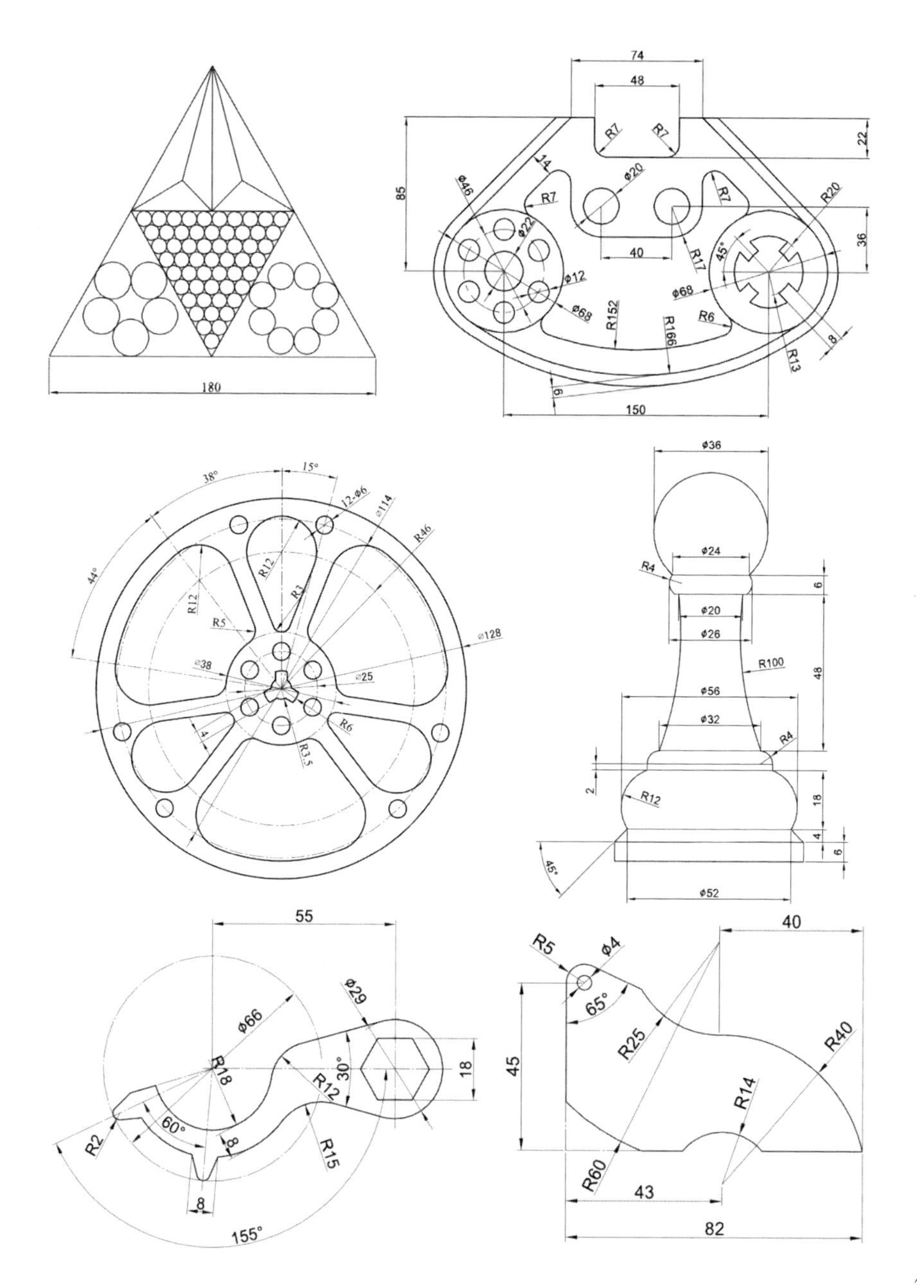

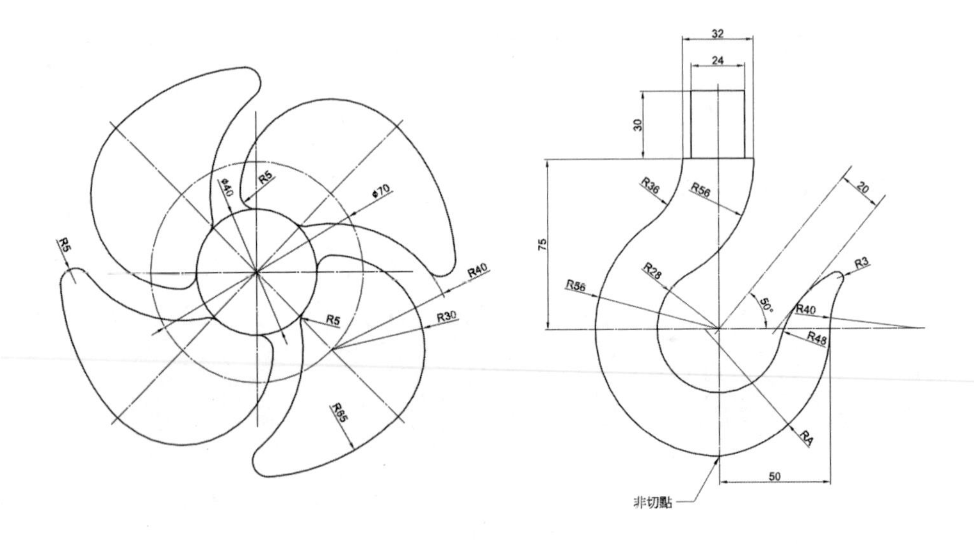

12. 請以直線、多線、圓與弧及等分、複製、陣列、偏移、修剪、倒圓角等指令完成下列圖形。

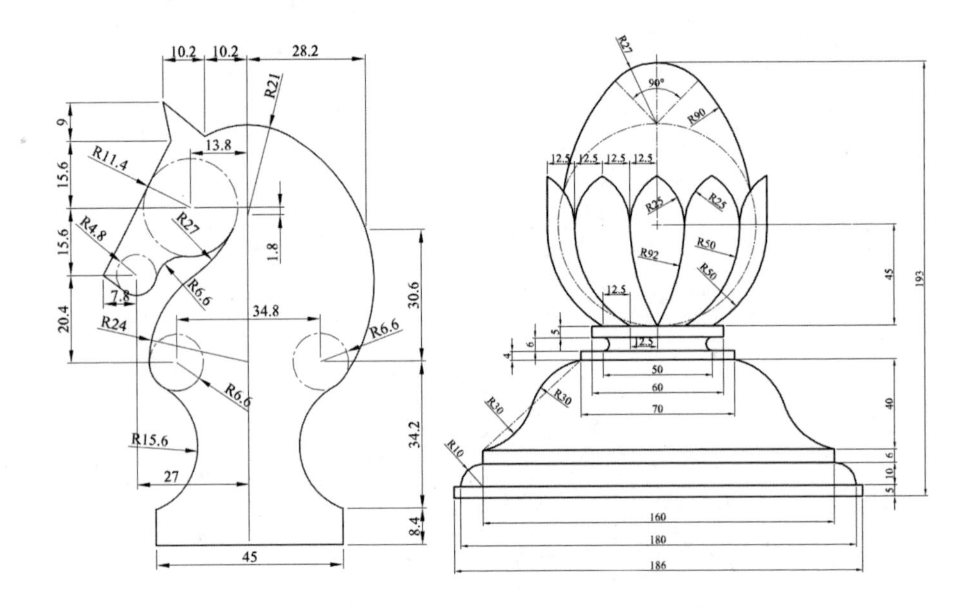

13. 請以直線、多線、圓與弧及複製、鏡射、偏移、修剪、倒圓角等指令完成下列圖形。

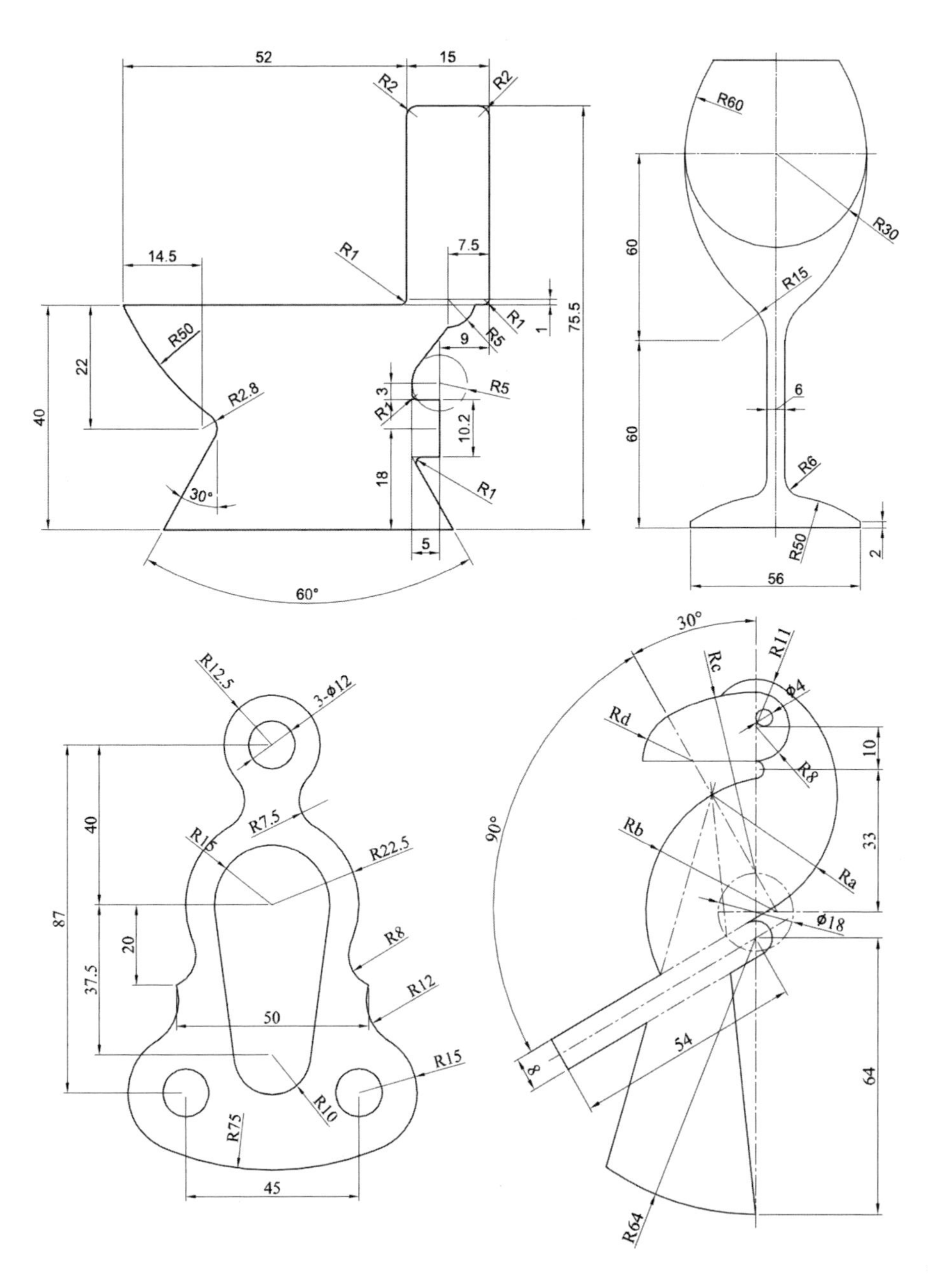

14. 請完成下圖之圖形並進行尺寸標註。

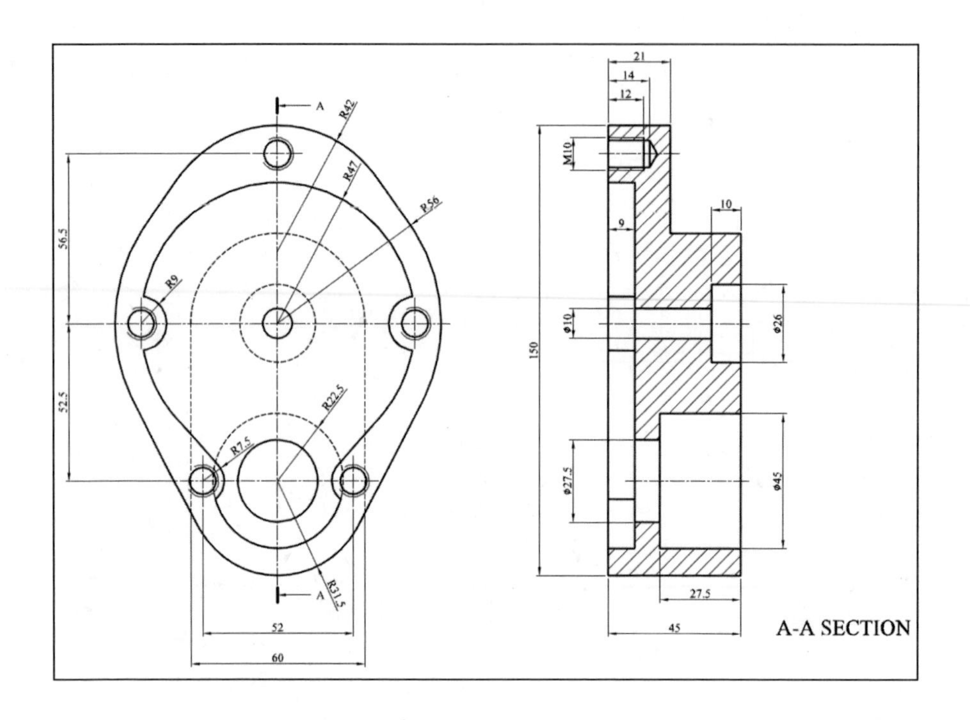

15. 請完成下圖之圖形並進行尺寸標註。

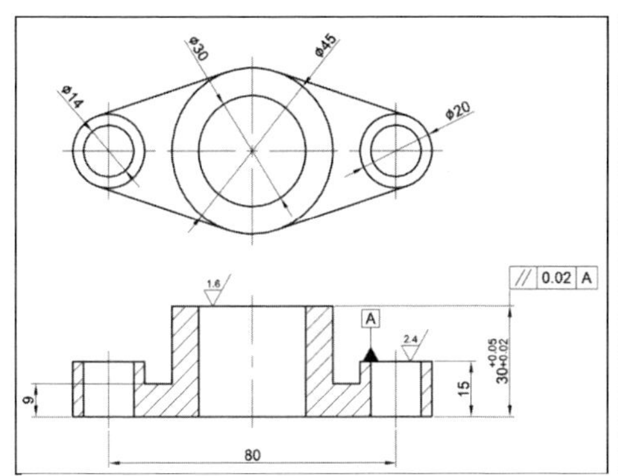

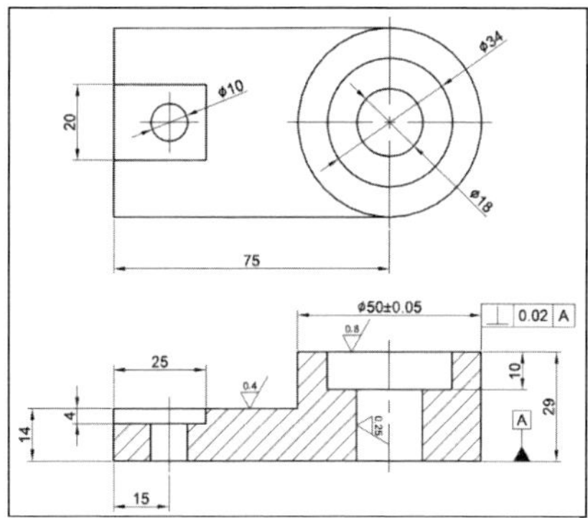

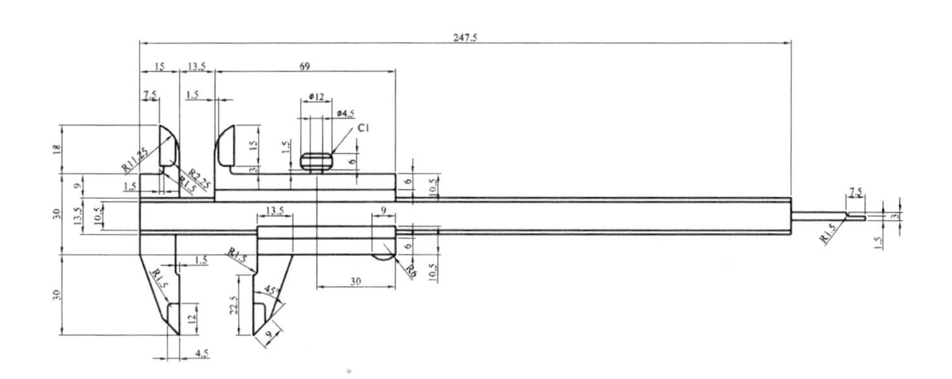

16. 請完成下圖之圖形並進行尺寸標註。

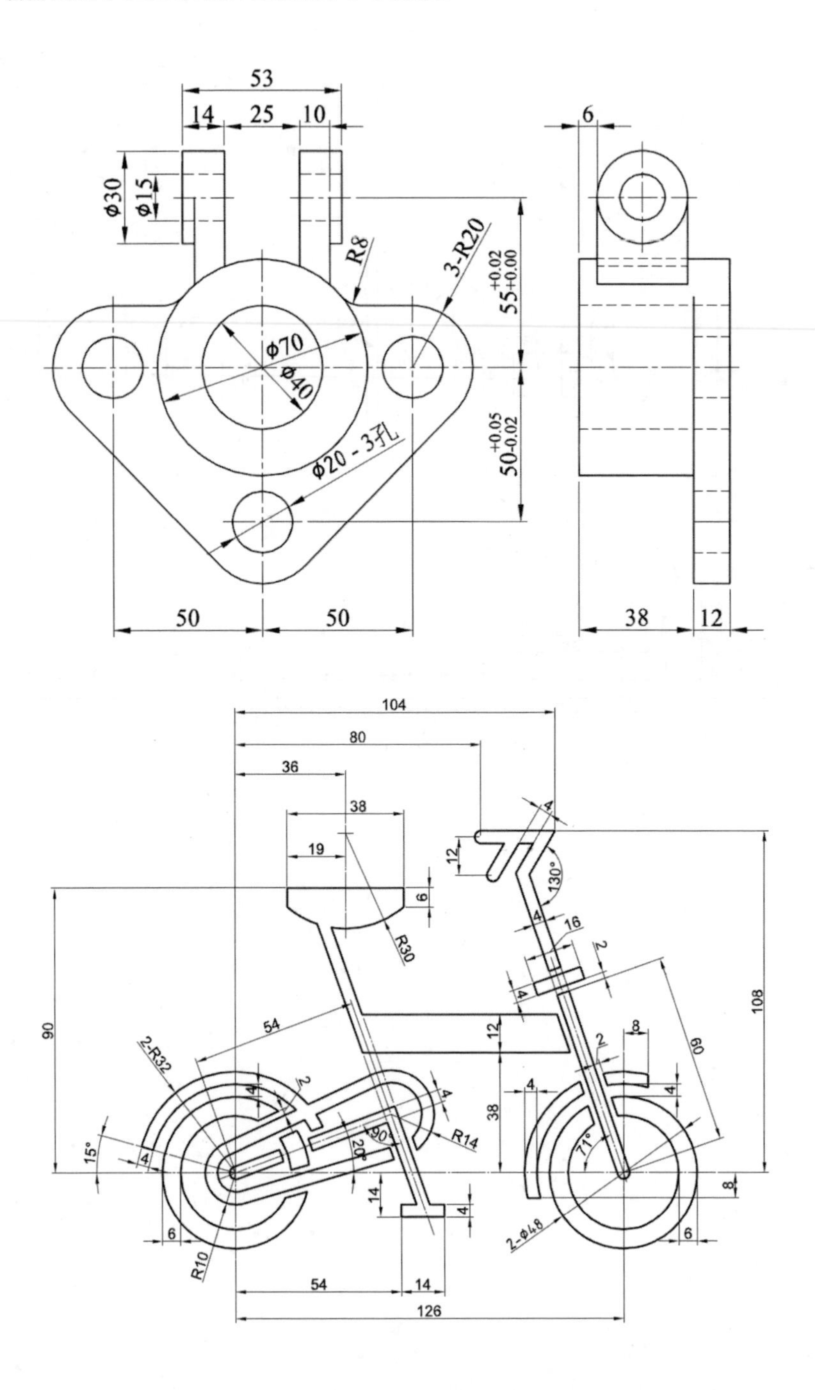

17. 請完成下圖之圖形並進行尺寸標註。

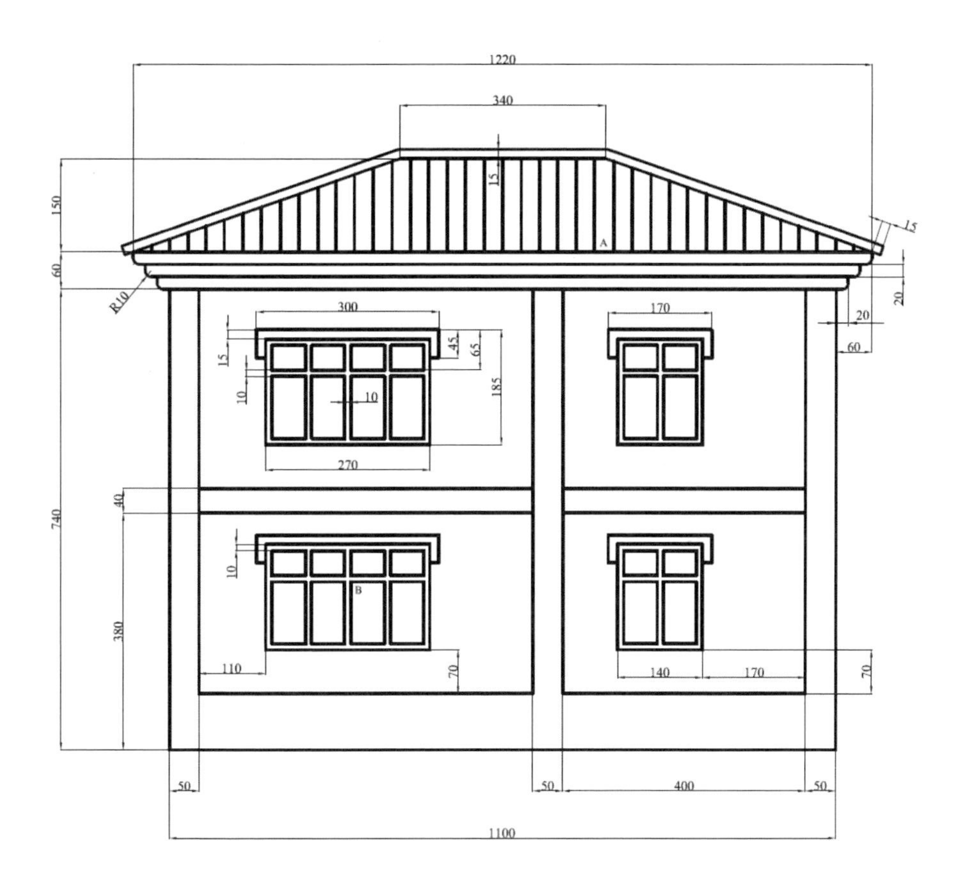

18. 請完成下圖之圖形並進行尺寸標註。

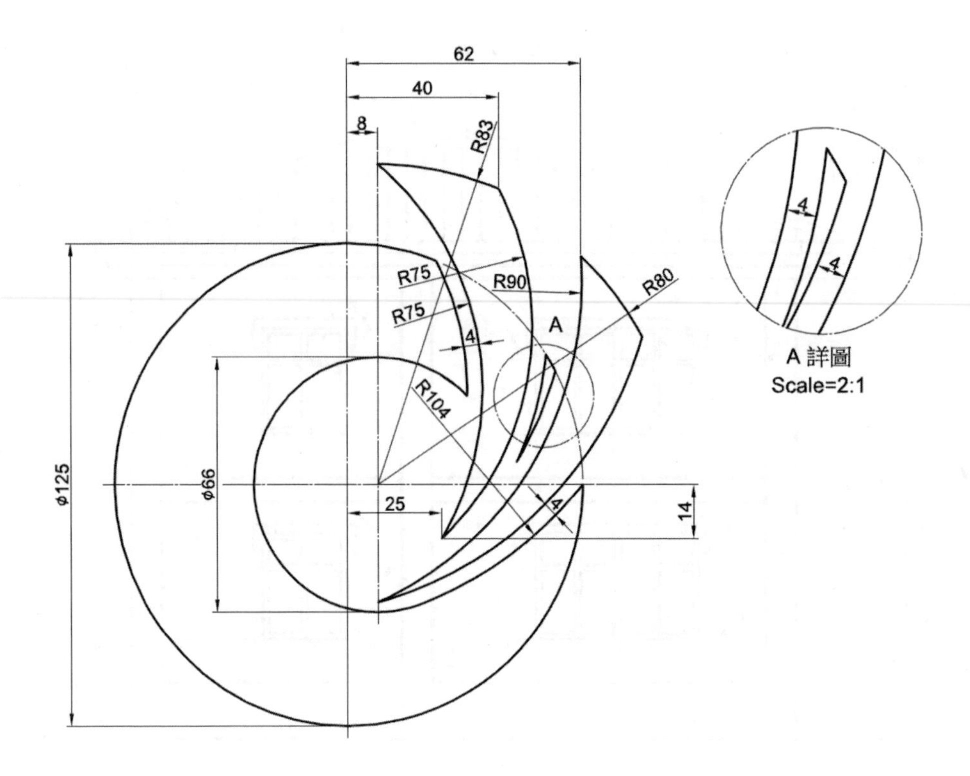

19. 請完成下圖之圖形並進行尺寸標註。

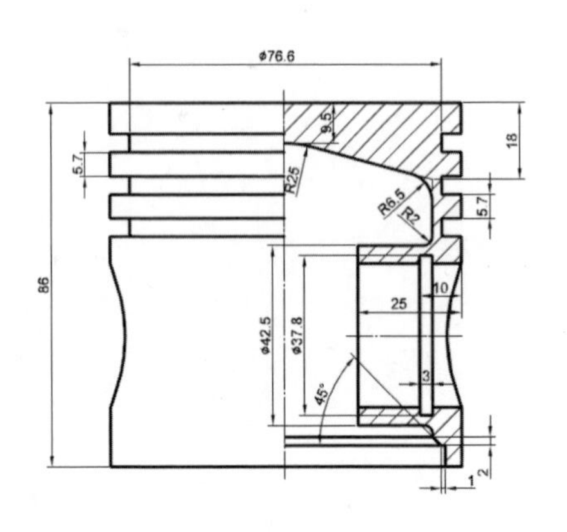

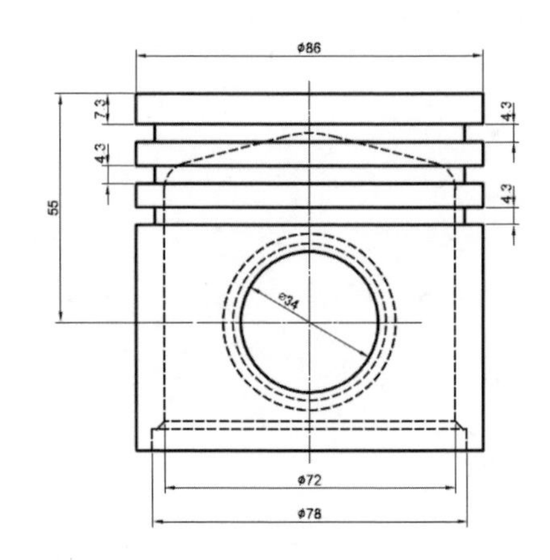

20. 請完成下圖之圖形並進行尺寸標註。

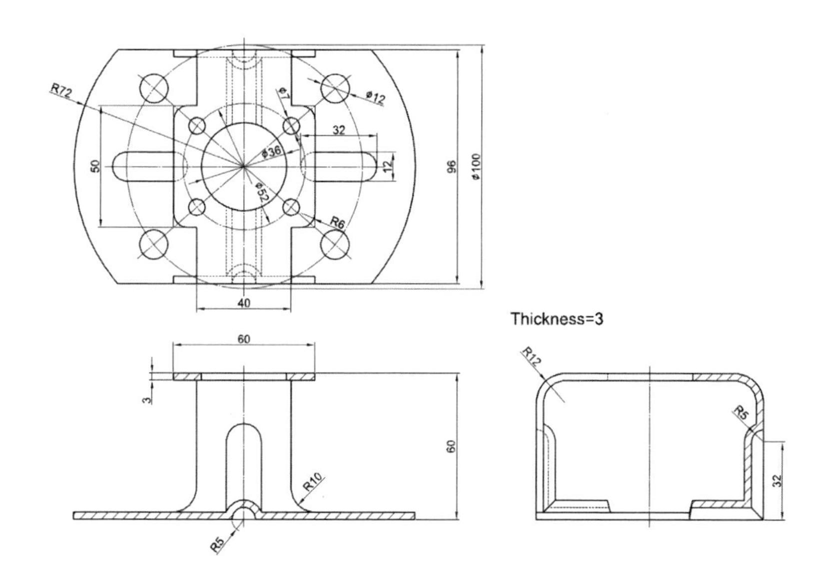

21. 請完成圖 21(a) 與圖 21(b) 之圖形並進行尺寸標註。

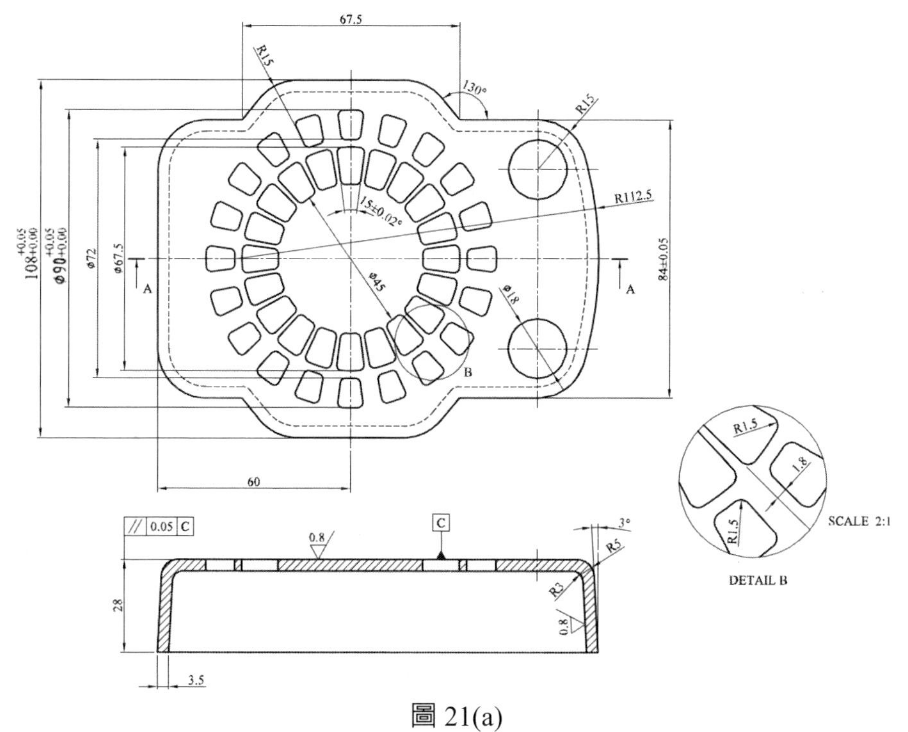

圖 21(a)

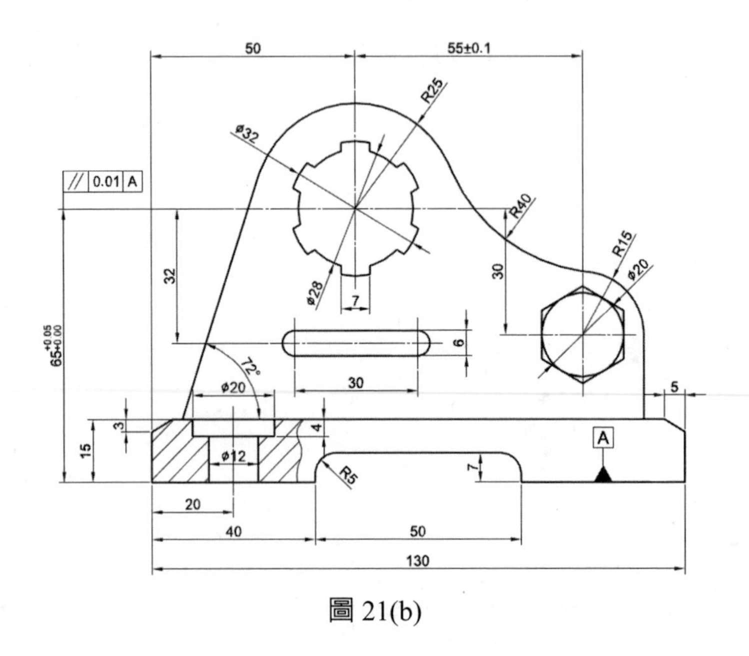

圖 21(b)

22. 請根據尺寸完成圖 22(a) 之各零件圖形與尺寸標註，並依此完成圖 22(b) 之組立圖。

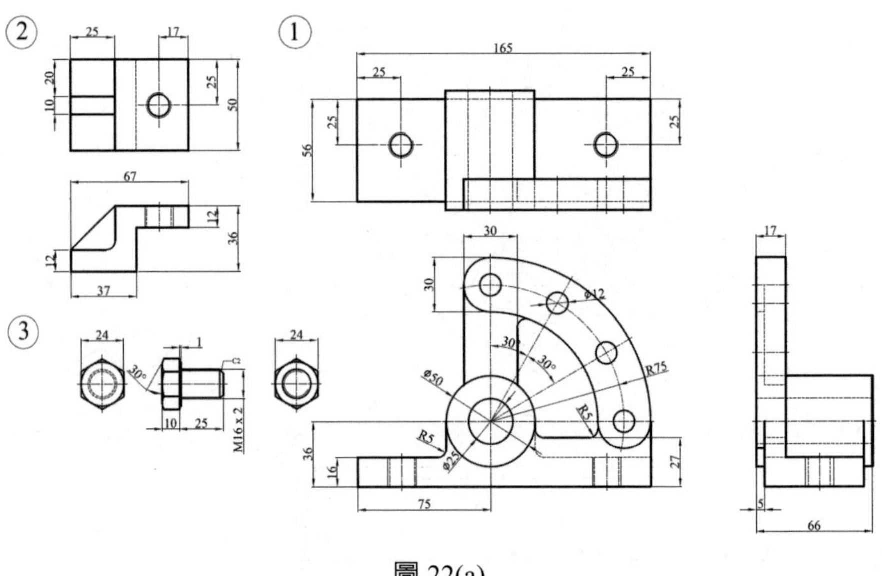

圖 22(a)

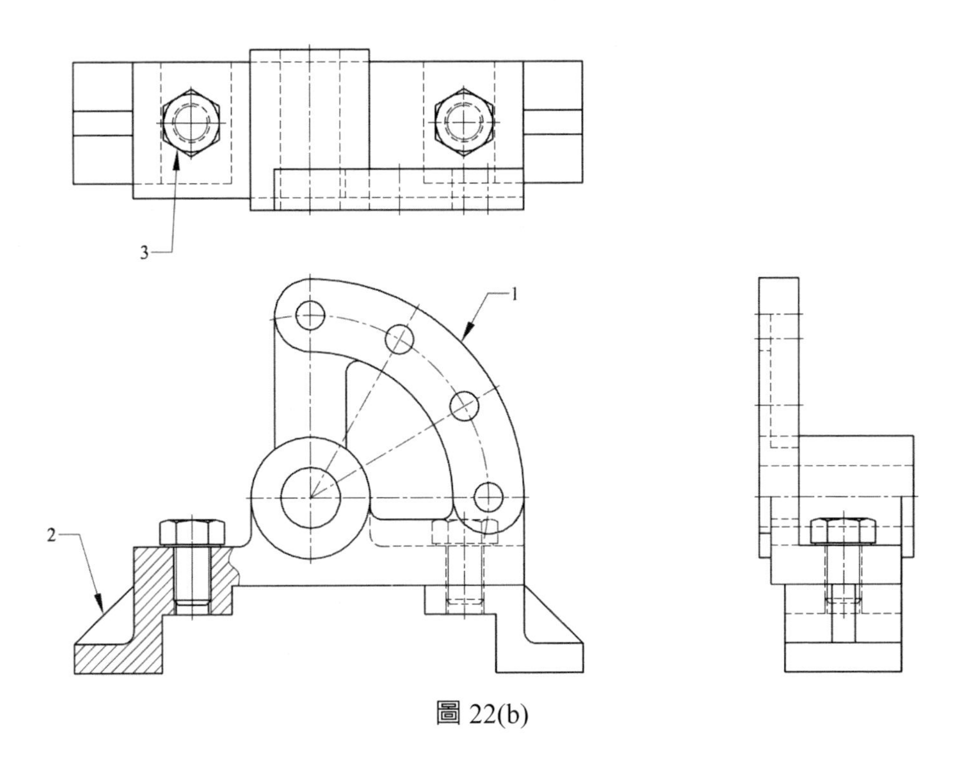

圖 22(b)

23. 請根據尺寸完成圖 23(a) 之各零件圖形①～⑤與尺寸標註，並依此完成組立圖，如圖 23(b)。

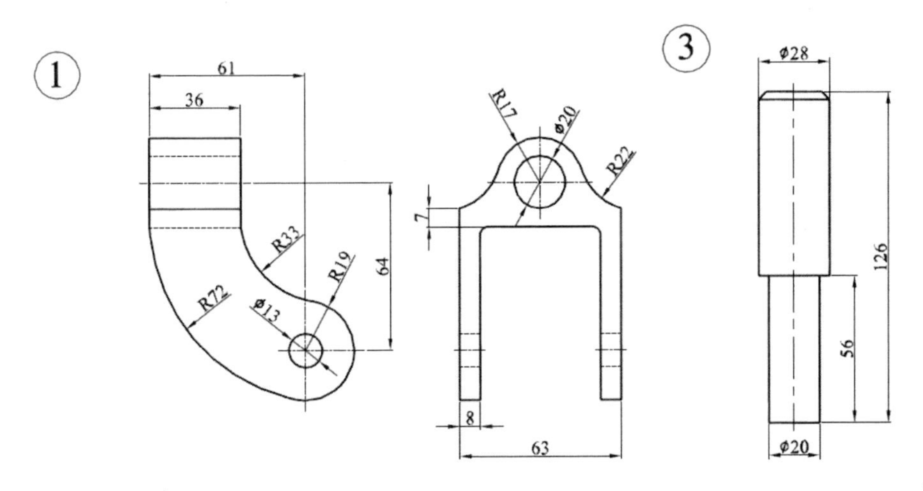

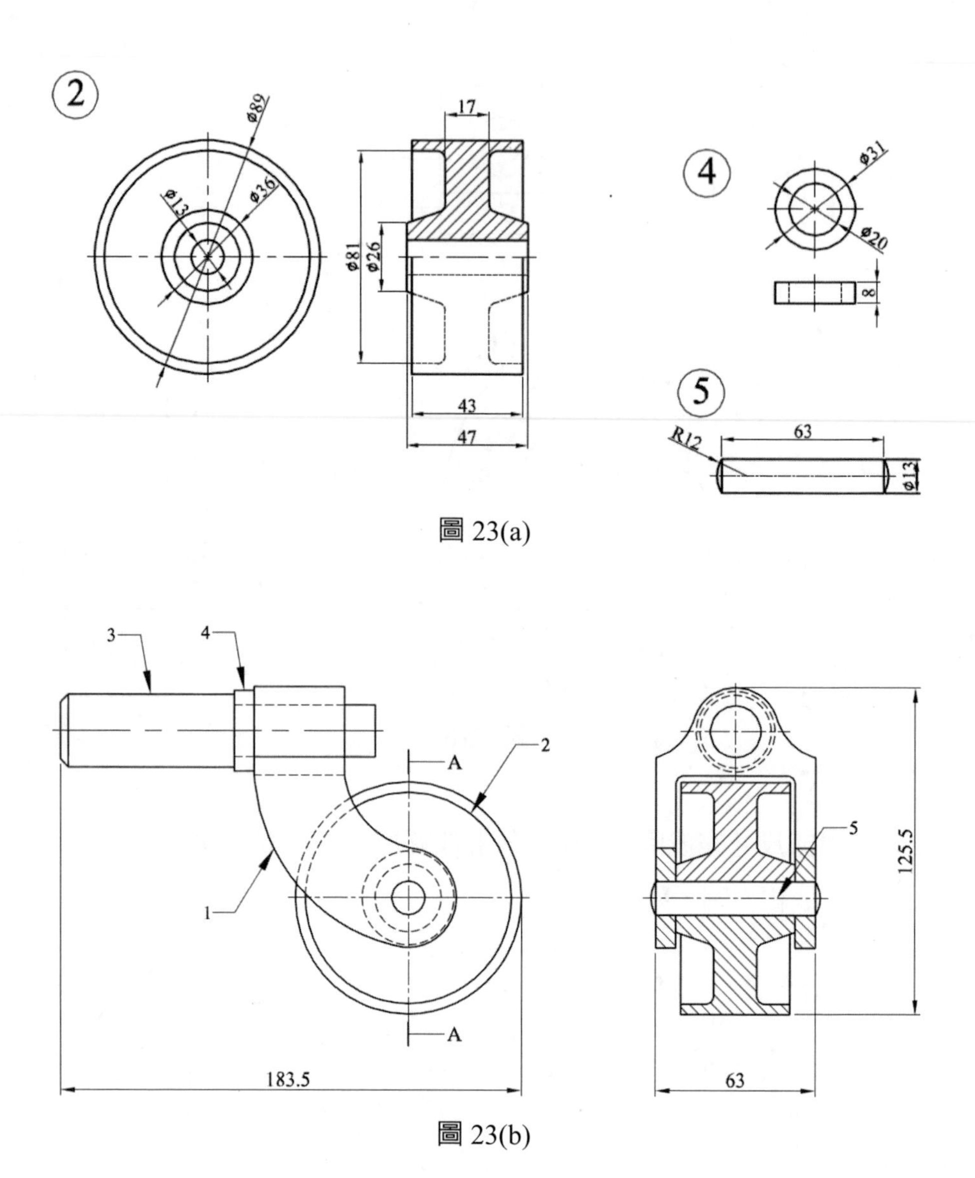
2
ø89
ø13
ø36
17
ø81
ø26
43
47
4
ø31
ø20
8
5
63
R12
ø13
3
4
A
2
1
A
5
125.5
183.5
63

圖 23(a)

圖 23(b)

24. 請根據尺寸完成下圖之立體圖形。

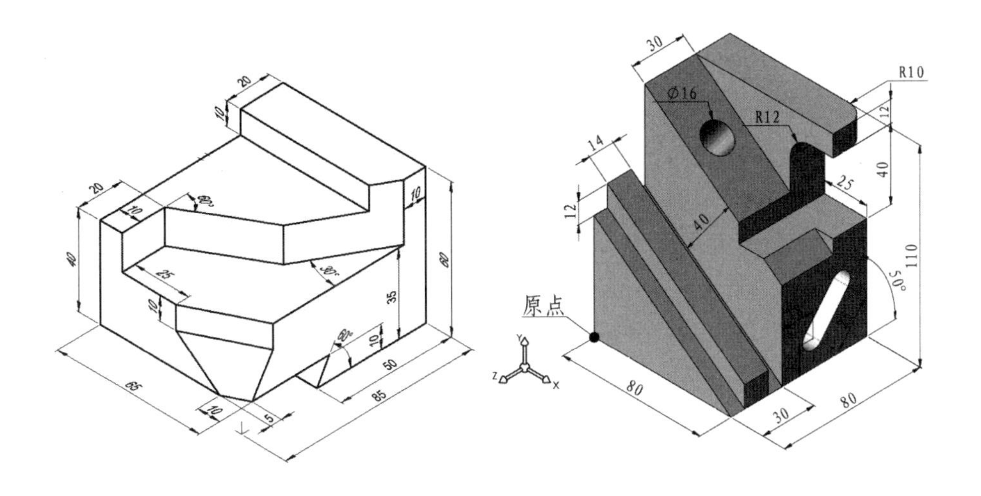

25. 請根據尺寸完成圖 25(a) 與圖 25(b) 之立體圖形。

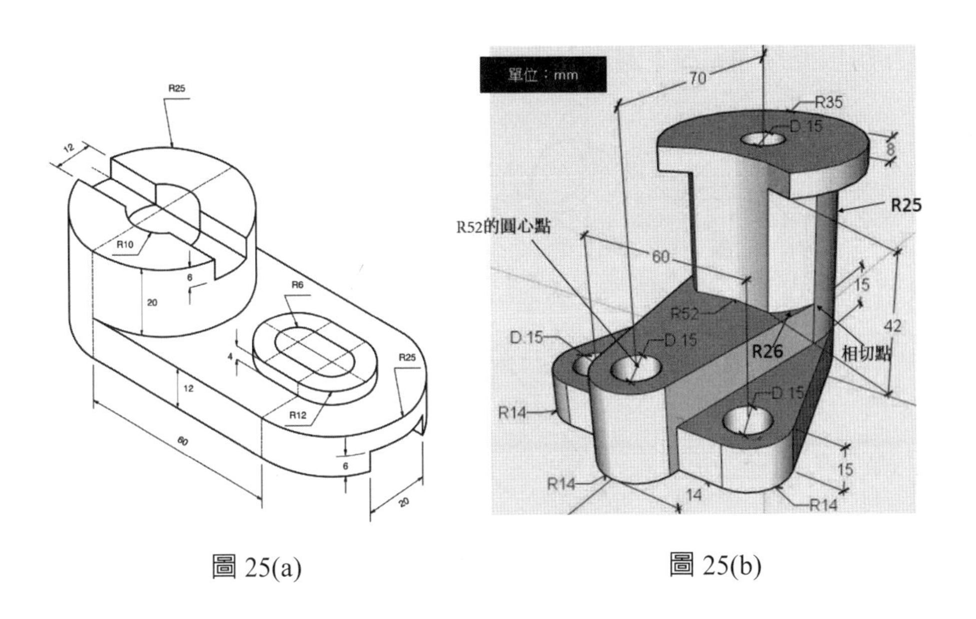

圖 25(a)　　圖 25(b)

26. 請根據尺寸完成下圖之立體圖形。

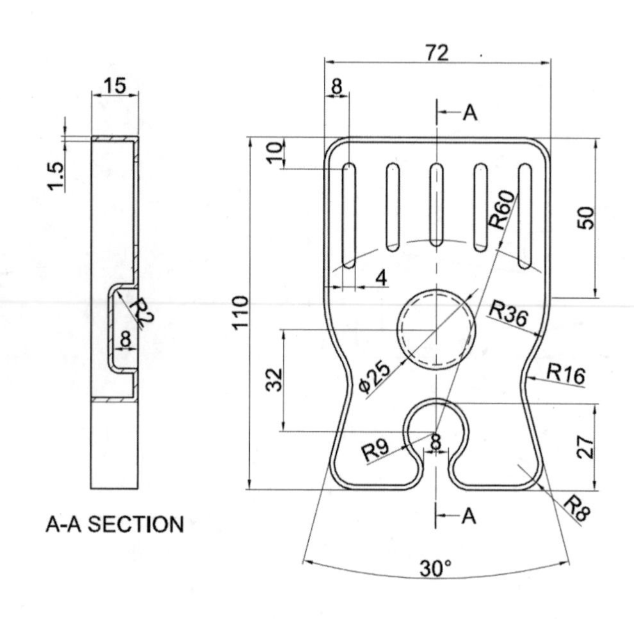

27. 請根據尺寸完成下圖之立體圖形。

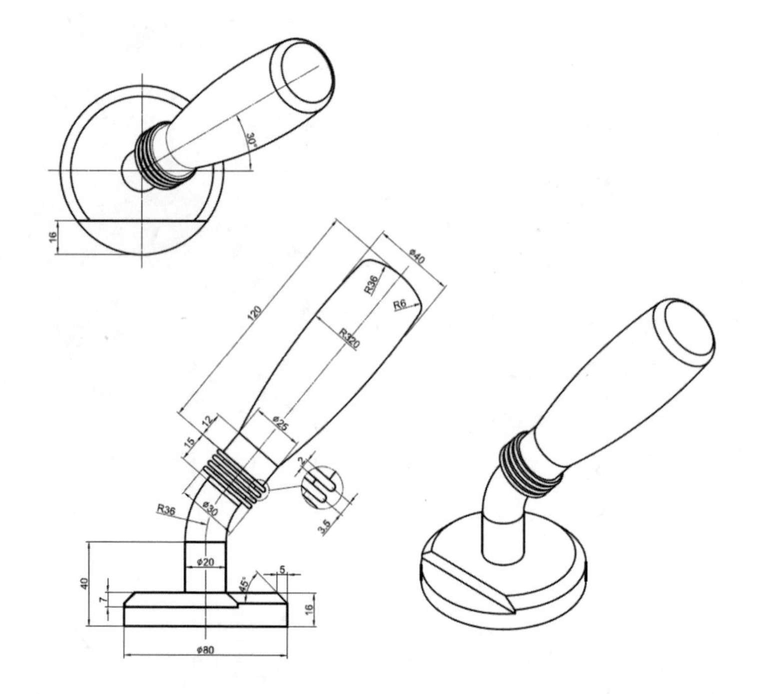

28. 請根據尺寸完成圖 28(a) 與圖 28(b) 之立體圖形。

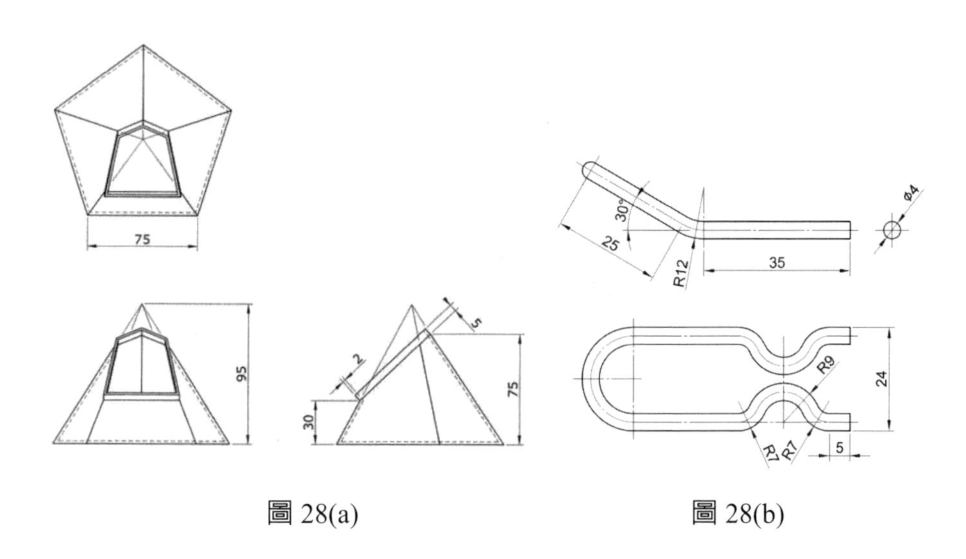

圖 28(a)　　　　圖 28(b)

29. 請根據尺寸完成下圖之立體圖形。

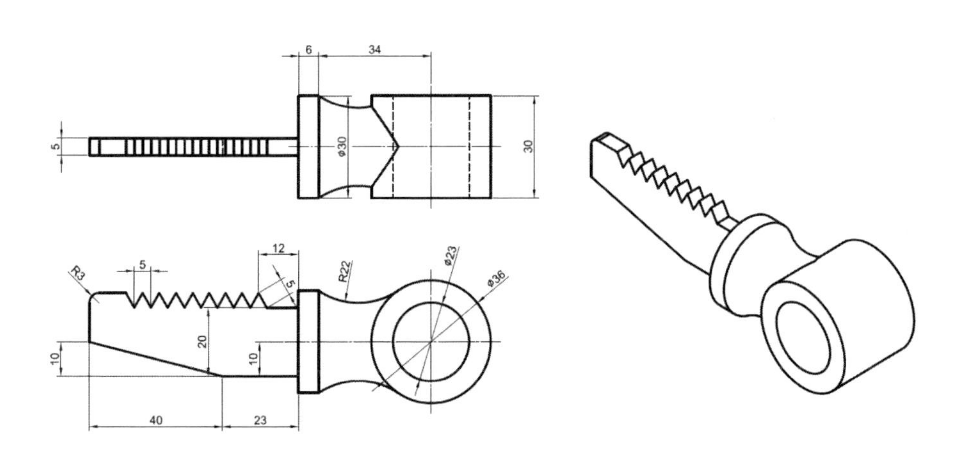

30. 請根據尺寸完成圖 30(a) 與圖 30(b) 之立體圖形。

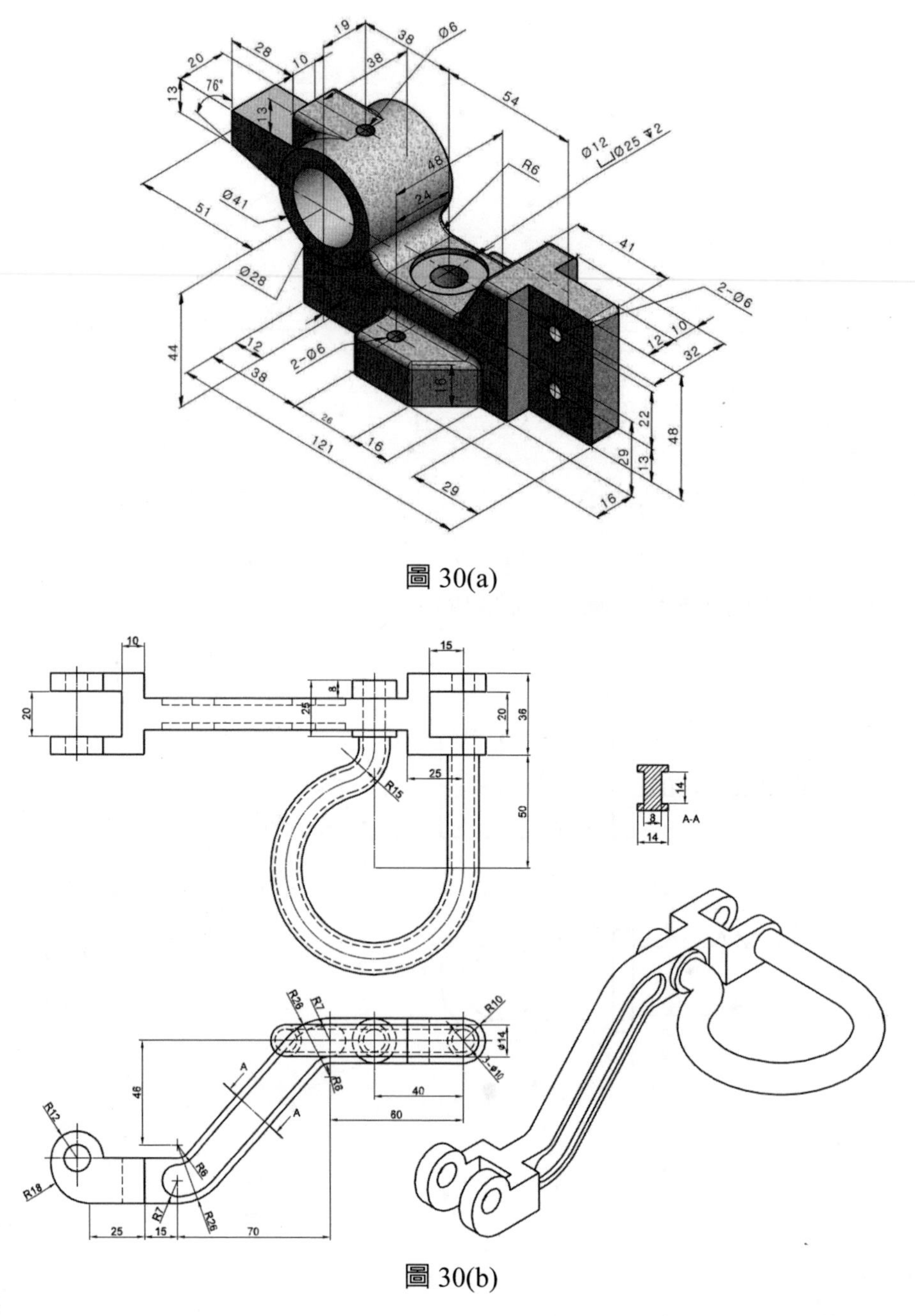

圖 30(a)

圖 30(b)

附錄　常用快捷鍵

在 AutoCAD 軟體操作中能掌握常用快捷鍵，可以提高繪圖、修改等時間，大幅提高設計效率。以下為整理的一些常用快捷鍵命令。

繪圖類指令快速鍵		
快速鍵	執行指令	指令說明
L	LINE	線
XL	XLINE	建構線
PL	PLINE	聚合線
ML	MLINE	複線
SPL	SPLINE	雲形線
A	ARC	弧
C	CIRCLE	圓
DO	DOUNT	環
EL	ELLIPSE	橢圓
REC	RECTANG	矩形
POL	POLYGON	多邊形
SO	SOLID	2D 實面
PO	POINT	點
DIV	DIVIDE	等分
ME	MEASURE	等距
BO	BOUNDARY	邊界

編輯類指令快速鍵		
快速鍵	執行指令	指令說明
E	ERASE	刪除
CO 或 CP	COPY	複製
M	MOVE	移動
O	OFFSET	偏移複製
TR	TRIM	修剪
EX	EXTEND	延伸
BR	BREAK	切斷
F	FILLET	圓角
CHA	CHAMFER	倒角
SC	SCALE	比例
RO	ROTATE	旋轉
AL	ALIGN	對齊
AR	ARRAY	陣列
S	STRETCH	拉伸
MI	MIRROR	鏡射
X	EXPLODE	分解
LEN	LENGTHEN	調整長度
PR	PROPERTIES	性質
MA	MATCHPROP	複製性質
J	JOIN	接合
U	UNDO	退回
PE	PEDIT	聚合線編輯
SPE	SPLINEDIT	雲形線編輯
XP	XPLODE	進階分解

（接下頁）

編輯類指令快速鍵		
快速鍵	執行指令	指令說明
REG	REGION	面域
UNI	UNION	聯集
SU	SUBTRACT	差集
IN	INTERSECT	交集

顯示類指令快速鍵		
快速鍵	執行指令	指令說明
Z	ZOOM	縮放
RE	REGRN	重生
REA	REGENALL	全部重生
P	PAN	平移
V	VIEW	視圖管理員
DR	DRAWORDER	顯示順序

文字類指令快速鍵		
快速鍵	執行指令	指令說明
ST	STYLE	文字型式管理員
DT	TEXT	單行文字
MT 或 T	MTEXT	多行文字
ED	DDEDIT	文字編輯
TS	TABLESTYLE	表格形式管理員
TB	TABLE	表格
TXTEXP	TXTEXP	將文字分解

國家圖書館出版品預行編目資料

無礙學習AutoCAD／周文成著. ——初版.——
臺北市：五南, 2019.09
面； 公分
ISBN 978-957-763-642-3（平裝）

1. AutoCAD（電腦程式）

312.49A97　　108014708

5F56

無礙學習AutoCAD

作　　者— 周文成（105.7）
發 行 人— 楊榮川
總 經 理— 楊士清
總 編 輯— 楊秀麗
主　　編— 高至廷
責任編輯— 金明芬
封面設計— 王麗娟
出 版 者— 五南圖書出版股份有限公司
地　　址：106台北市大安區和平東路二段339號4樓
電　　話：(02)2705-5066　　傳　　真：(02)2706-6100
網　　址：http://www.wunan.com.tw
電子郵件：wunan@wunan.com.tw
劃撥帳號：01068953
戶　　名：五南圖書出版股份有限公司
法律顧問　林勝安律師事務所　林勝安律師
出版日期　2019年9月初版一刷
定　　價　新臺幣340元